中 国 国 家 标 准 汇 编

2011 年修订-26

中国标准出版社　编

中国标准出版社

北　京

图书在版编目(CIP)数据

中国国家标准汇编:2011年修订.26/中国标准出版社编.—北京:中国标准出版社,2012
ISBN 978-7-5066-6934-4

Ⅰ.①中… Ⅱ.①中… Ⅲ.①国家标准-汇编-中国-2011 Ⅳ.①T-652.1

中国版本图书馆CIP数据核字(2012)第197120号

中国标准出版社出版发行
北京市朝阳区和平里西街甲2号(100013)
北京市西城区三里河北街16号(100045)

网址 www.spc.net.cn
总编室:(010)64275323 发行中心:(010)51780235
读者服务部:(010)68523946

中国标准出版社秦皇岛印刷厂印刷
各地新华书店经销

*

开本 880×1230 1/16 印张 31 字数 841 千字
2012年9月第一版 2012年9月第一次印刷

*

定价 220.00 元

出 版 说 明

1.《中国国家标准汇编》是一部大型综合性国家标准全集。自1983年起，按国家标准顺序号以精装本、平装本两种装帧形式陆续分册汇编出版。它在一定程度上反映了我国建国以来标准化事业发展的基本情况和主要成就，是各级标准化管理机构，工矿企事业单位，农林牧副渔系统，科研、设计、教学等部门必不可少的工具书。

2.《中国国家标准汇编》收入我国每年正式发布的全部国家标准，分为"制定"卷和"修订"卷两种编辑版本。

"制定"卷收入上一年度我国发布的、新制定的国家标准，顺延前年度标准编号分成若干分册，封面和书脊上注明"20××年制定"字样及分册号，分册号一直连续。各分册中的标准是按照标准编号顺序连续排列的，如有标准顺序号缺号的，除特殊情况注明外，暂为空号。

"修订"卷收入上一年度我国发布的、被修订的国家标准，视篇幅分设若干分册，但与"制定"卷分册号无关联，仅在封面和书脊上注明"20××年修订-1，-2，-3，……"字样。"修订"卷各分册中的标准，仍按标准编号顺序排列（但不连续）；如有遗漏的，均在当年最后一分册中补齐。需提请读者注意的是，个别非顺延前年度标准编号的新制定的国家标准没有收入在"制定"卷中，而是收入在"修订"卷中。

读者配套购买《中国国家标准汇编》"制定"卷和"修订"卷则可收齐由我社出版的上一年度我国制定和修订的全部国家标准。

3. 由于读者需求的变化，自1996年起，《中国国家标准汇编》仅出版精装本。

4. 2011年我国制修订国家标准共1 989项。本分册为"2011年修订-26"，收入新制修订的国家标准30项。

中国标准出版社

2012年8月

目　　录

ICS 53.060
J 83

中华人民共和国国家标准

GB/T 26560—2011/ISO 15870:2000

机动工业车辆　安全标志和危险图示　通则

Powered industrial trucks—Safety signs and hazard pictorials—General principles

(ISO 15870:2000,IDT)

2011-06-16 发布　　2011-12-01 实施

中华人民共和国国家质量监督检验检疫总局
中国国家标准化管理委员会　发布

前　言

本标准等同采用ISO 15870:2000《机动工业车辆　安全标志和危险图示　通则》(英文版)。

本标准等同翻译ISO 15870:2000。

为了便于使用,本标准作了下列编辑性修改:

a) “本国际标准”一词改为“本标准”;

b) 删除ISO 15870:2000的前言;

c) 对于ISO 15870:2000中引用的或参考文献中的国际标准,用已采用为我国的标准代替对应的国际标准。其余在参考文献中未采用为我国标准的国际标准,均被直接列出;

d) 在8.2中增加中文的文字信息删除荷兰文的文字信息;

e) 删除参考文献中的条文脚注1),因为这两项国际标准(ISO/TR 12100-1:——和ISO/TR 12100-2:——)现已出版。

本标准的附录A、附录B、附录C、附录D、附录E均为资料性附录。

本标准由中国机械工业联合会提出。

本标准由全国工业车辆标准化技术委员会(SAC/TC 332)归口。

本标准起草单位:北京起重运输机械研究所。

本标准主要起草人:赵春晖。

机动工业车辆　安全标志和危险图示　通则

1　范围

本标准规定了永久固定在工业车辆上的安全标志和危险图示的设计及应用的通则。本标准概述了使用安全标志的作用，描述了安全标志的基本格式及颜色，提供了组成安全标志的各种框图的设计指南。

本标准适用于GB/T 6104中所定义的各种类型的工业车辆。

2　规范性引用文件

下列文件中的条款通过本标准的引用而成为本标准的条款。凡是注日期的引用文件，其随后所有的修改单(不包括勘误的内容)或修订版均不适用于本标准，然而，鼓励根据本标准达成协议的各方研究是否可使用这些文件的最新版本。凡是不注日期的引用文件，其最新版本适用于本标准。

GB/T 6104　机动工业车辆　术语(GB/T 6104—2005，ISO 5053:1987，IDT)

3　安全标志的作用

3.1　安全标志的作用是：

——提醒人员注意当前存在的或潜在的危险；

——识别危险；

——描述危险的性质；

——说明危险可能造成的人身伤害；

——指导人员如何规避危险。

3.2　为了实现上述目的，安全标记应：

——在设备上具有明显特征；

——置于醒目位置；

——尽量避免损坏或磨损；

——具有相当长的预期使用寿命。

3.3　根据实际需要，安全标志和危险图示可以设置在机器上或印制在使用说明书中。机器上的安全标志和危险图示应设置在危险发生部位或防止危险的控制区附近。

3.4　应注意，避免在机器上过多地使用安全标志和危险图示，因为过度使用会降低使用效果。

注：经验表明，当安全标志和危险图示的数量大于7个，特别是当它们互相离得很近时，将会降低使用效果。

3.5　印制在使用说明书中的安全标志和危险图示，用于强调需要特别注意的地方，其使用数量可不受3.4的限制。

4　安全标志的格式

4.1　总则

安全标志由一个边框内的两个或两个以上的矩形块组成，在矩形块中表达了与产品操作有关的危险信息。

安全标志有四种标准格式：

——双框型安全标志:符号框,文字框(见4.2);

——三框型安全标志:符号框,图示框,文字框(见4.3);

——双框型安全标志:图示框,文字框(见4.4);

——双框型安全标志:两个图示框(见4.5)。

在某些情况下,这些标准格式可以适当变化。

安全标志一般采用纵向布置,但也可采用横向布置。选择安全标志的格式与布置时,应从产品销售地区的地域和语言环境、法律规定,以及安全标志的可利用空间等方面考虑,看哪一个方案表达的效果最有效。

4.2 双框型安全标志:符号框、文字框

符号框包括安全警告符号及三个警告词(**注意、警告、危险**)之一。文字框包含一段描述危险、说明发生事故的后果以及指导如何规避危险的文字信息。见图1。

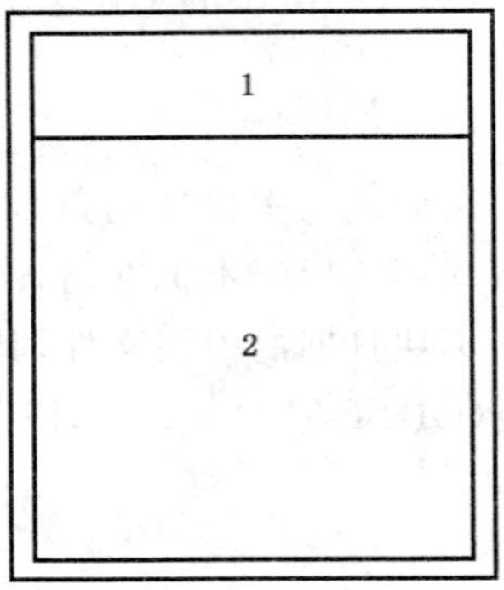

1——符号框;

2——文字框。

图1 双框型安全标志:符号框、文字框(纵向布置)

4.3 三框型安全标志:符号框、图示框、文字框

符号框包括安全警告符号及三个警告词之一。图示框除了应包含描述危险图示,有时还应包含规避危险的图示。文字框包含一段描述危险,说明发生事故的后果以及指导如何规避危险的文字信息。见图2。

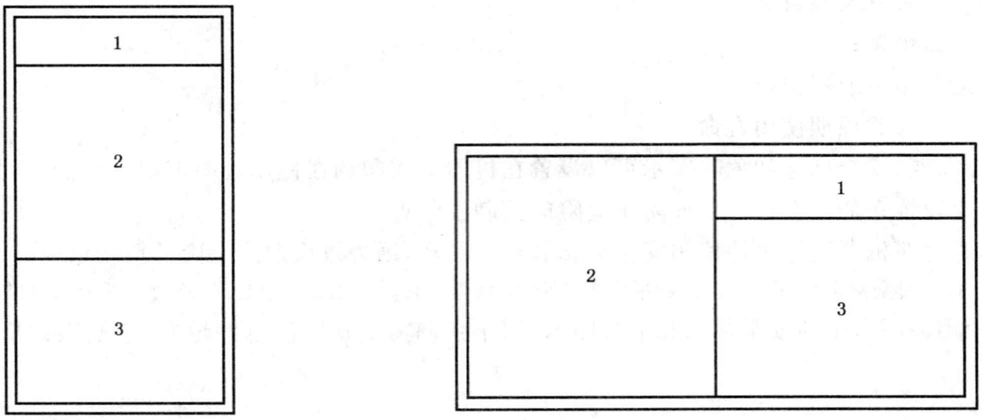

a) 纵向布置　　b) 横向布置

1——符号框;

2——描述危险图示的图示框;

3——文字框。

图2 三框型安全标志:符号框、图示框、文字框

4.4 双框型安全标志:图示框、文字框

图示框包含以安全警示三角形为边框的描述危险图示或仅包含安全警告符号。文字框包含一段描述危险,说明发生事故的后果以及指导如何规避危险的文字信息。见图 3。

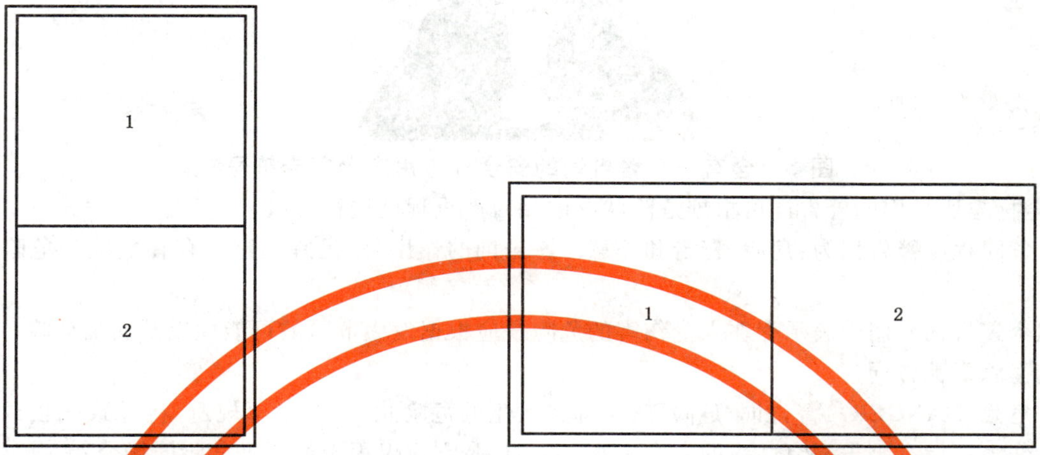

a) 纵向布置　　　　b) 横向布置

1——含有安全警告符号或以安全警示三角形为边框的描述危险图示的图示框;

2——文字框。

图 3 双框型安全标志:图示框、文字框

4.5 双框型安全标志:两个图示框

第一个图示框布置描述危险图示,它为以安全警示三角形为边框的描述危险图示,也可以仅为安全警告符号。第二个图示框布置规避危险图示。见图 4。

a) 纵向布置　　　　b) 横向布置

1——含有安全警告符号或以安全警示三角形为边框的描述危险图示的图示框;

2——规避危险图示框。

图 4 双框型安全标志:两个图示框

5 符号框

5.1 安全标志的符号框包含安全警告符号和三个警告词之一。

5.2 含有一个警告词的安全标志所用的安全警告符号应如图 5 所示。采用三个警告词之一的安全标志应使用该安全警告符号。

图 5　含有一个警告词的安全标志用安全警告符号

5.3　安全标志所采用的警告词可根据危险状况的相对严重程度进行分级。

三个危险程度警告词为:**危险**、**警告**和**注意**。警告词的作用是:提醒观察者存在危险和危险的相对严重程度。

这三个警告词专用于表示存在人身伤害的危险。应根据发生危险的可能性以及面临危险可能造成的后果选择以下警告词:

——**危险(DANGER)**:警告词"危险"表示即将发生的危险状况,如果不规避,将导致死亡或者严重伤害。标有警告词"危险"的安全标志不能滥用,它应仅用于最严重危险的场合;

——**警告(WARNING)**:警告词"警告"表示潜在的危险状况,如果不规避,可能会导致死亡或者严重伤害。由警告词"警告"确定的危险状况存在的受伤或死亡的风险程度小于由警告词"危险"确定的危险状况;

——**注意(CAUTION)**:警告词"注意"表示潜在的危险状况,如果不规避,可能导致轻度或者中度的伤害。警告词"注意"也可用于提醒避免进行可能造成人员伤害事件的非安全操作。

6　图示框

6.1　安全标志的图示框包括:一个描述危险的图示,一个规避危险的图示,或者只有安全警告符号。

6.2　用于安全标志的图示有两种基本类型:描述危险和规避危险。

——描述危险图示:是对危险进行形象化的图示描述,通常说明不规避危险会造成的后果;

——规避危险图示:是对如何规避危险进行形象化的图示描述。

一个完美设计的描述危险图示应使人能清楚地识别出危险,并且应生动地描绘出违背警示可能导致的潜在后果。同样,一个完美设计的规避危险图示应清晰明了地描述人员在面临危险时必须采取的措施。

尽管一般来说将两类图示组合到同一图示中相当困难,但还是可能的。最常用的方法是采用描述危险图示。规避危险图示可以用来补充或者代替文字描述。

在某些场合,可以用一个图示描述几种危险。但通常应避免这样做,除非这些危险是密切相关的。

6.3　在双框型安全标志上,描述危险图示应由安全标志的安全警示三角形所围成。安全警示三角形见图 6。

图 6　安全警示三角形

6.4　如果安全警示三角形内没有描述危险图示,应用一个惊叹号形成如图 7 所示的框式安全警告标志。

图 7　框式安全警告标志

7　文字框

7.1　安全标志的文字框由文字信息组成，文字框可以是单独的也可与图示框组合来描述危险，说明面临危险的潜在后果，以及指导如何规避危险。

7.2　如果描述危险图示能充分生动地描述出危险和危险的潜在后果，则可从文字框中删去相应的内容。同样，如果规避危险图示能生动描述如何规避危险，这方面的信息也可以从文字框中删除。如果未使用图示，文字框中就应包含上述三项内容。文字信息应简洁、明了，行数尽可能少。

8　语言、译文和多语种安全标志

8.1　包含警告词或文字信息的安全标志应采用该产品使用国的语种之一。无文字的安全标志显然不需进行语言翻译。但是，使用无文字安全标志的产品应满足以下两条要求：

——应使用一种专用安全标志，指示操作者查阅使用说明书中适用于该产品安全标志的说明(见图 8 和图 9)；

——在使用说明书中以适当的语言给出与无文字安全标志对应的文字信息。

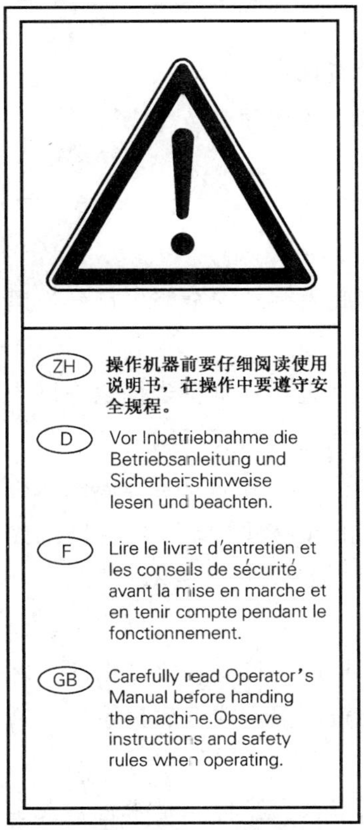

图 8　用于无文字安全标志产品的四语种“阅读使用说明书”安全标志示例

图 9 用于无文字安全标志产品上的无文字“阅读使用说明书”安全标志示例

8.2 图 8 为中、德、法、英的四种语种构成的“阅读使用说明书”安全标志示例。只要安全标志包含产品使用地区的语种，允许使用与其他几种语种的组合，或仅用一种语种。

8.3 图 9 所示为无文字“阅读使用说明书”安全标志示例，它可以代替图 8 所示的单语种或多语种安全标志。

9 安全标志的颜色

9.1 符号框的颜色

符号框的颜色取决于所选择的警告词：

a) **危险** 标志的符号框应为红底白字。安全警告符号应为白色三角形中的红色惊叹号(见图 5)；

b) **警告** 标志的符号框应为橙色底黑字。安全警告符号应为黑色三角形中的橙色惊叹号(见图 5)；

c) **注意** 标志的符号框应为黄底黑字。安全警告符号为黑色三角形中黄色惊叹号(见图 5)。

9.2 图示框的颜色

图示框的颜色取决于安全标志是否包含三个警告词之一。

包含一个警告词的安全标志图示框应为白底黑图。

包含安全警示三角形或框式安全警告符号的安全标志图示符号应为黄底黑图。

如果用×、或⊘、或“停止”表示禁止行为(见 A.9.1)，则禁止符应为红色。

9.3 文字框的颜色

文字框的颜色取决于安全标志是否包含三个警告词之一。

包含一个警告词的安全标志文字框应为黑底白字或白底黑字。

无警告词的安全标志文字框应为黄底黑字或白底黑字。

9.4 边框的颜色

边框的颜色取决于所选的警告词以及安全标志是否包含安全警示三角形：

a) 警告词为**危险**的安全标志的边框应为红色。如果必须将安全标志与贴附表面的颜色区分开，可附加白色的外边框；

b) 警告词为**警告**的安全标志的边框应为橙色。如果必须将安全标志与贴附表面的颜色区分开，可附加白色或黑色的外边框；

c) 警告词为**注意**的安全标志的边框应为黄色。如果必须将安全标志与贴附表面的颜色区分开，可附加白色或黑色的外边框；

d) 包含安全警示三角形的安全标志的边框应为黄色。如果必须将安全标志与贴附表面的颜色区分开，可附加白色或黑色的外边框。

9.5 各框之间分界线的颜色

各框之间的分界线应为黑色。

10 尺寸

10.1 安全标志的推荐尺寸见图10～图13，单位为毫米，根据需要，尺寸可缩小或放大。尺寸比例可以按需要改变，以提供足够大的符号框或为文字框提供充裕的空间，确保文字清晰易辨认。

10.2 安全标记内图示符号与文字的尺寸参见附录E。

单位为毫米

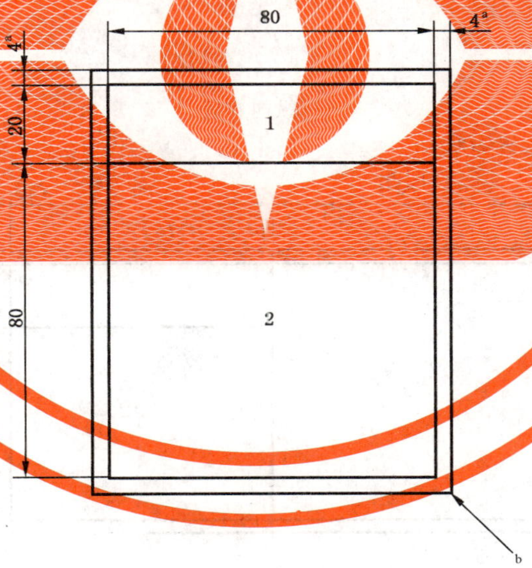

1——符号框；

2——文字框；

ª 边框宽度。

ᵇ 圆角半径＝边框宽度。

图10 双框型的推荐尺寸：符号框、文字框（纵向布置）

单位为毫米

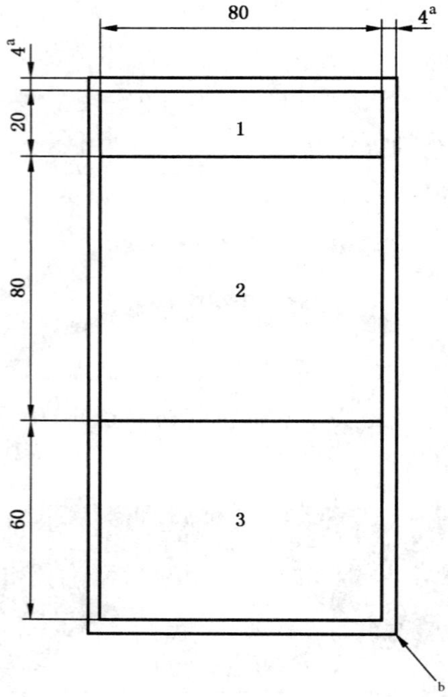

a）纵向布置

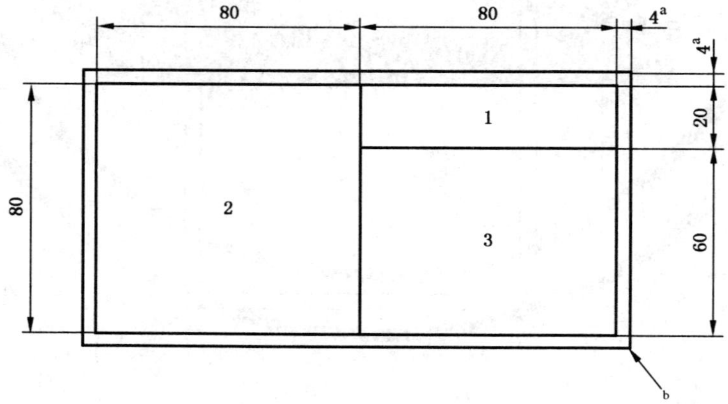

b）横向布置

1——符号框；

2——描述危险的图示框；

3——文字框。

[a] 边框宽度。

[b] 圆角半径＝边框宽度。

图 11 三框型的推荐尺寸：符号框、图示框、文字框

单位为毫米

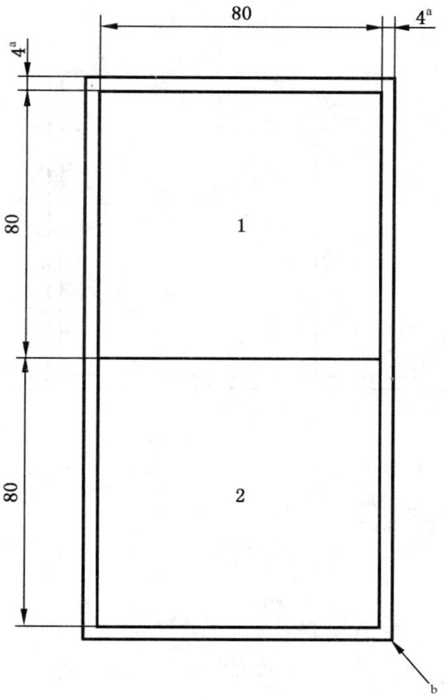

a）纵向布置

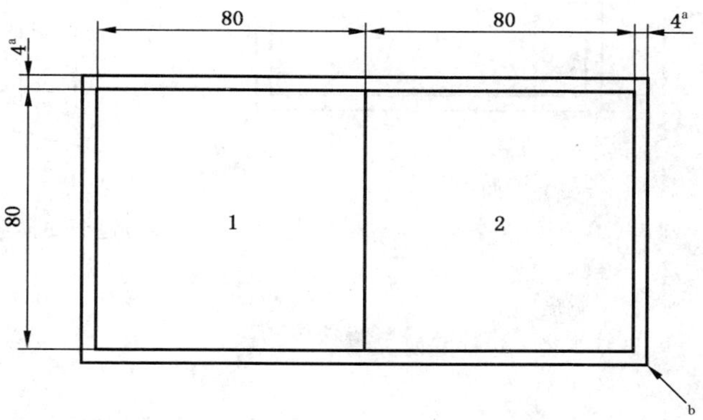

b）横向布置

1——含有安全警告符号或以安全警示三角形为边框的描述危险图示的图示框；

2——文字框。

a 边框宽度。

b 圆角半径=边框宽度。

图 12 双框型的推荐尺寸：图示框、文字框

单位为毫米

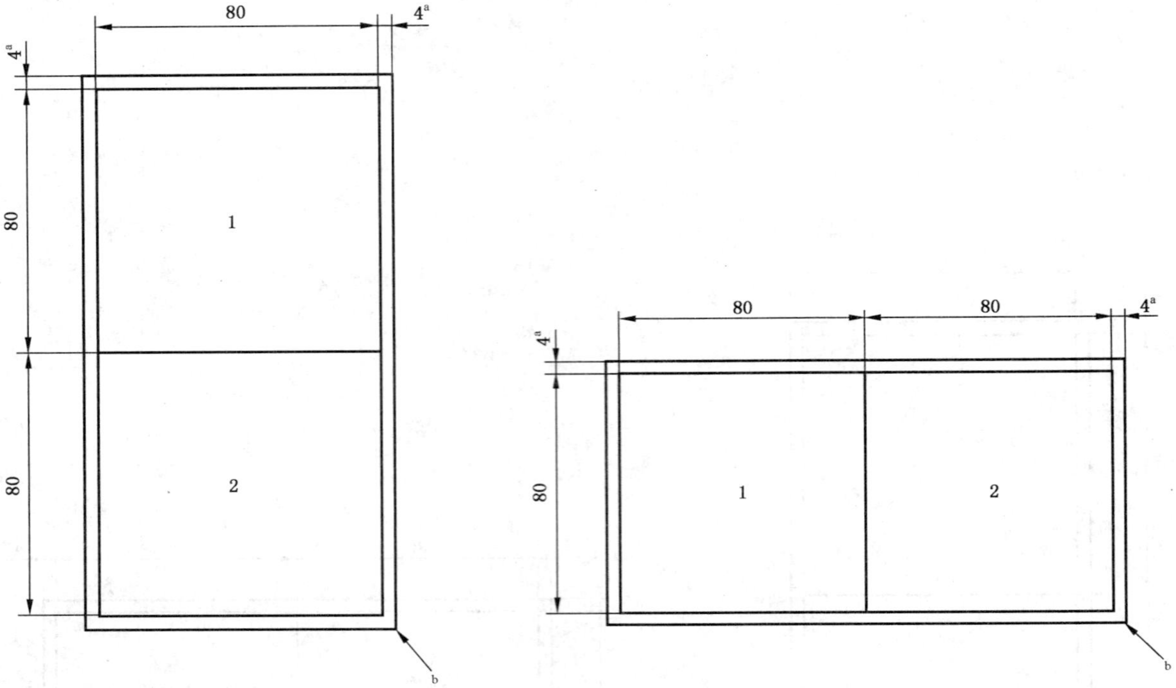

a）纵向布置　　　　b）横向布置

1——含有安全警告符号或以安全警示三角形为边框的描述危险图示的图示框；

2——规避危险图示框。

a 边框宽度。

b 圆角半径＝边框宽度。

图 13　双框型的推荐尺寸：两个图示框

11　危险图示设计原则及指南

附录A规定了危险图示的优秀图形设计原则及指南，还有人体图和其他图示要素的绘制方法。良好和谐的形象化设计，对传递描述危险图示和规避危险图示的意图是重要的。

12　描述危险图示

附录B提供了拟用于安全标志的描述危险图示示例，也可用其他适当的描述危险图示来替代，并且可根据需要设计其他描述危险的图示。

13　规避危险图示

附录C提供了拟用于安全标志的规避危险图示示例，也可用其他适当的规避危险图示来替代，并且可根据需要设计其他规避危险的图示。

14　安全标志示例

14.1　有文字安全标志示例

与某种危险对应的警告词和文字信息取决于各种易变因素的综合作用，包括法律惯例。因此本标准未给出有文字安全标志的具体示例。必要时，应按以上各条所述目的和原则设计有文字的安全标志。

14.2　无文字安全标志示例

附录D列举了数种危险情况的无文字安全标志的示例。可根据需要另外设计用于其他危险情况的安全标志。

附 录 A
（资料性附录）
危险图示的图形设计原则及指南

A.1 范围

本附录规定了危险图示的优秀图形设计的原则及指南，以及人体图和其他图示要素的绘制方法。良好和谐的形象化设计，对传递描述危险图示和规避危险图示的意图是重要的。

A.2 设计图示指南

除应考虑每个安全标志及其图示符号的自身特征以外，还应遵循下列设计优秀图示的通用原则。

a) 使用形象化图示替代抽象符号。

b) 使用实体图表示人体要素或完整的人体图形。当为了构图完整，在描述一个必须存在的而又不直接涉及到危险的人时，可以使用轮廓图表示。

c) 当表示肢体、面部或整个人体时，应使用最易辨认的视图（通常为正视图或侧视图）。

d) 使用描述生动动作的图示来显示涉及危险的人体或身体要素。

e) 使用简图描绘造成危险的机器部件。如果不会对人体的易辨性造成影响，采用实心图表示危险机器部件。整机或位于危险区域的机器具体部位或相关零部件，采用轮廓图表示。

f) 尤其是在危险性质或危险发生的位置不明确的情况下，图示应明确描述危险。仅在已充分表达了危险的性质和位置的必要信息的情况下，才可一般性地描述危险和危险状况。

g) 必要时可使用箭头表示实际或可能的运动方向。在某些情况下，机器部件的运动在图示中是不言而喻的，不必使用箭头。在选择和使用表示不同类型的运动或空间相对位置关系，如：跌落物或飞出物、机器部件运动方向、整机运动方向、压力或作用力方向及与危险保持安全距离的不同箭头图示时，应具有一致性。

h) 当禁止符（斜十字叉、带斜杠的圈）会使禁止行为难以确认或者禁止符的含义不十分清楚时，应避免使用禁止符。

i) 不要使用红色表示血液。

A.3 人体图

A.3.1 绘制基本人体图

人体图通常是图示的主要构成部分，应简单、形象。为获得最佳效果，人体图绘制应保持一致性。观察者不需仔细研究图示就可立刻确定描述了身体的哪一部分或以何种方式表述的。本附录中提供的人体图设计满足了上述具体要求。除了 A.3.5 的规定外，不应对人体图进行变形，更改比例。人体图的作用是给看到安全标志的人以警示，防止事故发生，而不是艺术品。

A.3.2 人体图单元体系

标准的人体图是在统一尺寸的方格或单元格系中绘制。完整人体图身高为 12 个单元，躯干宽占 2 个单元，头部为直径 1.75 个单元的圆形。描绘人体的精确单元数量见图 A.1。手和脚的末端以半圆形表示。

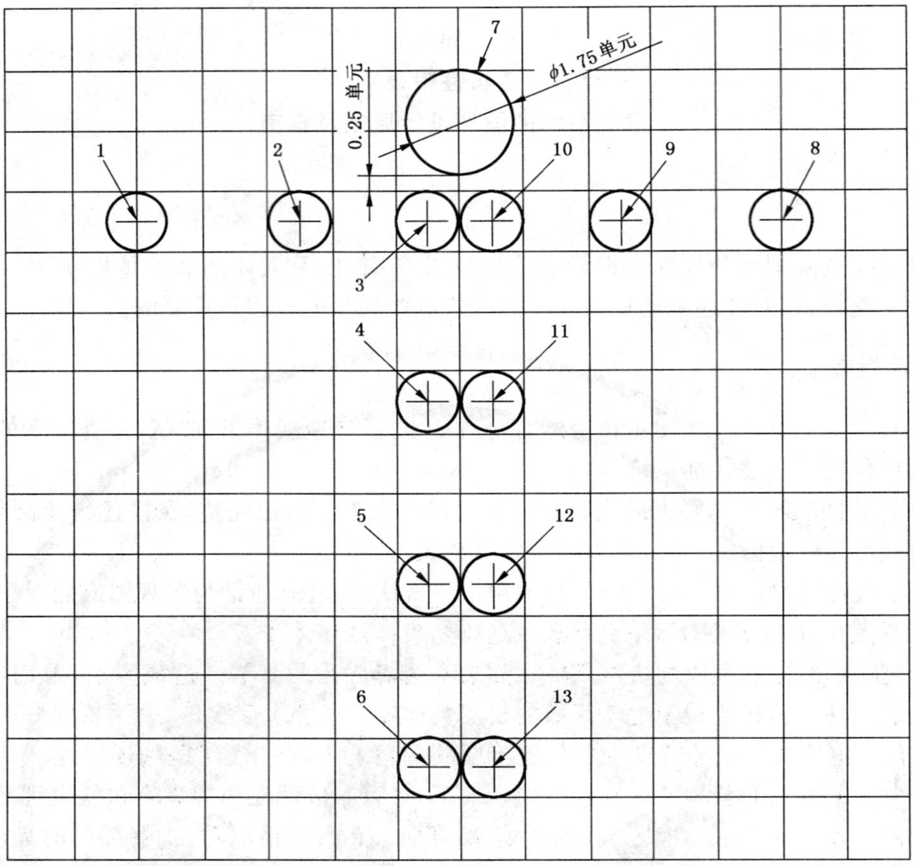

1——右手关节中心；
2——右肘关节中心；
3——右肩关节中心；
4——右髋关节中心；
5——右膝关节中心；
6——右脚关节中心；
7——头；
8——左手关节中心；
9——左肘关节中心；
10——左肩关节中心；
11——左髋关节中心；
12——左膝关节中心；
13——左脚关节中心。

注：一个正方形格为一个单元格。

图 A.1 人体单元体系

A.3.3 动态人体图

通过人体图的关节中心点，可以描绘动态或移动的人体图。除四肢重叠引起视觉比例缩短外，单元比例应保持不变。在视觉比例缩短处，可增加 0.5 个单元来补偿。图 A.2 给出了各种姿态的人体图。图中描绘的姿态通常由以下因素决定：

——危险的性质；

——危险的方位；

——由危险引起的移动或姿态的改变；

——危险造成的伤害类型；

——操纵设备引起的移动或姿态改变。

图 A.2 绘制人体图

A.3.4 人体实体图与轮廓图

人物实体图比同样形状的人体轮廓图更生动，能使观察者的注意力更加集中在处于潜在危险状态的人员上，而这正是人体图表现的主题。如果图示中出现的人体图不止一个，则不直接面临危险的人员的人体图可绘制成轮廓图(例如：碾压危险图示或乘客跌落危险图示中的司机)。人体轮廓图可用于：

——只表示危险情况下，不会受到直接伤害的人员；

——仅在与实体图组合使用时，才能使图示更便于理解和交流。

A.3.5 静止，自由站立的人体图(正视图或后视图)

绘制静止、自由站立的人体图可修改标准的人体图。医疗设备上所用的表示"过度肥胖病人的"IEC 符号(IEC 60417:1973 中编码为 5391)用作规避危险图示中的人体图，表示与危险保持安全距离(见 A.8.6)、在某些规避危险图示中表示远离危险区的含义(见 A.9.2)。

图 A.3 所示为静止、自由站立的人体图。

图 A.3 静止、自由站立的人体图(正视图或后视图)

A.3.6 头部侧视图

当危险涉及头部时，应采用面部向左或向右的头部侧视图。当完整的人体图形或上半部躯干出现在图中时，为了强调整个人体或上半部躯干处于侧面状态的效果，可使用头部侧视图。图 A.4 给出了使用头部侧视图的危险图示示例。

图 A.4 使用头部侧视图的危险图示示例

A.4 上部躯干

涉及手臂、手或头部的危险，最好采用上部躯干而不是全身视图的图示。在多数情况下，上部躯干应为侧视状态并且头部也为侧视图而非正视图或圆形图。上部躯干侧视图还能更有效表达上部躯干相对危险的移动方向。如 A.5.2 所示，如果手与危险相关或者如果画出手会有助于视觉表达，应在图上画出手。图 A.5 给出了使用上部躯干图的危险图示示例。

图 A.5 使用上部躯干图的图示示例

A.5 手

A.5.1 手和手指图的绘制

手的复杂性和手指动作的多种可能性使其成为绘制危险图示时最困难的图示要素之一。图 A.6 中所示的设计图示特别注意简化手的形状和形式，以利于辨认。在全手正视图中，各手指并拢。在其他的全手视图中，手指可以分开。图 A.7 给出了采用手部全视图的图示示例。

图 A.6 全手正视图

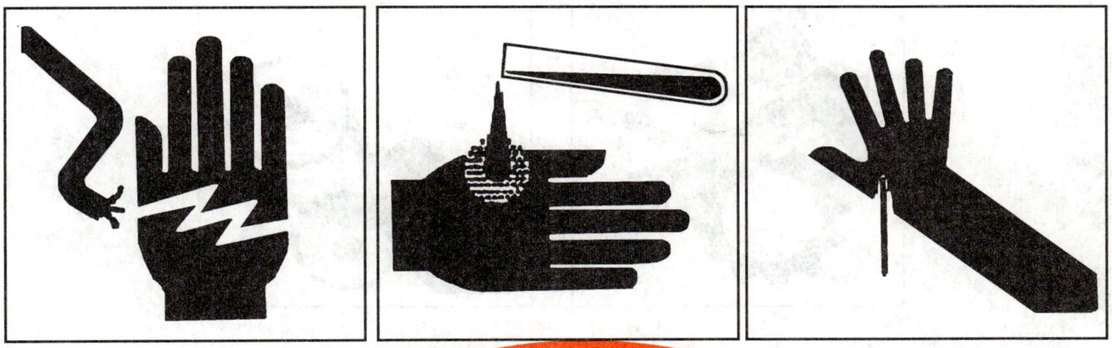

图 A.7　采用手部全视图的图示示例

A.5.2　人体图上添加的手图示

当危险涉及到手或手臂时，人体图上添加手图示能增强肢体要素的可辨性。图 A.8 为两种基本姿态的手图示：

——姿态 A 表示拇指与手臂沿相同方向伸出；

——姿态 B 表示手围绕手关节中心旋转若干角度。

a) 姿态 A：拇指与手臂沿相同方向伸出的手图示

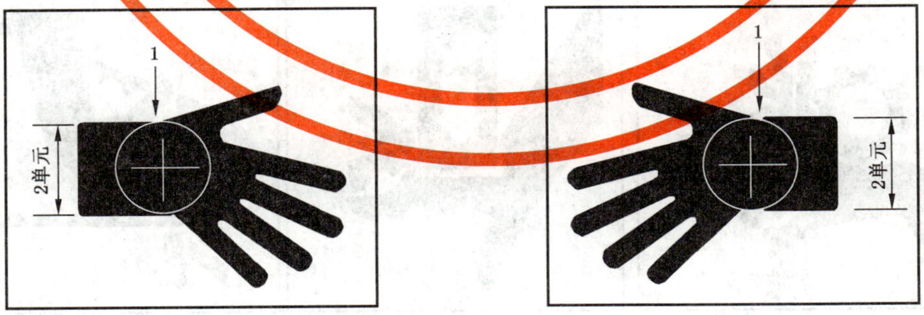

1——手关节中心。

b) 姿态 B：围绕手关节中心旋转的手图示

图 A.8　人体图上添加的手图示

选择姿态 A 或姿态 B 取决于哪种姿态更能生动地描述涉及的危险状态。为了设计的一致性，即使危险只涉及一只手臂，两只手臂上都应添加手图示(两只手臂同时出现时)。图 A.9 为人体图中添加了手图示的危险图示示例。

图 A.9 人体图中添加手图示的危险图示示例

A.5.3 手侧视图

手侧视图是表示纵深感的最佳图示，它能增强图示的真实性、生动性和易理解性。虽然手形未用透视法真实绘出，但是手指位置的变化却能产生三维立体效果。

手侧视图是人体图中最难设计的要素。图 A.10 给出了具有视觉统一效果的人体图中的手侧视图的设计图例。绘制手侧视图时采用已有图示并对图示进行修改，或在必要时重新确定图示中手的位置，可以节省宝贵的时间。所需的各种手指活动状态图可采用选择最接近理想手姿态的手图示来描绘，并做适当的修改。注意手指的绘制方法。手指不应逐渐变细，尽管实际情况可能如此。指尖由 1/4 圆弧表示。手侧视图仅采用三个手指加上拇指。

图 A.10 使用手侧视图的图示示例

A.6 脚

A.6.1 脚图示的绘制

图示中仅有小腿部分或脚时，应使用图 A.11 所示的鞋或靴子(脚)的特定图示。向左或向右的脚图示均可。图 A.12 给出了有脚图示的图示示例。

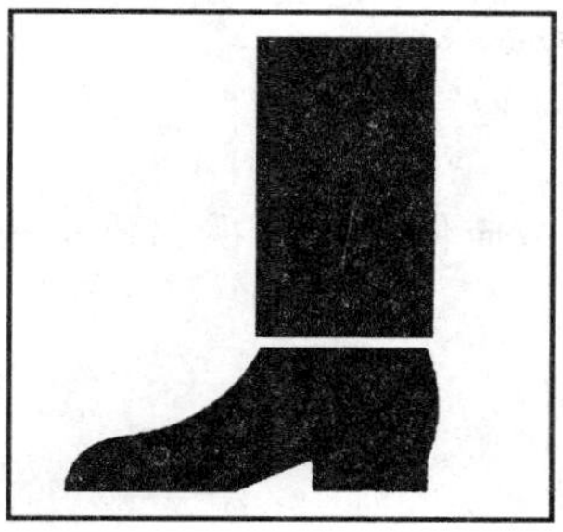

图 A.11 脚图示

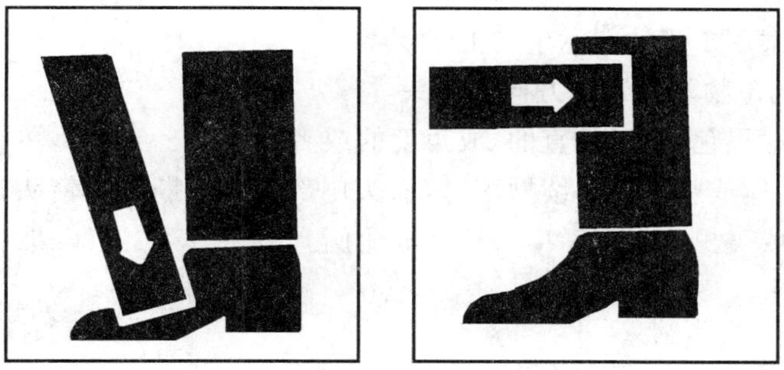

图 A.12 有脚图示的图示示例

A.6.2 人体图上添加脚图示

对于某些涉及脚或小腿的危险,采用全人体图措述效果更好;在人体图中添加脚图示能增强肢体要素的可辨性。绘制这些图示时,图 A.13 所示的脚图示添加了脚关节中心,为了设计的一致性,脚图示不应做任何改动或绘制变形。

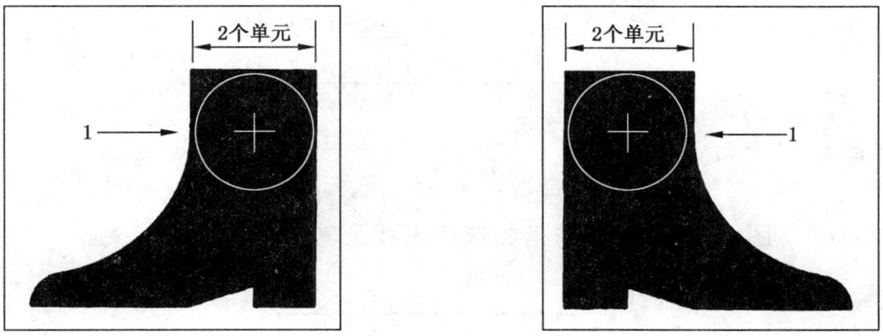

1——脚关节中心。

图 A.13 人体图上添加的脚图示

A.7 机器、工作装置及部件图的绘制

通常使用轮廓图描绘整机或机器的主要部件。采用轮廓图可以避免大面积涂黑,因而有利于将图示中的人体与机器、或产生危险的机器、部件或工作装置区分开。尤其是绘制的图示中人与机器非常接近时,优点尤为突出。单部件图可采用轮廓图或实体图,但须根据哪种图示的清晰度和可辨性更好来选择。一般实体图给人以质量和体积较大的感觉,通常更多采用轮廓图,它能表现出机器部件的更多细节,因而更易于辨别实际部件及危险的性质。减小涂黑面积并使用加粗的轮廓图可使产生危险的机器部件或设备更醒目。

A.8 箭头

A.8.1 箭头的使用

为表达安全标志的基本信息，图示中应使用一些视觉要素来表示各种事物、工况及意图。其中主要包括：

——跌落物或飞出物及其运动方向；

——机器部件运动方向；

——整机运动方向；

——施加压力或作用力方向；

——与危险保持安全距离建议。

五种箭头的设计方案用于表达图示中的上述要素。

A.8.2 表示跌落物或飞出物及其运动方向的箭头

此类箭头一般为白底黑色，可以是直的，成角度的或者弯曲的。当表示单个或几个物体时，箭头尾部应为连续的；当表示物体或颗粒的连续抛落时，箭头尾部应为间断的。箭头详细尺寸见图 A.14。通常箭头尺寸应与跌落物或飞出物在图示中的尺寸成比例。图 A.15 给出了使用此类箭头表示跌落物或飞出物及其运动方向的危险图示示例。

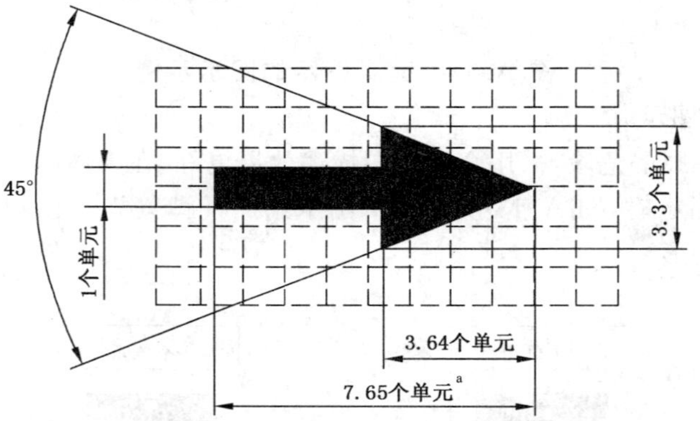

注：一个正方形格为一个单元格。

[a] 长度根据需要。

图 A.14 表示跌落物或飞出物及其运动方向的箭头

图 A.15 用箭头表示跌落物或飞出物及其运动方向的危险图示示例

A.8.3 表示机器部件运动方向的箭头

此类箭头一般是白底黑色，可以是直的，成角度的或者弯曲的。箭头详细尺寸见图 A.16。为适应个别图示，箭头尺寸可以做一些变动，一般情况下，应按图 A.16 所示 100%的实际单元比例尺寸绘制。该箭头应符合 ISO 4196 中规定的箭头运动方向，箭头头部夹角为 60°。图 A.17 给出了用箭头表示机器部件运动方向的危险图示示例。图 A.16 与图 A.18 所示箭头的主要区别仅为线条粗细程度不同，当两种同时出现时，就几乎相同。因此，尽可能用图 A.16 中的箭头表示机器部件的运动方向，用图 A.18 中的箭头表示整机的运动方向。

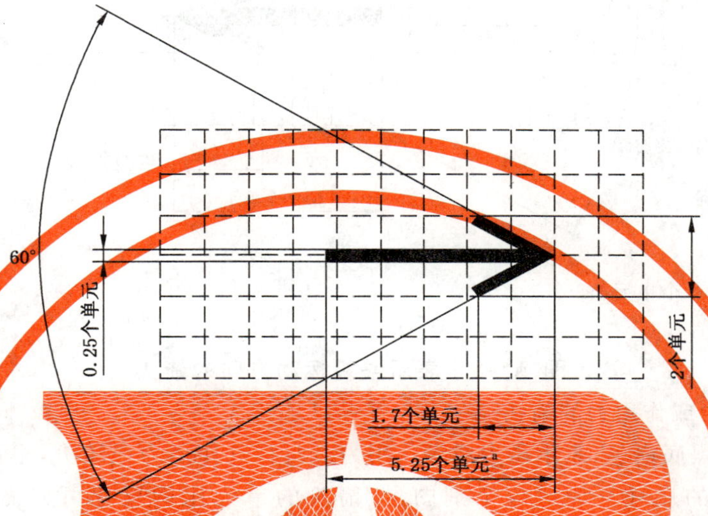

a 长度根据需要。

图 A.16　表示机器部件运动方向的箭头

图 A.17　用箭头表示机器部件运动方向的危险图示示例

A.8.4　表示整机运动方向的箭头

此类箭头一般为白底黑色，可以是直的，成角度的或者弯曲的。箭头详细尺寸见图 A.18。虽然为适应个别图示，箭头尺寸可以做一些变动，一般情况下，应按图 A.18 所示 100%的实际单元比例尺寸绘制。该箭头应符合 ISO 4196 中规定的箭头运动方向，箭头头部夹角为 60°。图 A.16 与图 A.18 所示箭头的主要区别仅为线条粗细程度不同，当两种同时出现时，就几乎相同。因此，尽可能用图 A.16 中的箭头表示机器部件的运动方向，用图 A.18 中的箭头表示整机的运动方向。

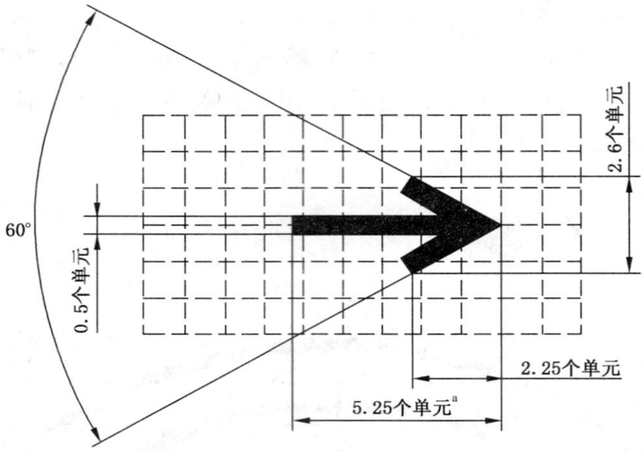

注：一个正方形格为一个单元格。

[a] 或根据需要。

图 A.18 表示整机运动方向的箭头

A.8.5 表示施加压力或作用力的箭头

此类箭头一般为黑底白色，表示压力或者作用力。对特殊作用力或压力，也可使用白底黑色箭头。见图 A.19 所示箭头的尺寸。为适应个别图示，箭头的单元比例尺寸可以做适当改动，通常应按图 A.19 所示 100%的实际比例尺寸绘制。该箭头为 ISO 4196 中规定的作用力箭头，箭头头部夹角为 84°。图 A.20 给出了使用表示压力或作用力箭头的危险图示示例。

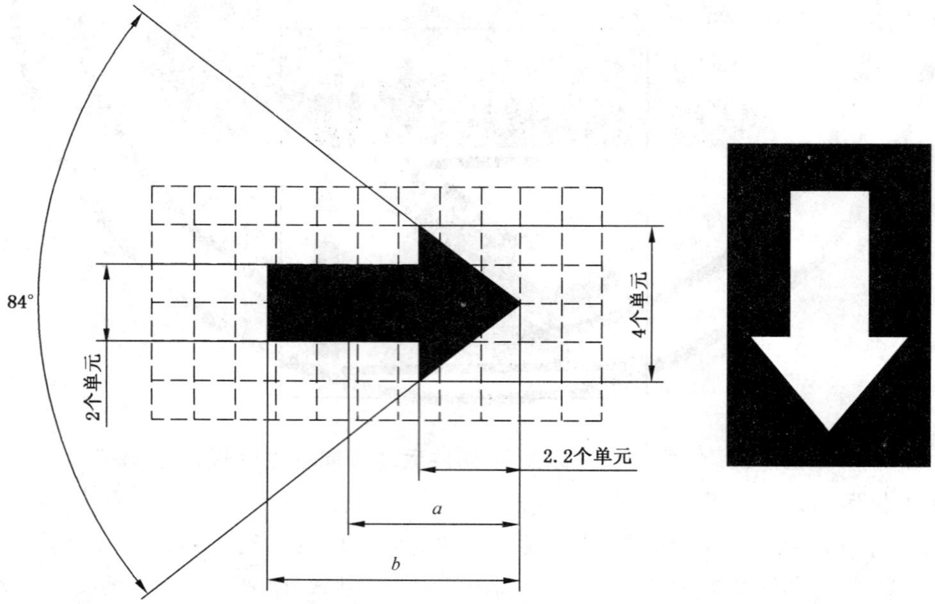

注：一个正方形格为一个单元格。

a 最短为 4.2 个单元。

b 最长为 6.2 个单元。

图 A.19 表示压力或作用力施加方向的箭头

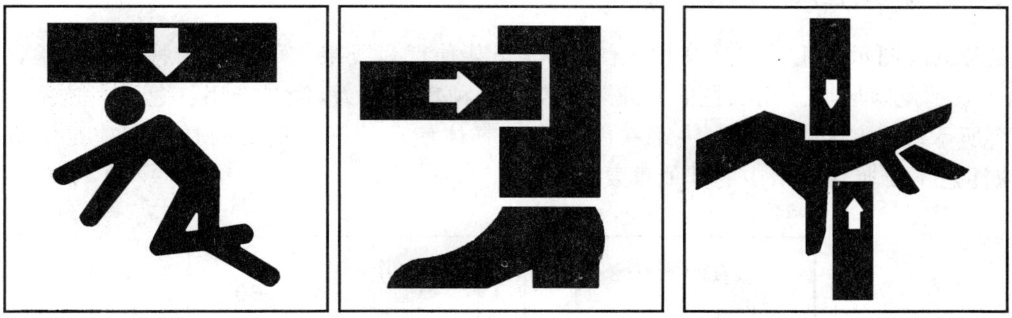

图 A.20　用箭头表示压力或作用力施加方向的危险图示示例

A.8.6　表示与危险保持安全距离建议的箭头

此类箭头一般用于规避危险图示中，有文字框的安全标志，采用白底黑色箭头；无文字框的安全标志采用黄底黑色箭头。箭头尺寸见图 A.21。为适应个别图示，箭头的单元比例尺寸可以做适当改动，通常应按图 A.21 所示 60％的实际比例尺寸绘制。除两个箭头的尾部相接的情况之外，此类箭头还应符合 ISO 4196 中有关指引人员的公众信息符号的运动方向箭头的规定。图 A.22 给出了用该箭头表示与危险保持安全距离的图示示例。

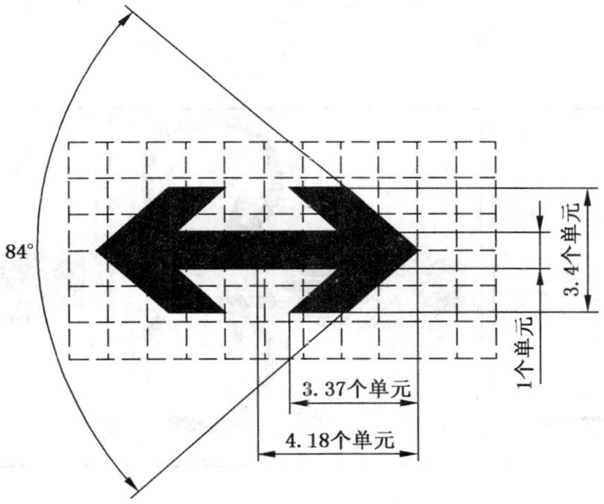

注 1：箭头左右部分镜像对称。

注 2：一个正方形格为一个单元格。

图 A.21　表示与危险保持安全距离建议的箭头

图 A.22　用箭头表示与危险保持安全距离建议的图示示例

A.9 禁止行为或危险区域的表示

A.9.1 规避危险图示常用来传递某种意图，即禁止某种行为或某人可能处于特定的危险区域。一般使用红色×表示危险区域。用红色的×或者⊘表示一种禁止行为，优先选用红色×。这两个图示要素如图 A.23 所示。×和⊘的尺寸取决于在图示中的具体使用情况。重要的是它们应足够大以利于辨认，但也应注意不要遮住图示中的其他重要部分。

图 A.23 表示禁止行为或危险区域的红色带斜杠的圈和斜十字叉

A.9.2 红色×用于表示禁止行为或危险区域。红色×可置于进行禁止行为或处于危险区域的人体图上；红色×传递一种否定信息，即所描述的行为是禁止行为，或所指明的区域可能是危险区域，应该规避。红色×的两条斜线相互垂直并与图示边框线成 45°。图 A.24 给出了用红色×表示禁止行为或危险区域的危险图示示例。

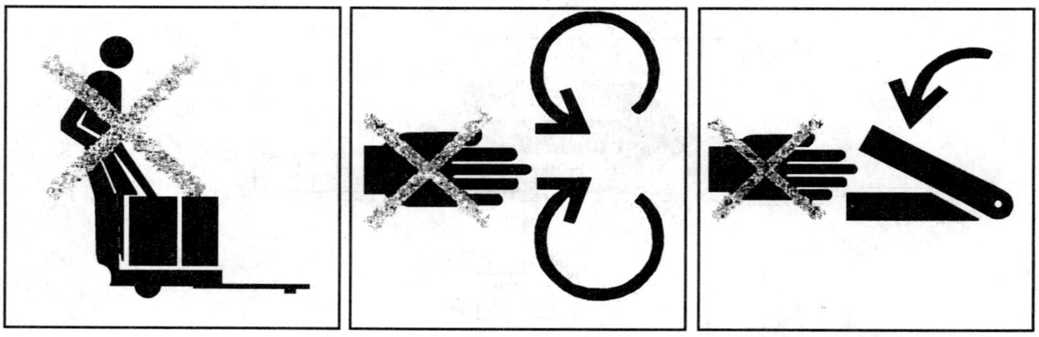

图 A.24 用红色×表示禁止行为或危险区域的图示示例

A.9.3 带斜杠的红色圈⊘用于表示禁止行为。红色⊘可置于描述禁止行为的图示要素上，红色⊘传递一种否定信息，即所描述的行为是禁止行为。斜杠从圆圈的左上方一直到右下方，标准的斜杠与水平线呈 45°，为了避免遮住图示中的重要部分，角度也可或多或少地进行调整。

附　录　B
（资料性附录）
描述危险图示

本附录提供了用于安全标志的描述危险图示示例。可从中选择合适的图示，也可根据需要设计其他描述危险的图示。下列图示表示：

a）　电气（电击/灼伤）危险（见图 B.1）；

b）　跌落危险（见图 B.2）；

c）　机械：挤压危险（见图 B.3）；

d）　机械：切割危险（见图 B.4）；

e）　稳定性危险（见图 B.5）。

图 B.1　电击/触电

图 B.2　从高处跌落

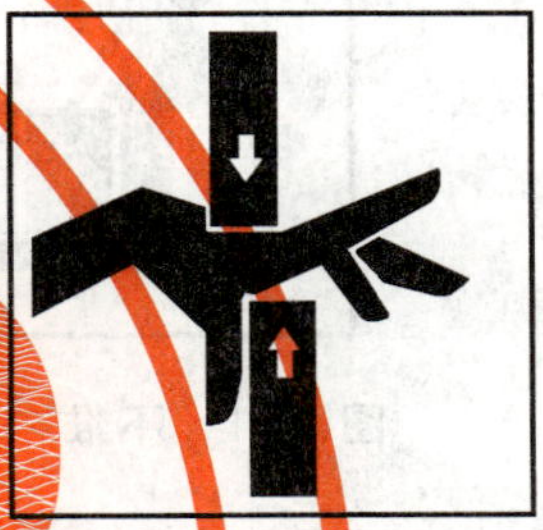

图 B.3　手指或手被挤压（从上面和下面施加力）

图 B.4　发动机风扇切断手指或手

图 B.5　车辆倾覆/倾翻

附　录　C
（资料性附录）
规避危险图示

本附录提供了用于安全标志上的规避危险图示示例。可从中选择适用的图示，并且可根据需要设计其他规避危险图示。

规避危险图示的举例如图 C.1 至图 C.7。

图 C.1　不准在车辆上乘行

图 C.2　进行维护或修理工作前应先关闭发动机，取下钥匙

图 C.3　正确的保养程序请查阅使用说明书

图 C.4　不准站在货叉上

图 C.5　不准站在货叉下

图 C.6　不准载人

图 C.7　不准进入前移机构区内

附 录 D
（资料性附录）
无文字安全标志示例

本附录列举了涉及若干种危险的无文字安全标志的具体示例，这些安全标志示例采用纵向布置的双框型（两个图示框，无符号框和文字框）。根据需要可设计涉及其他危险情况的安全标志。

作为典型示例，各个安全标志所对应的文字说明应列入使用说明书。使用说明书中的说明文字可以扩充，或根据安全标志特殊使用要求进行修改。

无文字安全标志示例如图 D.1 和图 D.2。

图 D.1 进行维护或修理工作前，应关闭发动机取下钥匙

图 D.2 防止有压力的液体泄漏：保养程序请查阅使用说明书

附 录 E
（资料性附录）
图示符号与文字的尺寸

E.1 引言

本附录提出了选择安全标志或危险图示中的图示符号和文字合适尺寸的导则。所推荐的尺寸是根据观察距离而变的。

E.2 图示符号的尺寸

为保证符号能被正确地识别，其名义尺寸 a 的最小值（与观察距离 L 的单位相同）应为：

$a=L/100$

详见 ISO 3461-1。

例如，如 $L=1\,000$ mm，则 $a=10$ mm。

E.3 文字的尺寸

为保证文字能被正确地认出，汉字或大写字母的高度 H 其最小值（与观察距离 L 的单位相同）应为：

$H=0.007L$

例如，如 $L=1\,000$ mm，则 $H=7$ mm。

参考文献

[1] GB 10396—2006 农林拖拉机和机械、草坪和园艺动力机械 安全标志和危险图示 总则(ISO 11684:1995,MOD)

[2] GB/T 15706.1—2007 机械安全 基本概念与设计通则 第1部分:基本术语和方法(ISO 12100-1:2003,IDT)

[3] GB/T 15706.2—2007 机械安全 基本概念与设计通则 第2部分:技术原则(ISO 12100-2:2003,IDT)

[4] GB 20178—2006 土方机械 安全标志和危险图示 通则(ISO 9244:1995,MOD)

[5] ISO 3461-1:1988 图形符号表示规则 第1部分:设备用的图形符号

[6] ISO 3864:1984 安全色与安全标记

[7] ISO 4196:1984 图形符号 箭头的使用

[8] ISO 7000:1989 设备用的图形符号 索引和一览表

[9] ISO 13200:1995 起重机 安全标志和危险图示 通则

[10] IEC 60417:1973 设备用的图形符号 索引、综述和单活页汇编及补充件(IEC 60417A:1974,IEC 60417B:1975,IEC 60417C:1977,IEC 60417D:1978,IEC 60417E:1980,IEC 60417F:1982,IEC 60417G:1985,IEC 60417H:1987,IEC 60417J:1990,IEC 60417K:1991,IEC 60417L:1993,IEC 60417M:1994,IEC 60417N:1995)

ICS 53.060
J 83

中华人民共和国国家标准

GB/T 26561—2011/ISO 10525:1997

搬运6 m及其以上长度货运集装箱的平衡重式叉车　附加稳定性试验

Counterbalanced trucks handling freight containers of 6 m length and above—Additional stability tests

(ISO 10525:1997,IDT)

2011-06-16 发布　　2011-12-01 实施

中华人民共和国国家质量监督检验检疫总局
中国国家标准化管理委员会　发布

前　言

本标准等同采用 ISO 10525:1997《搬运 6 m 及其以上长度货运集装箱的平衡重式叉车　附加稳定性试验》(英文版)。

本标准等同翻译 ISO 10525:1997。

为了便于使用,本标准做了下列编辑性修改:

a) "本国际标准"一词改为"本标准";

b) 删除国际标准的前言;

c) 对 ISO 10525:1997 中引用的国际标准,有被等同采用为我国标准的用我国标准代替对应的国际标准,未被采用为我国标准的直接引用国际标准。

本标准由中国机械工业联合会提出。

本标准由全国工业车辆标准化技术委员会(SAC/TC 332)归口。

本标准起草单位:安徽合力股份有限公司、北京起重运输机械设计研究院。

本标准主要起草人:王英、陶佳红、赵春晖、周齐齐。

搬运 6 m 及其以上长度货运集装箱的平衡重式叉车 附加稳定性试验

1 范围

本标准规定了验证搬运 6 m 及其以上长度货运集装箱的平衡重式叉车稳定性的附加试验。

本标准规定了 GB/T 5141 所列内容之外的附加试验。

本标准规定的稳定性试验可确保搬运货运集装箱的平衡重式叉车在下列条件下合理而恰当地使用时具有足够的稳定性。

a) 叉车在风速不超过 12.2 m/s(蒲福风级 6 级)的条件下进行作业(在规定运行高度带着货运集装箱运行和堆垛);

b) 风速超过 12.2 m/s 时的风力应在 3.5.3 中的式(1)和(2)中代入风速 v 值来计算;

c) 叉车向前运行,货运集装箱前置并起升到其底面高于驾驶员座垫上的最大压缩点且距离不大于 1 m,门架完全后倾。

注:载荷起升后,驾驶员应能从货运集装箱的下面看见前方。

符合上述 a)或 b)中所述条件的稳定性试验适用于所有叉车。

符合上述 c)中所述条件的稳定性试验仅适用于运行时集装箱需要部分起升的叉车。

本标准不适用于在下列条件下使用的叉车:

——搬运可自由摆动的悬吊载荷;

——搬运有可移动重心的集装箱(见 GB/T 17382)。

2 规范性引用文件

下列文件中的条款通过本标准的引用而成为本标准的条款。凡是注日期的引用文件,其随后所有的修改单(不包括勘误的内容)或修订版均不适用于本标准,然而,鼓励根据本标准达成协议的各方研究是否可使用这些文件的最新版本。凡是不注日期的引用文件,其最新版本适用于本标准。

GB/T 5141 平衡重式叉车 稳定性试验(GB/T 5141—2005,ISO 1074:1991,IDT)

GB/T 17382 系列 1 货运集装箱 装卸和栓固(GB/T 17382—2008,ISO 3874:1997,IDT)

ISO 1496-2 系列 1 货运集装箱 技术要求和试验 第 2 部分:保温集装箱

ISO 3691-1 工业车辆 安全要求和验证 第 1 部分:除无人驾驶,伸缩臂式车辆及载重车辆外的自行式工业车辆

3 试验要求

叉车的稳定性应采用下述验证方法来验证,任何一种方法都是可接受的验证程序。

3.1 验证方法

3.1.1 倾斜平台

应使用一侧能倾斜的试验平台。

将被试叉车放置在初始呈水平状态的平台上,然后按表 3 给出的各个位置依次进行试验。对于叉车的每一个位置,平台都应缓慢而平稳地倾斜至表 3 所规定的坡度。

3.1.2　固定斜坡

应使用斜度等于规定试验坡度的固定斜坡。斜坡表面应平整并能支承叉车的重量而不会产生有可能影响试验结果的变形。

将门架处于低位的被试叉车开上固定斜坡并按表3规定的位置停放。满载叉车处于每一个试验位置时，应缓慢而平稳地将试验载荷起升到表3所规定的高度。

3.1.3　计算

可以通过计算来确定符合规定稳定性的数值。

该计算值应考虑制造误差以及门架、轮胎等的变形。

3.1.4　试验结论

如果叉车通过所要求的全部试验而没有倾翻，则认为叉车是稳定的(见第4章)。对于第1、2、3项试验，试验坡道的倾翻值指的是如果坡度再增加的话，就会导致叉车的完全倾翻。对于第4项试验，当有一个车轮与试验坡道脱离接触时，便认为已经达到了倾翻值。

3.2　试验条件

风况不应对试验结果有重大的影响。对于第3项试验，允许叉车一侧的载重轮与坡道脱离接触，并允许结构部件或其他专门设计的部件与坡道接触。

3.2.1　叉车的状况

试验应在一台已准备好的无驾驶员的叉车上进行。以发动机为动力叉车的燃油箱应充满，否则会降低其稳定性；所有其他油箱都应加至其正确的工作油位。叉车的取物装置及与额定起重量相关的保护装置或附加起升装置都应装备上。如果门架或货叉的倾角可以调节，应如表3所示定位。轮胎应按制造商规定的气压来充气，如果允许使用轮胎压块的话，应根据制造商的使用手册来使用。

3.2.2　取物装置的起升垂直度验证

在开始第1项试验之前，应使用铅垂线或其他适当的装置来验证取物装置的起升垂直度。

将取物装置和规定的试验载荷起升到试验平台上方约300 mm处。在取物装置上设一点E(见图1)，E点作为试验平台上F点的参考基准(见图1)。当门架起升时，试验平台上就会产生一个新的F_1点(见图2)。通过进行下述调整，可以使新的F_1点与F点的初始位置重合(见图3)。

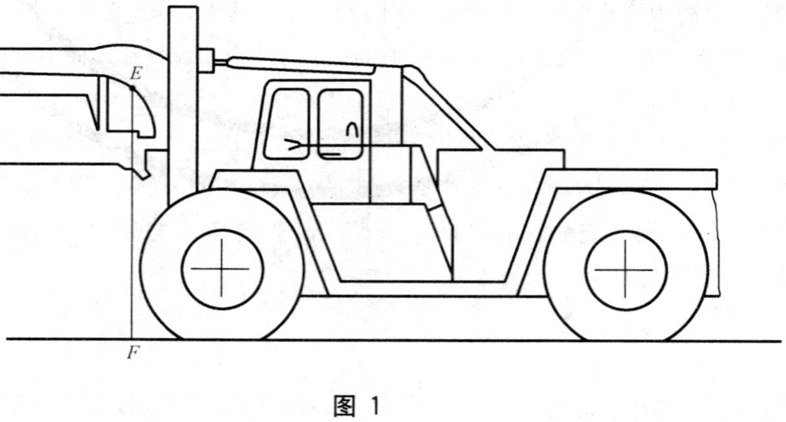

图 1

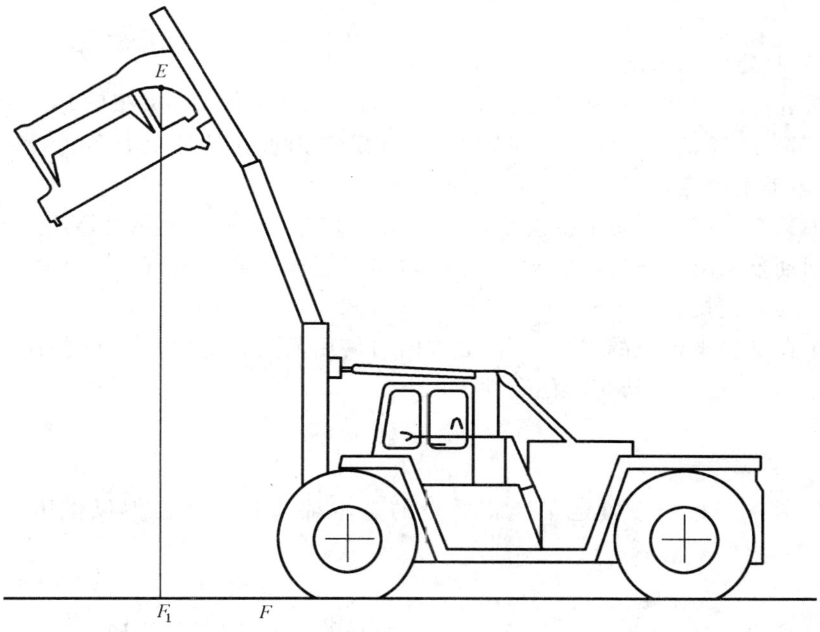

图 2

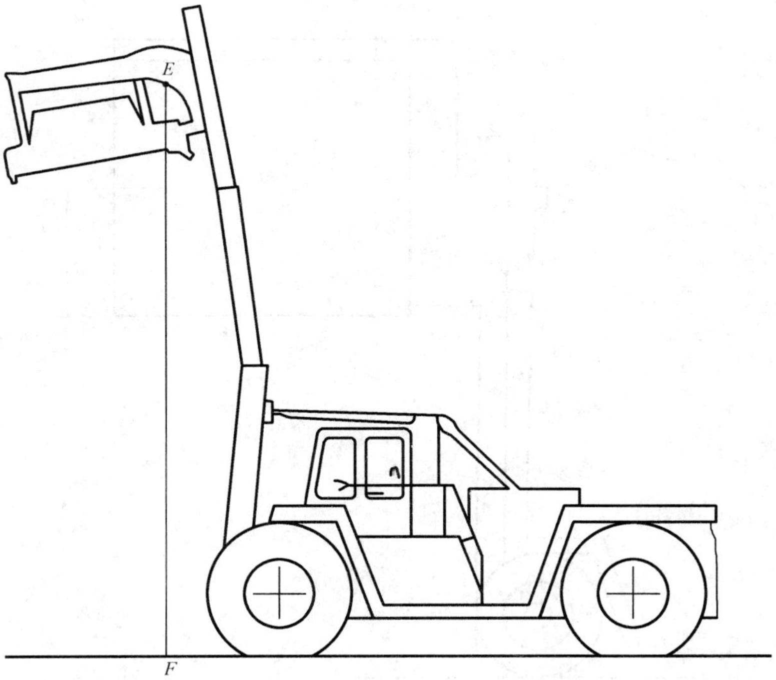

图 3

对于门架可倾斜的叉车，应在叉车的设计范围内通过调节门架的倾角来校正 F_1 点的位置改变。

对于门架固定的叉车，应在叉车的设计范围内通过调节取物装置或货叉架的倾角（如果有）来校正 F_1 点的位置改变。

此程序不适用于设计上不允许做此种校正的叉车。

3.2.3 货运集装箱升起的模拟运行试验的起升高度

模拟运行试验时，试验载荷的重心应高于驾驶员座垫上最大压缩点 2 300 mm。这项试验不适用于无需将集装箱升高就能在运行方向获得足够视野的叉车,例如驾驶员位置较高或向后运行(货运集装箱后置)。

3.3 驾驶员质量对稳定性的影响

如果在某项试验中因驾驶员不在其位置上而稳定性降低时,乘驾式叉车的驾驶员应由一块质量为 90 kg 的重块来代替。重块的重心应固定在处于压缩状态的驾驶员座椅上方 250 mm 处。

3.4 叉车在试验坡道上的定位

在每项试验中叉车在试验坡道上的规定位置应保持不变。应通过使用可靠地处于"制动"状态的停车制动器或行车制动器来阻止车轮的转动。另外,也可以用楔块将车轮与车架楔紧,但是用此种方式不应影响任何桥和车架的铰接。

为了保持叉车在试验平台上的初始位置,必要时可使用最大高度为 80 mm 的楔块(垫块)。但使用楔块(垫块)时,不应人为地提高叉车的稳定性。

3.5 试验载荷

3.5.1 概述

试验载荷应包括一个相当于货运集装箱质量的基本载荷和一个模拟风作用在集装箱上的载荷或力。

3.5.2 基本载荷

基本载荷应相当于一个 2 590 mm(8 英尺 6 英寸)高的集装箱(符合 GB/T 17382 和 ISO 1496-2),不论在满载或空载情况下,其重心 G 都作用在它的质心上(见图 4 和图 5)。

单位为米

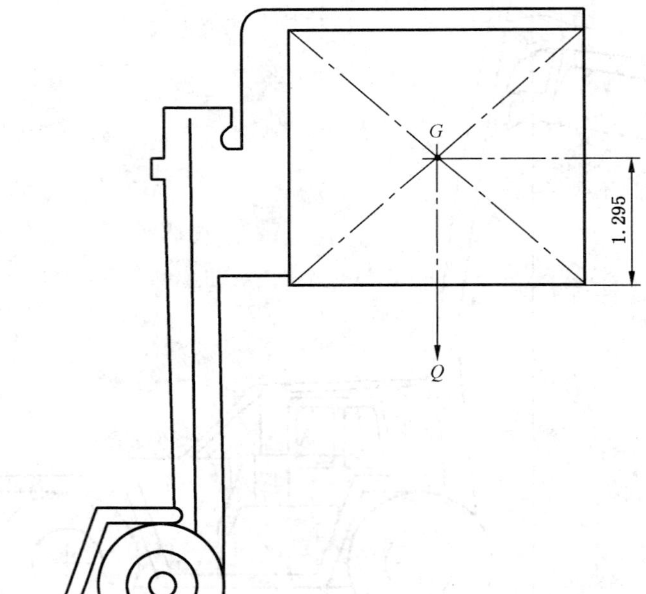

图 4

单位为米

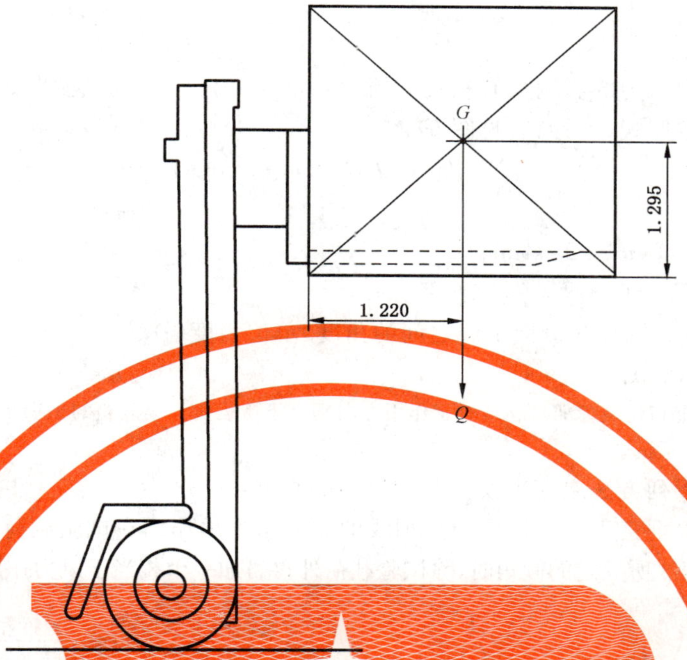

图 5

当使用货叉时，应利用集装箱的货叉槽来将基本试验载荷叉到货叉上，并且载荷的一侧应与货叉垂直段的前表面接触(见图5)。

当使用其他搬运装置，如顶端起升或侧面起升的吊具，重心 G 的位置应由其与试验载荷的连接点来确定(如旋锁进入角件)(见图4)。

如果搬运装置相对于叉车中心线有横向位置调节功能，应将其置于横向调节范围的中点上。

如果搬运装置除了门架的倾斜外，在叉车的纵向中心线方向有位置调节功能，则在调节范围的两个极限位置上均应进行试验。

基本试验载荷的质量应等同于叉车制造商所规定的额定载荷的质量 Q。这已经考虑了 GB/T 17382 所规定的满载集装箱通常的偏载程度。

当搬运带有整体制冷单元(冰箱)的冷藏集装箱空箱时，同样应考虑 ISO 1496-2 中所给出的要求。

3.5.3 风力

3.5.3.1 纵向试验

纵向试验中，作用在货运集装箱上风力的临界值应按照式(1)计算：

$$F = khlv^2 C_{f1} \qquad (1)$$

式中：

F——风力，单位为牛(N)；

k——风压常数，$k=0.613\ N\cdot s^2/m^4$；

h——货运集装箱高度，$h=2.59$ m；

l——货运集装箱长度，单位为米(m)；

v——风速，$v=12.2$ m/s(蒲福风级6级)；

C_{f1}——形状系数，$C_{f1}=1.3$。

注：参考资料(如起重和建筑标准)证实，对于作用方向垂直于货运集装箱纵轴的风，C_{f1} 值为1.3是合适的。

在试验中可以用下列方法之一来模拟此种风力的影响：

a) 将这个力沿着叉车纵向前翻的方向水平地作用在试验载荷的重心上；或

b) 当坡度达到表 3 所规定的倾角时，除试验载荷外再另加一个相当于风力作用倾翻力矩的垂直载荷。

3.5.3.2 **横向试验**

横向稳定性试验中风力的影响只有在集装箱空箱堆垛时比较明显。横向试验中，作用在货运集装箱上风力的临界值应按照式(2)计算(见图 6)：

$$F = kv^2 C_{f2} h (l\sin\alpha + w\cos\alpha) \quad \cdots\cdots (2)$$

式中：

w——集装箱的宽度，w =2.44 m；

C_{f2}——形状系数，C_{f2}=0.8；

α——叉车横向倾翻轴线与纵向轴线之间的角度，单位为度(°)。

其余字母含义与式(1)同。

注：参考资料(如起重和建筑标准)证实，对于作用方向垂直于搬运货运集装箱的平衡重式叉车横向倾翻轴线的风，C_{f2} 值为 0.8 是合适的。

在试验中可以用下列方法之一来模拟此种风力的影响：

a) 将这个力沿着垂直于叉车横向倾翻轴线的方向水平地作用在试验载荷的重心上；或

b) 当坡度达到表 3 所规定的倾角时，除试验载荷外再另加一个相当于风力作用倾翻力矩的垂直载荷。

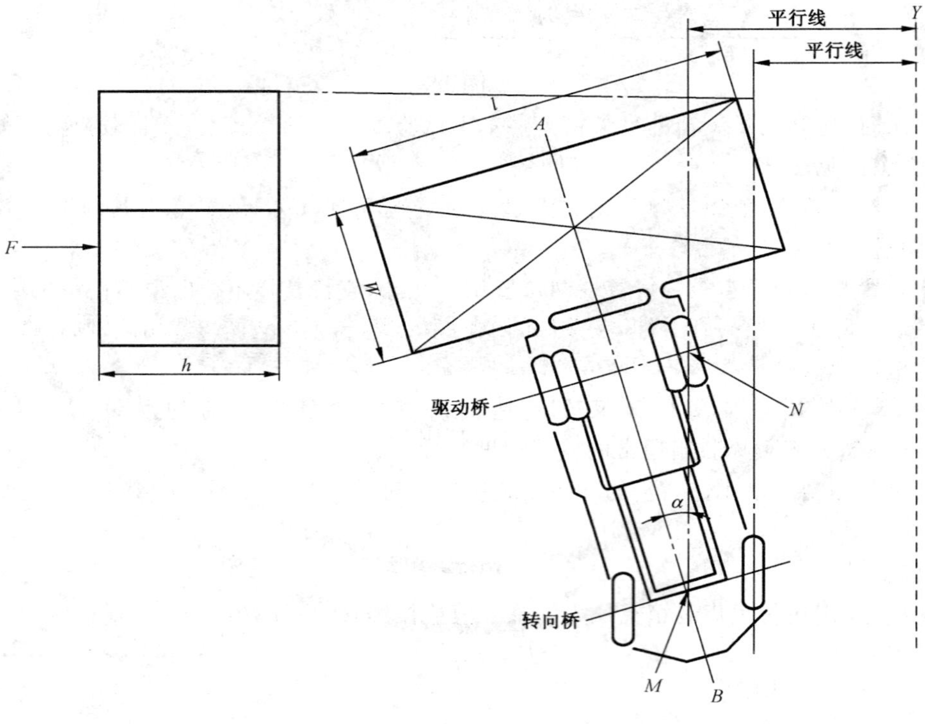

图 6

3.6 **安全预防措施**

在试验过程中应采取预防措施防止叉车倾翻或试验载荷位移。

当使用绳索捆绑以防止叉车完全倾翻时，绳索应足够柔软并足够松弛，这样在倾翻运动开始前不会对叉车施加明显的限制。

应采用下述方法防止试验载荷位移：

a) 将试验载荷牢固地固定在承载装置上；

b) 使用绳索、链条等将试验载荷悬挂在靠近地面处，悬挂装置的上端应作用在固定的试验载荷的重心 G 上。

4 试验方法

叉车应按照表 3 的规定定位。

横向试验应在叉车稳定性最差的一侧进行。

N 点是坡道表面与最接近倾斜轴 XY 的载重轮之间的接触面的中心点(图 12)。此项试验中外伸支腿轮不归入载重轮。

对于具有铰接式转向桥的叉车(图 12),M 点为叉车的中心平面 AB 和转向桥中心线的交点在坡道上的垂直投影。

5 试验列表

5.1 所有叉车都应根据第 1 章 a)中规定的标准风速或第 1 章 b)中规定的较高风速进行表 1 中"+"号所示的各项附加稳定性试验。

表 1

满载集装箱搬运叉车				空载集装箱搬运叉车			
试验 1	试验 2	试验 3	试验 4	试验 1	试验 2	试验 3	试验 4
+	—	—	—	+	—	+	—

5.2 对于可在第 1 章 c)中描述的条件下作业的叉车,还应进行表 2 中"+"号所示的附加稳定性试验。

表 2

满载集装箱搬运叉车				空载集装箱搬运叉车			
试验 1	试验 2	试验 3	试验 4	试验 1	试验 2	试验 3	试验 4
—	+	—	+	—	+	—	+

6 标记

由这些稳定性试验所确认的叉车的附加起重量,应按照 ISO 3691-1 的规定,标示在叉车的起重量标牌上。

标牌上应注明试验所用搬运集装箱的属具,以及叉车是否能在第 1 章 c)所述条件下带着起升的集装箱运行。

标牌上要给出 3.5.3 中用来计算的风速。

表 3

试验序号	纵向稳定性试验		横向稳定性试验	
	1	2	3	4
稳定性试验类别	堆垛	运行	堆垛	运行
试验载荷	见 3.5	见 3.5	见 3.5	见 3.5
载荷中心距	见 3.5	见 3.5	见 3.5	见 3.5
试验载荷重心的高度	按照叉车制造商的规定	驾驶员座垫压缩点上方 2 300 mm	按照叉车制造商的规定	驾驶员座垫压缩点上方 2 300 mm
门架或货叉的倾角	垂直	最大后倾	最大后倾	最大后倾
在试验坡道上的位置	见图 7 和图 9	见图 8 和图 9	见图 10 和图 12	见图 11 和图 12
试验坡度	3.5%	18%	6%	$(5+1.1v_s)$%最大 20% (见注 1 和注 2)

注 1:v_s 通常为叉车满载时的最大速度(km/h),也可能是叉车制造商所规定的一个较低的速度,但同时要给出驾驶员如何遵守这个规定的清楚的说明。

注 2:试验 4 中所有车轮都应与试验坡道接触,也不允许任何结构件或零部件与坡道接触。

AB——叉车纵向中心平面;

MN——叉车初始倾斜轴线;

XY——试验坡道轴线。

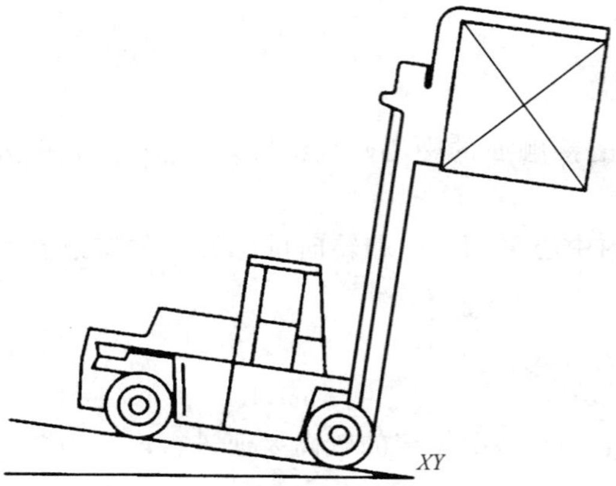

图 7

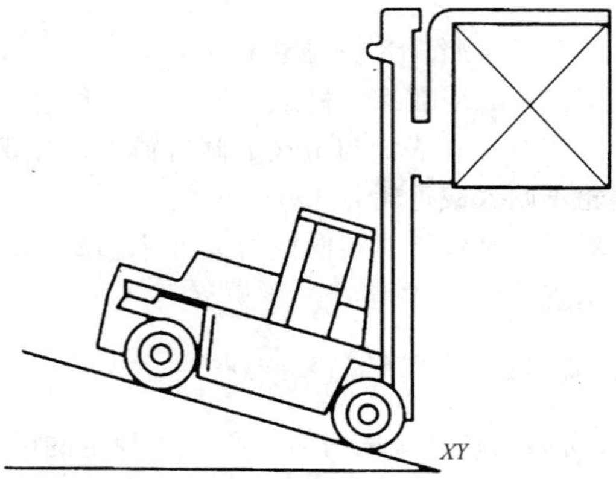

图 8

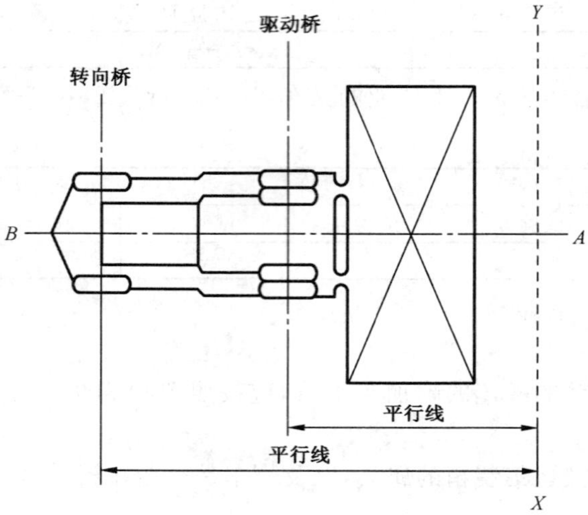

图 9

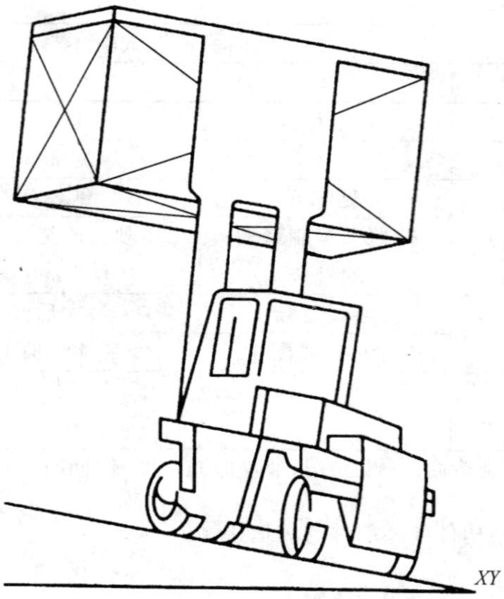

图 10

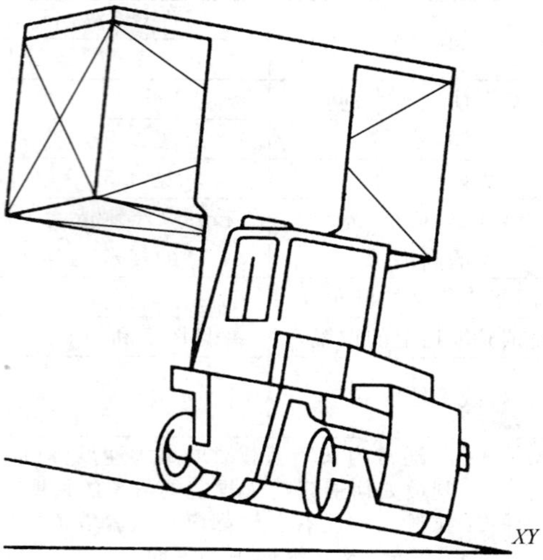

图 11

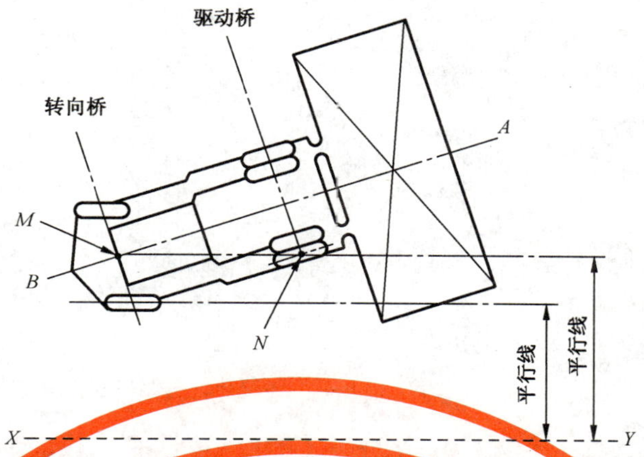

图 12

ICS 53.060
J 83

中华人民共和国国家标准

GB/T 26562—2011/ISO 21281:2005

自行式坐驾工业车辆踏板的结构与布置 踏板的结构与布置原则

Construction and layout of pedals of self-propelled sit-down rider-controlled industrial trucks—Rules for the construction and layout of pedals

(ISO 21281:2005,IDT)

2011-06-16 发布 2011-12-01 实施

中华人民共和国国家质量监督检验检疫总局
中国国家标准化管理委员会 发布

前　言

本标准等同采用 ISO 21281:2005《自行式坐驾工业车辆踏板的结构与布置　踏板的结构与布置原则》(英文版)。

本标准等同翻译 ISO 21281:2005。

为便于使用,本标准做了下列编辑性修改:

——“本国际标准”一词改为“本标准”;

——删除国际标准的前言;

——删除第 3 章悬置段中的注。

本标准由中国机械工业联合会提出。

本标准由全国工业车辆标准化技术委员会(SAC/TC 332)归口。

本标准起草单位:安徽合力股份有限公司、北京起重运输机械设计研究院。

本标准主要起草人:王英、周齐齐、陶佳红、赵春晖。

自行式坐驾工业车辆踏板的结构与布置 踏板的结构与布置原则

1 范围

本标准规定了自行式坐驾工业车辆的踏板结构和布置原则。

本标准适用于 ISO 3691 第 1、2、3 和 6 部分定义的自行式坐驾工业车辆。

2 规范性引用文件

下列文件中的条款通过本标准的引用而成为本标准的条款。凡是注日期的引用文件，其随后所有的修改单(不包括勘误的内容)或修订版均不适用于本标准，然而，鼓励根据本标准达成协议的各方研究是否可使用这些文件的最新版本。凡是不注日期的引用文件，其最新版本适用于本标准。

ISO 3691-1 工业车辆 安全要求和验证 第 1 部分：除无人驾驶，伸缩臂式车辆及载重车辆外的自行式工业车辆

ISO 3691-2 工业车辆 安全要求和验证 第 2 部分：自行伸缩臂式车辆

ISO 3691-3 工业车辆 安全要求和验证 第 3 部分：操作台可升降的车辆和专门设计的带有起升载荷运行的车辆的附加要求

ISO 3691-6 工业车辆 安全要求和验证 第 6 部分：载货和载人车辆

3 术语和定义

下列术语和定义适用于本标准。

3.1

踏板 pedal

专指用脚进行操作的控制装置。

3.2

行车制动踏板 service brake pedal

控制行车制动的踏板。

3.3

离合踏板 clutch pedal

控制发动机与传动装置接合的踏板。

注：动作的终点可用于行车制动。

3.4

微动踏板 inching pedal

控制车辆在任何发动机转速时慢速行走的踏板。

注：动作的终点用于行车制动。

3.5

加速踏板 accelerator pedal

控制发动机或电动机转速的踏板。

注：根据使用场合，可以控制变速比和/或行走方向。

3.6

方向控制踏板　direction-control pedal

只控制行走方向的踏板。

4　要求

踏板的布置和结构应符合人机工程学的原理，保证驾驶员有一个舒适的操作位置，适度的操作力和少量的操作次数。

如果安装了行车制动踏板，应能让驾驶员用右脚踩下踏板制动。行车制动也可以由两块相邻的踏板组成，以便使左、右车轮分别制动或同时制动。如果采用了微动和制动组合式制动踏板，驾驶员应能用左脚或双脚来进行操作。行车制动踏板的操作应不会受与其同时使用的其他控制装置的妨碍。

如果行车制动不是通过制动踏板来实现的，通常由制动踏板占据的空间应保持空置。

如果安装了离合踏板，则踩下踏板应能使离合器分离。当机构提供了相应功能时，动作的最后结果应同样实现行车制动。离合踏板应能让驾驶员用左脚操作。

如果安装了微动踏板，踩下踏板应能使传动装置分离并实现行车制动。微动踏板应能让驾驶员用左脚操作。如果没有单独实现行车制动的踏板，微动踏板应是一个用左、右脚都能操作的单独的踏板。

如果安装了一个或多个加速踏板，踩下踏板应能加速，但当车辆在运行中选择倒车时应同样也能减速。释放踏板应能使运行速度减缓。

如果安装了手动方向控制和加速踏板（见表1中型式Ⅰ），加速踏板应位于制动踏板的右边。

如果安装了脚控方向踏板，可以通过踩踏方向变换踏板来选择运行方向，也可以通过踩踏一个或两个选择运行方向并同时能实现加速功能的踏板来选择运行方向（见表1中型式Ⅱ和型式Ⅲ）。

5　标记

踏板的功能应在操作手册中清楚地说明。当运行方向是用踏板控制时，其功能同样应清楚并牢固地标记在车辆上，可以在相关踏板上用方向箭头进行标记。

6　设计和制造

踏板的设计和构造，应使其强度能承受它们通常所受到的力。

所有踏板释放后应能保证其回到原位。

所有踏板的表面应防滑。

7　踏板的布置

符合本标准要求的通常使用的踏板布置如表1所示。由于技术进步或新的操作工况允许采用符合本标准基本要求的其他型式踏板布置，并应具有同等程度的安全控制。

表 1 踏板的布置

型式	举 例	描 述
Ⅰ	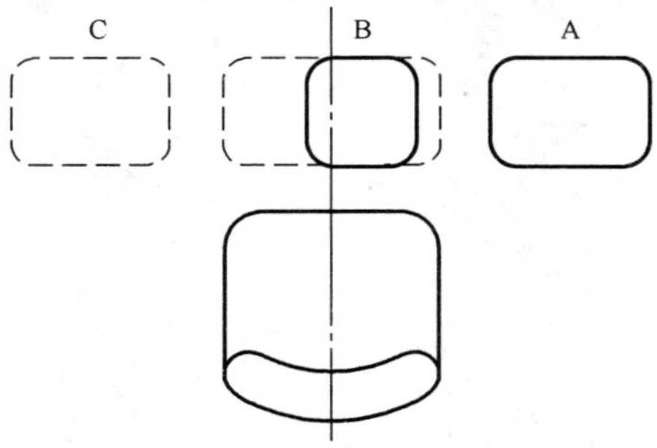	用手控制方向切换 用右脚控制加速
Ⅱ	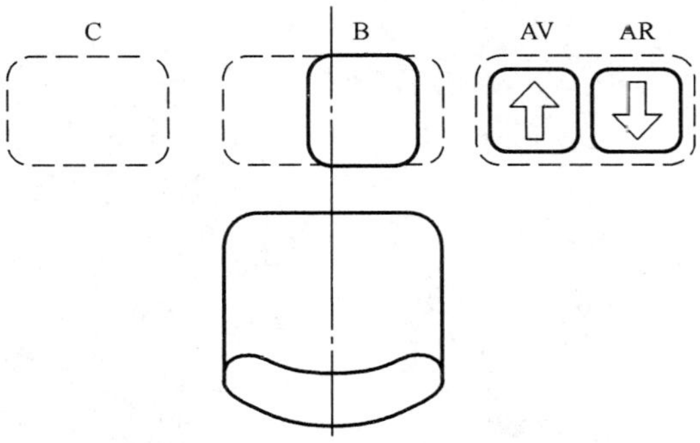	用右脚控制方向切换 用右脚控制加速
Ⅲ	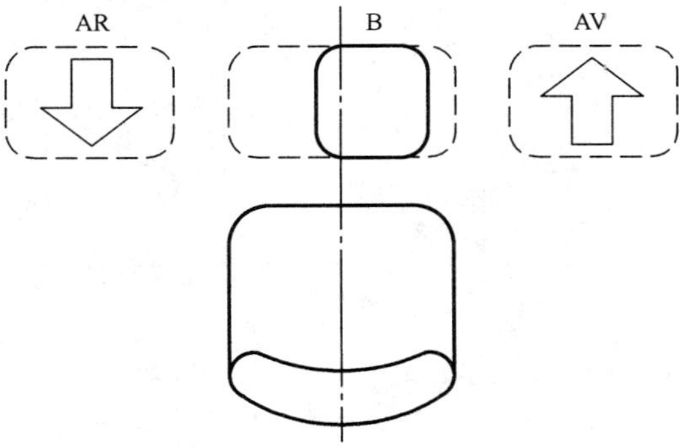	左、右脚控制方向切换 左、右脚控制加速

A:加速踏板
AV:向前运行的加速踏板
AR:向后运行的加速踏板
B:制动踏板或微动(和制动)踏板,或空置,或可选的组合式制动踏板
C:离合踏板或微动踏板
踏板布置的最低要求用实线表示。
虚线表示:
——型式Ⅰ和型式Ⅱ中可选的离合踏板 C;
——型式Ⅱ中可选的组合式加速踏板 AV/AR;
——三种型式中制动踏板 B 可部分地向座椅纵向轴线的左方延伸。

注 1:实际的形状可与上述不同。

注 2:当驾驶员所坐的固定操作位置是在车辆的侧面,与运行方向成 90°角,并且运行方向是通过踏板来选择时,踏板上的箭头应与选择的运行方向相符。

ICS 81.080
Q 44

中华人民共和国国家标准

GB/T 26563—2011

电熔氧化锆

Fused zirconia

2011-06-16 发布 2012-02-01 实施

中华人民共和国国家质量监督检验检疫总局
中国国家标准化管理委员会 发布

前　言

本标准的附录A、附录B为规范性附录。

本标准由全国耐火材料标准化技术委员会提出并归口。

本标准起草单位：郑州振中电熔锆业有限公司、福建三祥工业新材料有限公司、冶金工业信息标准研究院。

本标准主要起草人：徐宝奎、余鑫萌、叶旦旺、仇金辉、高建平。

电 熔 氧 化 锆

1 范围

本标准规定了电熔氧化锆的术语和定义，分类与牌号，技术要求，试验方法，验收规则，包装、标志、运输、贮存和质量证明书。

本标准适用于耐火材料和陶瓷等行业用的单斜型和部分稳定型电熔氧化锆。

2 规范性引用文件

下列文件对于本文件的应用是必不可少的。凡是注日期的引用文件，仅注日期的版本适用于本文件。凡是不注日期的引用文件，其最新版本(包括所有的修改单)适用于本文件。

GB/T 4984　含锆耐火材料化学分析方法

GB/T 5071　耐火材料真密度试验方法

GB 6566　建筑材料放射性核素限量

GB/T 17617　耐火原料和不定形耐火材料　取样

GB/T 21114　耐火材料　X射线荧光光谱化学分析-熔铸玻璃片法

YB/T 5142　冶金矿产品包装、标志、运输、贮存和质量证明书

3 术语和定义

下列术语和定义适用于本文件。

3.1

电熔氧化锆　fused zirconia

电熔氧化锆是以锆英砂(分子式：$ZrSiO_4$)为主原料，碳素材料为还原剂，在电弧炉中将锆英砂还原脱硅，经喷吹或浇铸后生成脱硅的氧化锆，故又简称脱硅锆或电熔脱硅锆。

3.2

稳定化率　rate of stabilizion

电熔氧化锆按晶型分为单斜相(m-Z)、四方相(t-Z)、立方相(c-Z)，其中四方相、立方相为稳定型。电熔氧化锆的稳定化程度以稳定化率来表示：

稳定化率(%)=[(立方相+四方相)/(立方相+四方相+单斜相)]×100

4 分类与牌号

4.1 分类

电熔氧化锆分为单斜型和部分稳定型两大类。

部分稳定型氧化锆按使用的稳定剂类型又分为钙(钙钇复合)稳定氧化锆、镁(镁钇复合)稳定氧化锆、钇稳定氧化锆等。

4.2 牌号

牌号由英文字母和数字组成。Z是英文“zirconia”的字首，P是英文“partial”的字首，C、M、Y分别

代表元素符号 Ca、Mg、Y，其后的数字表示该牌号种类的不同等级，单斜是按 ZrO_2 含量的高低来分级，部分稳定是按杂质含量的高低来分级。电熔氧化锆分类与牌号见表 1。

表 1　分类与牌号

分类	牌号	分类	牌号	分类	牌号	分类	牌号
一级单斜型氧化锆	Z-1	一级钙(钙钇复合)稳定氧化锆	PCZ-1	一级镁(镁钇复合)稳定氧化锆	PMZ-1	一级钇稳定氧化锆	PYZ-1
二级单斜型氧化锆	Z-2	二级钙(钙钇复合)稳定氧化锆	PCZ-2	二级镁(镁钇复合)稳定氧化锆	PMZ-2	二级钇稳定氧化锆	PYZ-2
三级单斜型氧化锆	Z-3	三级钙(钙钇复合)稳定氧化锆	PCZ-3	三级镁(镁钇复合)稳定氧化锆	PMZ-3	三级钇稳定氧化锆	PYZ-3

5　技术要求

5.1　电熔氧化锆的理化指标，见表 2。

表 2　电熔氧化锆的理化指标

牌号	指　标										
	$(Zr+Hf)O_2$ %	Al_2O_3 % ≤	SiO_2 % ≤	Fe_2O_3 % ≤	TiO_2 % ≤	CaO %	MgO %	Y_2O_3 %	真密度 g/cm³ ≥	稳定化率 %	总比活度 (1×10^3 Bq/kg) ≤
Z-1	≥99	0.10	0.20	0.05	0.15	—	—	—	5.6	—	7.0
Z-2	≥98.5	0.40	0.40	0.08	0.20	—	—	—	5.6	—	7.0
Z-3	≥98	0.60	0.60	0.10	0.25	—	—	—	5.6	—	7.0
PCZ-1	余量	0.10	0.20	0.10	0.10	2.7～4.5	0～1	0～3	5.7	75～85	7.0
PCZ-2	余量	0.40	0.40	0.10	0.20	2.7～4.5	0～1	0～3	5.7	70～90	7.0
PCZ-3	余量	0.60	0.60	0.15	0.25	2.7～4.5	0～1	0～3	5.6	70～95	7.0
PMZ-1	余量	0.10	0.20	0.10	0.10	0～1	2.8～4	0～3	5.7	75～85	7.0
PMZ-2	余量	0.40	0.40	0.10	0.20	0～1	2.8～4	0～3	5.6	70～90	7.0
PMZ-3	余量	0.60	0.60	0.15	0.25	0～1	2.8～4	0～3	5.6	70～90	7.0
PYZ-1	余量	0.10	0.20	0.10	0.10	0～0.5	0～0.5	0～3	6.0	75～85	7.0
PYZ-2	余量	0.40	0.40	0.10	0.20	0～0.5	0～0.5	7～9	6.0	70～90	7.0
PYZ-3	余量	0.60	0.60	0.15	0.25	0～0.5	0～0.5	7～9	5.9	70～95	7.0

5.2 外观呈黄色或白色，不得混入外来夹杂物。

6 试验方法

6.1 抽样，按 GB/T 17617 的规定进行。

6.2 氧化锆(铪)、氧化铝、二氧化硅、氧化铁、二氧化钛、氧化钙、氧化镁含量的测定按 GB/T 4984 或 GB/T 21114 的规定进行。氧化锆(铪)含量≤98%时用直接法测定，大于 98%时应采用差减法测定。

6.3 三氧化二钇含量的测定按附录 A 的规定进行，也可按 GB/T 21114 的规定进行。

6.4 真密度的检验按 GB/T 5071 的规定进行。

6.5 稳定化率的测定按附录 B 的规定进行。

6.6 放射性总比活度检测按 GB 6566 的规定进行。

7 验收规则

7.1 检验型式

本标准采用出厂检验和型式检验。

7.1.1 出厂检验项目：氧化锆(铪)含量、氧化铝、二氧化硅、氧化铁、二氧化钛、氧化钙、氧化镁、三氧化二钇含量和稳定化率。

7.1.2 型式检验项目：全部检验项目应符合本标准中第 5 章的要求。有下列情况之一时，应进行型式检验：

a) 生产工艺发生变化时；
b) 停产两个月或更长时间，恢复生产时；
c) 验收检验结果与上次型式检验有较大差异时；
d) 正常生产，每半年进行一次；
e) 国家质量监督机构提出要求检验时；
f) 用户要求检验时。

7.2 组批

产品按同一牌号同一等级编批，每批不应超过 20 t。

7.3 判定与复验

7.3.1 抽样按 GB/T 17617 的规定进行。

7.3.2 每批产品的检验结果应符合本标准第 5 章的要求。

7.3.3 检验结果中如有一项不符合标准要求时，应在同批产品中重新抽取两倍量的试样，对不合格项进行复验，若复验结果仍不合格，则判定该批产品不合格。

7.3.4 验收应在货到之日起 30 日内完成。

8 包装、标志、运输、贮存和质量证明书

8.1 产品的包装、标志、运输和贮存按 YB/T 5142 的规定进行，也可按供需双方协商的其他形式包装。

8.2 产品发出时应附有质量证明书。

附 录 A
（规范性附录）
氧化锆中三氧化二钇含量的测定 EDTA滴定法

A.1 原理

将试样用焦硫酸钾熔融分解后，制备成含有(1+9)盐酸的冷溶液，加过量的铜铁试剂使锆、铁、钛等元素沉淀。将沉淀过滤，然后向破坏了铜铁试剂的滤液中加入氢氧化钠，于强碱性溶液中，使钇与铝离子分离(生成的氢三氧化二钇白色沉淀不溶于过量试剂，铝离子具有两性而进入溶液)，过滤，将沉淀溶入盐酸溶液中，以半二甲酚橙为指示剂，用EDTA标准溶液络合滴定钇。

A.2 试剂

A.2.1 铜铁试剂溶液(60 g/L)：取铜铁试剂6 g溶入水中，用水稀释至100 mL，混匀(必要时过滤)，现用现配。

A.2.2 盐酸(1+1)、盐酸(4+96)。

A.2.3 氨水(1+1)。

A.2.4 氨水(1+9)。

A.2.5 氢氧化钠溶液(500 g/L)。

A.2.6 氯化钠-氢氧化钠洗液：取氯化钠30 g和氢氧化钠5 g溶入水中，用水稀释至100 mL，混匀。

A.2.7 酚酞指示剂(1%乙醇溶液)：取酚酞0.5 g溶入50 mL乙醇(95%)中，混匀，用氢氧化钠溶液(4 g/L)中和至微红色。

A.2.8 半二甲酚橙指示剂(5 g/L)：取半二甲酚橙0.5 g，溶入水中，用水稀释至100 m，混匀。

A.2.9 三氧化二钇标准溶液(含三氧化二钇1.0 mg/mL)：称取于105 ℃～110 ℃干燥2 h的优级纯三氧化二钇0.500 0 g于盛有80 mL水、盐酸(1+1)25 mL的烧杯中，低温加热待完全溶解后冷却转移至500 mL容量瓶中，用水稀释至刻度摇匀。

A.2.10 EDTA标准溶液(0.025 mol/L)

A.2.10.1 配制：称取EDTA 9.3 g于适量水中，将其加热，待完全溶解后，冷却至室温，用水稀释至1 000 mL，混匀。

A.2.10.2 标定：移取3份三氧化二钇标准溶液(A.2.9)50.0 mL置于400 mL烧杯中，用水稀释至100 mL左右，加半二甲酚橙指示剂(A.2.8)2滴～3滴，用氨水(A.2.3)及氨水(A.2.4)仔细调节pH值=5.4(用精密pH试纸检查)，然后加入六次甲基四胺1 g，摇匀后，用EDTA标准滴定溶液(A.2.10.1)滴定至试液由红色变黄即为终点。3次消耗EDTA标准溶液体积的级差不超过0.05 mL，取平均值，否则，重新标定。

A.2.10.3 EDTA标准溶液的浓度用物质的量浓度c(EDTA)计，数值以mol/L表示，按式(A.1)计算，保留4位有效数字：

$$c(\mathrm{EDTA})=\frac{V_1 c}{V-V_0} \qquad \cdots\cdots(A.1)$$

式中：

V_1——移取三氧化二钇标准溶液体积的数值，单位为毫升(mL)；

V——滴定时消耗EDTA标准溶液体积数，单位为毫升(mL)；

V_0——滴定空白时消耗 EDTA 标准溶液体积数，单位为毫升(mL)；

c ——三氧化二钇标准溶液浓度的数值，单位为摩尔每升(mol/L)。

A.3 分析步骤

称取 0.100 0 g 试样置于石英坩埚中加入焦硫酸钾 5 g～6 g，盖上埚盖，先低温脱水，然后移入逐渐升温至 800 ℃～820 ℃的高温炉中熔融 20 min～30 min(直至试样完全分解)，将其取出，冷却后，用热水浸取，再加盐酸(A.2.2)15 mL，进行低温加热使熔块完全溶解，然后用流水冷却，并用水稀释至试液体积为 100 mL，在不断搅拌下缓慢加入铜铁试剂溶液(6%)15 mL，待沉淀下降后再滴加铜铁试剂数滴于上部澄清液以检查沉淀是否完全，如果上部澄清液中形成的白色沉淀消失时，则证明铜铁试剂已加足量。待沉淀凝聚后，立即用中速定量滤纸过滤，以盐酸(4+96)洗涤烧杯数次，洗沉淀 10 次～12 次，往滤液中加高氯酸 3 mL～4 mL，煮沸后加入硝酸 10 mL，继续加热以破坏铜铁试剂，试液由红黑逐渐呈无色透明，再继续蒸发直至冒高氯酸白烟且试液近干。这时将其取下冷却至室温，加水 50 mL～60 mL，酚酞指示剂 1 滴～2 滴，再滴加氢氧化钠溶液(A.2.5)，使试液恰呈红色时再过加 10 mL。将试液加热至 40 ℃～60 ℃，稍冷以中速滤纸过滤。过滤前用氯化钠-氢氧化钠洗液清洗滤纸一次，过滤后用氯化钠-氢氧化钠洗液洗烧杯 3 次～4 次，洗沉淀 6 次～8 次。

将滤纸连同沉淀一并放入原烧杯中，加盐酸(1+1)20 mL、水 100 mL，加热使氢三氧化二钇沉淀溶解，冷却后加半二甲酚橙指示剂(A.2.8)2 滴～3 滴，用氨水(A.2.3)及(A.2.4)调节试液 pH 值≈5.4，然后加入六次甲基四胺约 1 g，最后用 EDTA 标准溶液(A.2.10)滴定至试液由红色变为黄色即为终点。

注：由于钇与“镧系元素”化学性质十分相似，并在自然界中共生，习惯上总称为“稀土元素”，所以三氧化二钇原料并非纯的 Y_2O_3，而是 Y_2O_3 与其他稀土氧化物的混合物，因此用 EDTA 络合滴定法所测定的结果是稀土总量。这样就需要使用与 Y_2O_3 原料中稀土总量相同的纯三氧化二钇来标定 EDTA 标准溶液。先采用草酸盐重量法测定同一批三氧化二钇原料中稀土氧化物的总量，然后再用此三氧化二钇原料标定 EDTA 标准溶液，进而计算产品中稀土氧化物的总量。日常分析中也可采用纯三氧化二钇来标定 EDTA 标准溶液，对其他共存的稀土氧化物的影响忽略不计。

A.4 分析结果计算

三氧化二钇的含量按式(A.2)计算：

$$w(Y_2O_3)=\frac{c(\mathrm{EDTA})[(V-V_0)/1\,000]M}{m}\times 100 \qquad \cdots\cdots(A.2)$$

式中：

$c(\mathrm{EDTA})$——EDTA 标准溶液浓度的数值，单位为摩尔每升(mol/L)；

V ——滴定时消耗 EDTA 标准溶液的 mL 数，单位为毫升(mL)；

V_0 ——滴定空白时消耗 EDTA 标准溶液的 mL 数，单位为毫升(mL)；

M ——三氧化二钇的摩尔质量数值，单位为克每摩尔(g/mol)(M=225.809)；

m ——试样重量，单位为克(g)。

A.5 允许差

允许差：±0.2%。

附　录　B
（规范性附录）
电熔氧化锆稳定化率的测定　X 射线衍射法

B.1　范围

本方法适用于电熔氧化锆稳定化率的检验。

B.2　仪器

B.2.1　50×或 100×的偏光显微镜。
B.2.2　X 射线衍射仪：综合稳定度±1%、测角仪精度±0.000 1°、角度重现性 0.000 1°。

B.3　制样

B.3.1　将试样除去表皮，取料。
B.3.2　用四分法缩分试样。称取试样 5 g～10 g，磨细至不大于 30 μm，用偏光显微镜观察其细度是否达到要求。
B.3.3　将研磨好的粉末倒入样品框架内，垂直压紧成型。

B.4　试验步骤

B.4.1　将试样(B.3.3)放入试样台。
B.4.2　扫描：靶材 CuKα 或 CoKα；扫描速度：2θ 的扫描速度应不大于 3°/min。
B.4.3　扫描图谱如果出现择优取向应重新制样，然后重新扫描。

B.5　结果表示

测定出的合格图谱用衍射仪半定量软件分析即可。氧化锆稳定化率用百分数表示。

ICS 81.080
Q 43

中华人民共和国国家标准

GB/T 26564—2011

镁铝尖晶石

Magnesium aluminate spinel

2011-06-16 发布　　　　2012-02-01 实施

中华人民共和国国家质量监督检验检疫总局
中国国家标准化管理委员会　发布

前　言

本标准由全国耐火材料标准化技术委员会提出并归口。

本标准主要起草单位：海城市华银集团公司、河南春胜实业有限公司、开封特耐股份有限公司、江苏晶鑫高温材料有限公司、冶金工业信息标准研究院。

本标准主要起草人：白银昌、冯振德、李正坤、张长喜、仇金辉、张家勤、高建平、代永信。

镁 铝 尖 晶 石

1 范围

本标准规定了镁铝尖晶石的术语和定义、分类、技术要求、试验方法、验收规则、包装、标志、运输、贮存和质量证明书。

本标准适用于以工业氧化铝或铝矾土、轻烧氧化镁为原料，采用烧结法和电熔法生产的镁铝尖晶石。

2 规范性引用文件

下列文件对于本文件的应用是必不可少的。凡是注日期的引用文件，仅注日期的版本适用于本文件。凡是不注日期的引用文件，其最新版本(包括所有的修改单)适用于本文件。

GB/T 2999 耐火材料 颗粒体积密度试验方法

GB/T 5069 镁铝系耐火材料化学分析方法

GB/T 17617 耐火原料和不定形耐火材料 取样

GB/T 21114 耐火材料 X射线荧光光谱化学分析-熔铸玻璃片法

YB/T 5142 冶金矿产品包装、标志、运输、贮存和质量证明书

3 术语和定义

下列术语和定义适用于本文件。

3.1

镁铝尖晶石 magnesium aluminate spinel

化学式为 $MgAl_2O_4$ 或 $MgO \cdot Al_2O_3$ 的一种尖晶石。

3.2

烧结镁铝尖晶石 sintered magnesium aluminate spinel

采用烧结工艺合成的镁铝尖晶石。

3.3

电熔镁铝尖晶石 fused magnesium aluminate spinel

采用电熔工艺合成的镁铝尖晶石。

3.4

富镁尖晶石 magnesia-rich spinel

化学组成中 MgO/Al_2O_3 摩尔比大于1的镁铝尖晶石。

3.5

富铝尖晶石 alumina-rich spinel

化学组成中 MgO/Al_2O_3 摩尔比小于1的镁铝尖晶石。

4 分类与牌号

4.1 分类

4.1.1 按生产工艺分为烧结和电熔两种。

4.1.2 按氧化铝原料分为工业氧化铝和铝矾土两类。

4.1.3 按氧化铝标称含量分为50、56、60、66、70、76、90、50-P、66-P、76-P等10种。

4.2 牌号

镁铝尖晶石牌号由字母和数字构成，见表1。

“S”取自烧结的英文“sintered”字首，“F”取自电熔的英文“fused”字首表示工艺；

“M”取自氧化镁的英文“magnesia”字首表示原料；

“A”取自氧化铝的英文“alumina”字首，“B”取自铝矾土的英文“bauxite”字首表示原料；

用阿拉伯数字表示氧化铝标称含量的质量分数，如数字后加“P”表示P级，取自英文“pure”字首。

表1 镁铝尖晶石的牌号命名

位序	第1位		第2位	第3位		第4、5位						
含义	生产工艺		原料	选用原料		主成分氧化铝的质量百分数						
符号	S	F	M	A	B	50	56	60	66	70	76	90
意义	烧结	电熔	氧化镁	氧化铝	铝土矿	表示主成分氧化铝的标称值，后面加P表示P级。						
举例说明	例1：SMA76——烧结工艺，使用工业氧化铝为原料，标称氧化铝含量76%的镁铝尖晶石。 例2：SMA76-P——烧结工艺，使用工业氧化铝为原料，P级标称氧化铝含量76%的镁铝尖晶石。 例3：FMA70——电熔工艺，使用工业氧化铝为原料，标称氧化铝含量70%的镁铝尖晶石。 例4：SMB65——烧结工艺，使用矾土为原料，标称氧化铝含量65%的镁铝尖晶石。											

5 技术要求

镁铝尖晶石产品的理化指标应符合表2、表3的规定。

6 试验方法

6.1 化学成分的测定按GB/T 5069或GB/T 21114的规定进行。

6.2 体积密度、吸水率的测定按GB/T 2999的规定进行。

7 验收规则

7.1 组批

镁铝尖晶石按批检验，每批由同一牌号产品组成。每一批为一检验单位，每批量不超过60 t，或供需双方协商确定。

7.2 抽样和制样

7.2.1 抽样

镁铝尖晶石的抽样按GB/T 17617的规定进行。

7.2.2 制样

抽取的试样应预先破碎成小于10 mm的颗粒后再缩分。制备的综合试样重量应不少于10 kg。进行理化指标测定用的样品量不少于2.5 kg。

7.3 判定与复验

7.3.1 判定

检验结果应按表 2、表 3 的要求进行判定。

7.3.2 复验

7.3.2.1 镁铝尖晶石理化指标检验结果中，如有一项指标不符合要求时，应在同批产品中重新抽取双倍数量的试样对不合格项目进行复验，并以复验结果作为该批产品的最终检验结果。

7.3.2.2 验收应在货到之日起 30 天内完成。

8 包装、标志、运输、贮存和质量证明书

8.1 镁铝尖晶石的包装、标志、运输、贮存及质量证明书按 YB/T 5142 的规定进行。

8.2 镁铝尖晶石的运输工具须清洁，并有防雨、防雪设施。运输过程中严防受潮湿和污染。

8.3 镁铝尖晶石应贮存在不受潮湿的库房内。

表 2 烧结镁铝尖晶石产品理化指标

产品牌号		$w(Al_2O_3)$ % ≥	$w(MgO)$ %	$w(CaO)$ % ≤	$w(SiO_2)$ % ≤	$w(Na_2O)$ % ≤	$w(Fe_2O_3)$ % ≤	体积密度 g/cm³ ≥	吸水率 % ≤
氧化铝级	SMA50	48	46～50	0.65	0.35	0.15	0.36	3.20	0.8
	SMA66	64	30～34	0.50	0.25	0.20	0.28	3.20	0.8
	SMA76	74	21～24	0.45	0.20	0.30	0.20	3.25	1.0
	SMA90	89	7～10	0.40	0.15	0.35	0.17	3.30	1.0
	SMA50-P	48	48～51	0.50	0.15	0.10	0.05	3.23	0.8
	SMA66-P	64	32～35	0.35	0.12	0.15	0.05	3.23	0.8
	SMA76-P	74	23～25	0.30	0.12	0.20	0.05	3.30	0.8
铝矾土级	SMB56	54	31～36	1.50	3.50	—	2.00	3.15	—
	SMB60	58	28～32	1.50	3.50	—	1.80	3.15	—

表 3 电熔镁铝尖晶石产品理化指标

产品牌号		$w(Al_2O_3)$ % ≥	$w(MgO)$ %	$w(CaO)$ % ≤	$w(SiO_2)$ % ≤	$w(Fe_2O_3)$ % ≤	体积密度 g/cm³ ≥
氧化铝级	FMA50	48	46～50	0.70	0.55	0.50	3.30
	FMA66	64	30～34	0.65	0.50	0.35	3.30
	FMA70	70	24～27	0.55	0.35	0.30	3.30
	FMA90	89	7～10	0.30	0.23	0.25	3.30
铝矾土级	FMB66	64	30～34	0.8	1.0	0.2	3.40
	FMB70	70	23～27	0.8	1.0	0.2	3.40

ICS 91.100.60
Q 25

中华人民共和国国家标准

GB/T 26565—2011

水泥基绝热干混料

Cementitious dry mix thermal insulation

2011-06-16 发布　　2012-02-01 实施

中华人民共和国国家质量监督检验检疫总局
中国国家标准化管理委员会　发布

前　言

本标准按照 GB/T 1.1—2009 给出的规则起草。

本标准由中国建筑材料联合会提出。

本标准由全国绝热材料标准化技术委员会(SAC/TC 191)归口。

本标准负责起草单位:中国建筑材料检验认证中心。

本标准参加起草单位:浙江金华大森建筑节能科技有限公司、北京秦天科技发展有限公司、南京侨兴环保设备有限公司。

本标准主要起草人:刘海波、张玉辉、彭超、赵享鸿、徐虎林、曹凤英、杨飞华。

水泥基绝热干混料

1 范围

本标准规定了水泥基绝热干混料的术语和定义、分类、代号及标记、技术要求、试验方法、检验规则、包装、标志、运输和贮存。

本标准适用于建筑绝热用的以水泥为主要粘结剂的干混料。

2 规范性引用文件

下列文件对于本文件的应用是必不可少的。凡是注日期的引用文件，仅注日期的版本适用于本文件。凡是不注日期的引用文件，其最新版本(包括所有的修改单)适用于本文件。

GB/T 4132 绝热材料及相关术语

GB/T 5464—1999 建筑材料不燃性试验方法

GB/T 5486 无机硬质绝热制品试验方法

GB 6566 建筑材料放射性核素限量

GB 8624—1997 建筑材料燃烧性能分级方法

GB/T 10294 绝热材料稳态热阻及有关特性的测定 防护热板法

GB/T 10295 绝热材料稳态热阻及有关特性的测定 热流计法

GB/T 20473—2006 建筑保温砂浆

HJ/T 223 环境标志产品技术要求 轻质墙体板材

JG 158—2004 胶粉聚苯颗粒外墙外保温系统

JGJ 70—2009 建筑砂浆基本性能试验方法

3 术语和定义

GB/T 4132 确定的及下列术语和定义适用于本文件。

3.1

水泥基绝热干混料 cementitious dry mix thermal insulation

以水泥为主要粘结剂，混以轻骨料(例如：珍珠岩，玻化微珠等)、助剂等制成的干粉料，使用时，按比例加水搅拌成型的保温材料。

4 分类与标记

4.1 分类

按其干密度分为Ⅰ型、Ⅱ型、Ⅲ型；

4.2 标记

标记顺序为：产品名称，型号以及标准号。

示例：干密度小于 300 kg/m³ 的水泥基绝热干混料：

水泥基绝热干混料Ⅰ- GB/T 26565—2011。

5 要求

5.1 物理性能要求

产品物理性能应符合表1规定。

表1 水泥基绝热干混料物理性能

项目名称	单位	技术指标		
		Ⅰ	Ⅱ	Ⅲ
外观质量	—	干燥无结块的颗粒状混合物		
石棉含量	—	应不含石棉纤维		
分层度	mm	≤20		
终凝时间	h	≤6		
干密度	kg/m^3	≤300	301～500	501～700
导热系数	W/(m·K)	≤0.070	≤0.085	≤0.100
抗压强度	MPa	≥0.25	≥0.45	≥0.80
抗拉强度	MPa	≥0.10	≥0.15	≥0.20
压剪粘结强度	kPa	≥50	≥100	≥100
线收缩率	%	≤0.30		
软化系数	%	≥0.50	≥0.70	≥0.70

5.2 燃烧性能

Ⅰ型产品燃烧性能应达到B_1级，Ⅱ型、Ⅲ型产品燃烧性能应达到A级。

5.3 放射性

天然放射性核素镭-226、钍-232、钾-40的放射性比活度同时满足内照射指数I_{Ra}≤1.0和外照射指数I_r≤1.0。

5.4 抗冻性

有抗冻性要求时，15次冻融循环后质量损失率不应大于5%，强度损失率不应大于25%。

6 试验方法

6.1 试验条件

标准试验室环境为空气温度(23±2)℃，相对湿度为(50±10)%。在非标准试验室环境下试验时，应记录温度和相对湿度。

6.2 外观质量

用目测法检查其外观质量。

6.3 石棉含量

按 HJ/T 223 的规定进行。

6.4 分层度

按 GB/T 20473—2006 中的附录 B 的规定制备拌合物，按 JGJ 70—2009 中第 6 章的规定进行。

6.5 终凝时间

按 JGJ 70—2009 中的第 8 章的规定进行，以贯入阻力值达到 0.1 MPa 时所需的时间表示为终凝时间。

6.6 干密度

按附录 A 进行制样和养护，按 GB/T 5486 的规定检测。制样模具 100 mm×100 mm×100 mm，试件数量 3 个。

6.7 导热系数

按 GB/T 20473—2006 中的附录 B 制备拌合物，并按附录 A 进行养护。按 GB/T 10294 或 GB/T 10295 的规定检测，测定平均温度为(25±2)℃下的导热系数，以 GB/T 10294 作为仲裁方法。

6.8 抗压强度

按 JG 158—2004 中 6.5.5 的规定检测，养护时间不少于 28 天。

6.9 抗拉强度

用油灰刀逐层将搅拌好的材料加入到 8 字型试模中，填满后用刮刀刮平，制取 3 个试件，按附录 A 进行养护。将 3 个试件用游标卡尺分别测量其腰部宽度和厚度，精确至 0.1 mm，拉伸速度 5 mm/min，直至试件破坏，分别记录试件破坏时的荷载值。

抗拉强度按式(1)计算：

$$R=\frac{P}{b\times d} \qquad \cdots\cdots(1)$$

式中：

R ——抗拉强度，单位为兆帕(MPa)；

P ——试件破坏时荷载，单位为牛顿(N)；

b ——试件腰部宽度，单位为毫米(mm)；

d ——试件厚度，单位为毫米(mm)。

计算三个试件抗拉强度的算术平均值，精确至 0.01 MPa。

6.10 压剪粘结强度

将搅拌后的产品涂抹于水泥砂浆基材板上，基材板要求表面平整，产品厚度控制在 10 mm，粘接面积为(100±2)mm×(100±2)mm；成型 5 个试件，按附录 A 进行养护。将试件置于试验机加荷台中心，以 5 mm/min 速度加荷，直至试件破坏，记录试件破坏时载荷值。

压剪粘结强度按式(2)计算：

$$R_n=\frac{P}{A}\times 10^3 \qquad \cdots\cdots(2)$$

式中：

R_n ——压剪粘结强度，单位为兆帕(MPa)；

P ——试件破坏时荷载，单位为牛顿(N)；

A ——粘结面积，单位为平方毫米(mm^2)。

计算五个试件粘结强度的算术平均值，精确至 1 kPa。

6.11 线收缩率

按 JGJ 70—2009 中第 12 章的规定检测，试验结果取龄期为 28 d 的收缩率值。

6.12 软化系数

按 6.8 制备 4 个试件，浸入温度为(20±5)℃的水中，水面应高出试件 20 mm 以上，试件间距应大于 5 mm，48 h 后从水中取出试件，用拧干的湿毛巾擦去表面的附着水，按 GB/T 5486 进行抗压强度试验，以 4 个试件检测值的算术平均值作为浸水后的抗压强度值 σ_1。

软化系数按式(3)计算：

$$\varphi=\frac{\sigma_1}{\sigma_0} \qquad \cdots\cdots(3)$$

式中：

φ ——软化系数，精确至 0.01；

σ_0 ——抗压强度，单位为兆帕(MPa)；

σ_1 ——浸水后抗压强度，单位为兆帕(MPa)。

6.13 燃烧性能

按 GB 8624—1997 的规定检测。

6.14 放射性

按 GB 6566 的规定检测。

6.15 抗冻性

按 JGJ 70—2009 中第 11 章的规定检测，冻融循环次数为 15 次。

7 检验规则

7.1 检验分类

产品检验分出厂检验和型式检验两类。

7.1.1 出厂检验

出厂检验项目为外观、分层度和干密度。

7.1.2 型式检验

有下列情况之一，应进行型式检验。型式检验项目包括第 5 章全部项目。

——正常生产情况下，为一年检验一次；

——新产品试生产的定型鉴定时；

——产品主要原料、配方、及生产工艺有较大变更，影响产品性能指标时；

——停产半年以上，恢复生产时；
——出厂检验结果与上次型式检验有较大差异时；
——国家质量监督机构提出型式检验要求时。

7.2 组批和抽样

7.2.1 组批

同一原料、同一生产工艺、同一类别的产品，每 30 t 为一批，不足时也计为一批。

7.2.2 抽样

采取随机抽样方法，抽取 25 kg 样品进行检验。

7.2.3 判定规则

全部指标符合要求，即判定该批产品合格，否则判定该批产品不合格。

8 标志、包装、运输、贮存

8.1 标志

每个包装上应有清晰、牢固的标志；产品标识应包括：产品名称、生产厂名、厂址、生产日期（批号）、保质期、净含量、产品标记、水灰比、使用方法。

8.2 包装

产品的容器包装应密封防潮。

8.3 运输

用有篷交通工具运输，避免日晒雨淋，注意防潮。

8.4 贮存

产品应存放在阴凉、通风、干燥的室内储存。

附　录　A
（规范性附录）
试件的养护

A.1　仪器设备

A.1.1　电子天平：量程为10 kg，分度值为1 g。
A.1.2　电热干燥箱：控温精度为±3 ℃。

A.2　试件的养护

用聚乙烯薄膜覆盖，在试验室温度条件下养护7 d，去掉覆盖物，在试验室标准条件下养护21 d，将试件放入(65±3)℃的烘箱中，烘干至恒重，取出放入干燥器中冷却至室温备用。

ICS 91.100.10
Q 11

中华人民共和国国家标准

GB/T 26566—2011

水泥生料易烧性试验方法

Test method for burnability of cement raw meal

2011-06-16 发布 2012-02-01 实施

中华人民共和国国家质量监督检验检疫总局
中国国家标准化管理委员会 发布

前　言

本标准按照 GB/T 1.1—2009 给出的规则起草。

本标准由中国建筑材料联合会提出。

本标准由全国水泥标准化技术委员会(SAC/TC 184)归口。

本标准负责起草单位:天津水泥工业设计研究院有限公司。

本标准主要起草人:倪祥平、肖秋菊、王仲春、刘继开、白波、陈东明。

水泥生料易烧性试验方法

1 范围

本标准规定了水泥生料易烧性试验的术语和定义、方法原理、试验设备和器具、试样制备、试验温度、试验步骤和试验结果的表示等内容。

本标准适用于硅酸盐水泥的生料易烧性试验。

2 规范性引用文件

下列文件对于本文件的应用是必不可少的。凡是注日期的引用文件，仅注日期的版本适用于本文件。凡是不注日期的引用文件，其最新版本（包括所有的修改单）适用于本文件。

GB/T 176 水泥化学分析方法

GB/T 1345 水泥细度检验方法

GB/T 6003.1 金属丝编织网试验筛

GB/T 26567 水泥原料易磨性试验方法（邦德法）

3 术语和定义

下列术语和定义适用于本文件。

3.1

易烧性 burnability

水泥生料通过煅烧形成水泥熟料的难易程度。

4 方法原理

按一定的煅烧制度对水泥生料进行煅烧后，测定其游离氧化钙含量，用游离氧化钙含量表示生料的易烧性。游离氧化钙愈低，易烧性愈好。

5 试验设备和器具

5.1 球磨机

符合 GB/T 26567 水泥原料易磨性试验方法（邦德法）的规定。

5.2 预烧用高温炉

额定温度不低于 1 000 ℃，温度控制精度 1.0%。

5.3 煅烧用高温炉

额定温度不低于 1 600 ℃，温度控制精度 0.5%。

加热元件对称布置，且不暴露于炉膛；热电偶端点位于炉膛中部 1/3 边长区域内。

5.4 电热干燥箱

可控制温度 100 ℃～110 ℃。

5.5 平底耐高温容器

耐火度不小于 1 600 ℃，底面尺寸不大于 100 mm×100 mm。

5.6 天平

量程不小于 200 g，最小分度值不大于 0.1 g。

5.7 试验筛

符合 GB/T 6003.1 的规定。

5.8 压力机

液压式，最大压力 50 kN，控制精度 0.1 kN。

5.9 试体成型模具

试体成型模具如图 1，材质为 45 号钢。

单位为毫米

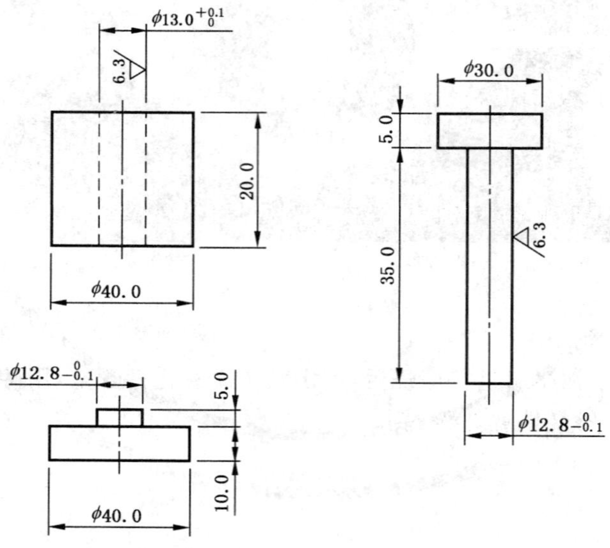

图 1 试体成型模具

6 试样制备

6.1 以试验室制备的生料，或工业生料与适量煤灰的混合料，作为试样。

试验室用 5.1 球磨机制备生料，一次制备一种细度的生料 1.0 kg；生料的率值服从熟料的率值，无论生料的配制是否采用煤灰；生料的细度不限，但按 GB/T 1345 检验的 80 μm 筛余应在(10±1)%。

6.2 称取试样 100 g，置于洁净容器中，边用小勺搅拌边加入 10 mL 蒸馏水，拌和至水分均匀。

当用工业废渣作原料，试样难以成型时，可于拌合水中添加微量胶结剂（如聚乙烯醇）。

6.3 每次称取含水试样 3.6 g±0.1 g，放入试体成型模具内，用压力机以 10.6 kN 力制成 ϕ13 mm 的试体，不必保压。

6.4 将试体放入 100 ℃～110 ℃恒温的电热干燥箱内，至少烘 60 min。

7 试验温度

试体的煅烧分别按下列温度进行：

——1 350 ℃；

——1 400 ℃；

——1 450 ℃。

特殊需要时也可增加其他温度。

各温度的试验均按第 8 章进行。

8 试验步骤

8.1 取相同试体至少六个为一组，均匀且不重叠地立置于平底耐高温容器内。

8.2 将试体随容器迅速放入已于 950 ℃恒温的预烧高温炉，恒温预烧 30 min。

8.3 将预烧完毕的试体随容器迅速转移至已于某温度（见第 7 章）恒温的煅烧高温炉内，使容器位于热电偶测点正下方，容器底面与热电偶测点相距不大于 5 cm，恒温煅烧 30 min。

8.4 将煅烧完毕的试体随容器迅速从煅烧高温炉内取出，于空气中自然冷却至室温。

8.5 将冷却至室温的一组试体用研钵研磨成全部通过 80 μm 试验筛的分析样，混匀后装入磨口小瓶，置于干燥器内保存。

8.6 按 GB/T 176 测定分析样的游离氧化钙含量（3 d 内完成）。

9 试验结果的表示

试验报告的内容应包括：

——对应各试验温度的熟料游离氧化钙含量；

——熟料的率值（KH、SM、AM）；

——生料的细度；

——生料中煤灰的含量。

ICS 91.100.10
Q 11

中华人民共和国国家标准

GB/T 26567—2011

水泥原料易磨性试验方法(邦德法)

Test method for grindability of cement raw materials—Bond method

2011-06-16 发布 2012-02-01 实施

中华人民共和国国家质量监督检验检疫总局
中国国家标准化管理委员会 发布

前　　言

本标准按照 GB/T 1.1—2009 给出的规则起草。

本标准由中国建筑材料联合会提出。

本标准由全国水泥标准化技术委员会(SAC/TC 184)归口。

本标准起草单位:天津水泥工业设计研究院有限公司。

本标准主要起草人:倪祥平、肖秋菊、王仲春、刘继开、白波、陈东明。

水泥原料易磨性试验方法(邦德法)

1 范围

本标准规定了水泥原料易磨性试验的术语和定义、试验原理、试验设备、试样准备、试验步骤及试验结果的计算和表示方法。

本标准适用于水泥原料的易磨性试验。

2 规范性引用文件

下列文件对于本文件的应用是必不可少的。凡是注日期的引用文件,仅注日期的版本适用于本文件。凡是不注日期的引用文件,其最新版本(包括所有的修改单)适用于本文件。

GB 308 滚动轴承 钢球

GB 474 煤样的制备方法

GB/T 6003.1 金属丝编织网试验筛(idt ISO 3310-1:1990)

3 术语和定义

下列术语和定义适用于本文件。

3.1

粉磨功指数 grinding work index

依据邦德(F.C.Bond)粉碎理论的指数,表示水泥原料的易磨性。

3.2

80%通过粒度 80% passing size

具有粒度分布的粉粒体,其80%质量的颗粒可以通过的筛孔尺寸。

3.3

成品筛 product sieve

用于从物料中分离成品的试验筛。

3.4

循环负荷 circulating load

卸出磨机的物料中,需要返回磨机的粗粉质量与通过成品筛的细粉质量之比。

3.5

平衡状态 equilibrium state

连续三次粉磨,循环负荷都符合(250±5)%,且磨机每转产生的成品质量的极差小于其平均值的3%。

4 试验原理

用规定的磨机对试样进行间歇式循环粉磨,根据平衡状态的磨机产量和成品粒度,以及试样粒度和成品筛孔径,计算试样的粉磨功指数。

5 试验设备

5.1 球磨机

内径 305 mm、内长 305 mm 的铁制圆筒状球磨机(结构尺寸如图 1),转速 70 r/min。

单位为毫米

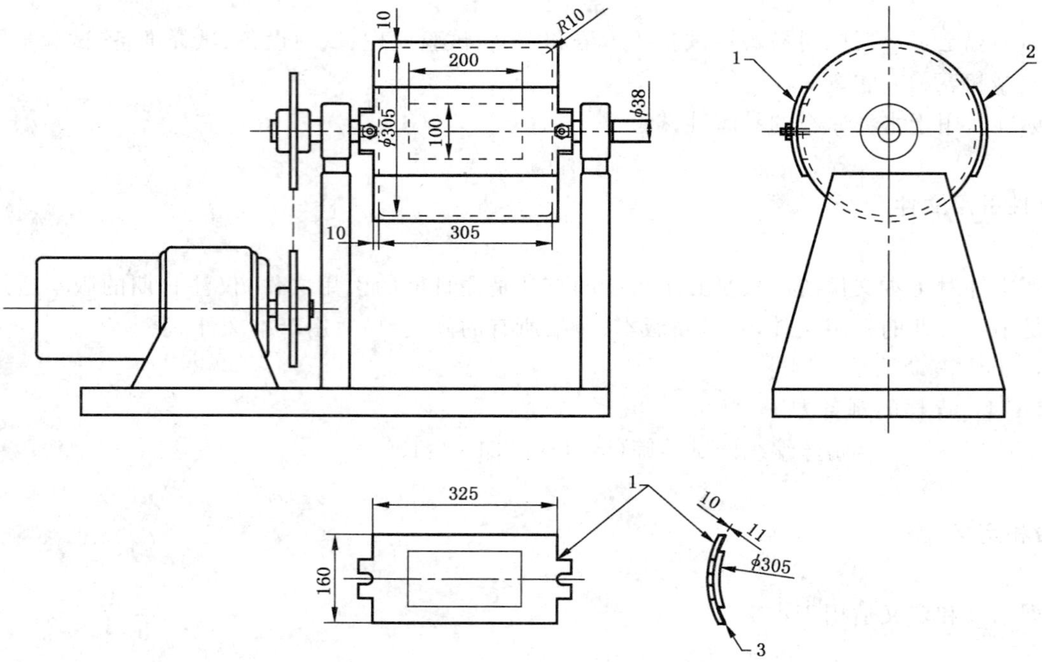

1——磨盖;

2——平衡配重;

3——密封衬垫。

图 1 球磨机

5.2 钢球

5.2.1 符合 GB 308 的规定,其构成如表 1,总质量不小于 19.5 kg。

表 1 钢球

直径/mm	个数
36.5	43
30.2	67
25.4	10
19.1	71
15.9	94
合计	285

5.2.2 新钢球使用前需通过粉磨硬质物料消减表面光洁度。

5.3 试验筛

符合 GB/T 6003.1 的规定。

5.4 漏斗和量筒

如图 2 所示。

单位为毫米

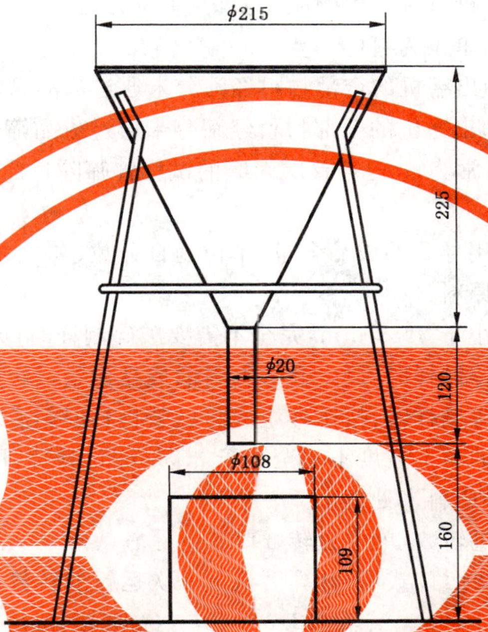

图 2 漏斗和量筒

5.5 称量设备

5.5.1 量程不小于 2 000 g,最小分度值不大于 1 g,用于试样的称量。

5.5.2 量程不小于 200 g,最小分度值不大于 0.1 g,用于成品的称量。

6 试样准备

按 GB 474,制备粒度小于 3.35 mm 的物料约 10 kg,以 100 ℃～110 ℃烘干,缩分出 5 kg 作为试样,其余作为保留样。

7 试验步骤

7.1 将试样混匀,用 5.4 规定的漏斗和量筒测定 1 000 mL 松散试样的质量,乘 0.7 即为入磨试样的质量。

7.2 按 GB 474,缩分出约 500 g 试样,用筛分法测定其成品含量和 80%通过粒度。

7.3 按 GB 474,缩分出入磨试样。

当试样的成品含量超过 1/3.5 时,先筛除该入磨试样中的成品,并补充试样至筛前质量。

7.4 将7.3的试样倒入已装钢球的磨机；根据经验选定磨机第一次运行的转数（通常为100r～300r）。

7.5 运行磨机至预定的转数；将磨内物料连同钢球一起卸出，扫清磨内残留物料。

7.6 分离物料和钢球；用成品筛筛分卸出磨机的全部物料，称得筛上粗粉质量。

7.7 按式(1)计算磨机每转产生的成品质量。

$$G_j = \frac{(w - a_j) - (w - a_{j-1})m}{N_j} \quad \cdots\cdots\cdots\cdots (1)$$

式中：

G_j ——第 j 次粉磨后，磨机每转产生的成品质量，单位为克每转（g/r）；

w ——入磨试样的质量，单位为克（g）；

a_j ——第 j 次粉磨后，卸出磨机的全部物料经筛分未通过成品筛的粗粉质量，单位为克（g）；

a_{j-1} ——上一次粉磨后，卸出磨机的全部物料经筛分未通过成品筛的粗粉质量，单位为克（g）。当 $j=1$ 时 a_{j-1} 通常为0，但若首次入磨的试样曾筛除过成品，则 a_{j-1} 还为未通过成品筛的粗粉质量。

m ——试样中由破碎作用导致的成品含量，单位为百分数（%）；

当组成试样的各原料：

——自然粒度都小于3.35 mm，完全不需要破碎制样时，m 为0；

——部分需要破碎制样时，测定已破物料的成品含量，结合试样组成计算 m；

——全部需要破碎制样时，按试样组成将已破物料混匀后统一测定 m；

——当单一原料的自然粒度不完全小于3.35 mm时，需用3.35 mm筛将其筛分为两部分，并按两种原料来处理。

N_j ——第 j 次粉磨的磨机转数，单位为转（r）。

7.8 以250%的循环负荷为目标，按式(2)计算磨机下一次运行的转数。

$$N_{j+1} = \frac{w/(2.5+1) - (w - a_j)m}{G_j} \quad \cdots\cdots\cdots\cdots (2)$$

7.9 按GB 474，缩分出质量为$(w-a_j)$的试样，与筛上粗粉 a_j 混合后一起倒入已装钢球的磨机。

7.10 重复7.5～7.9的操作，直至平衡状态（如图3）。

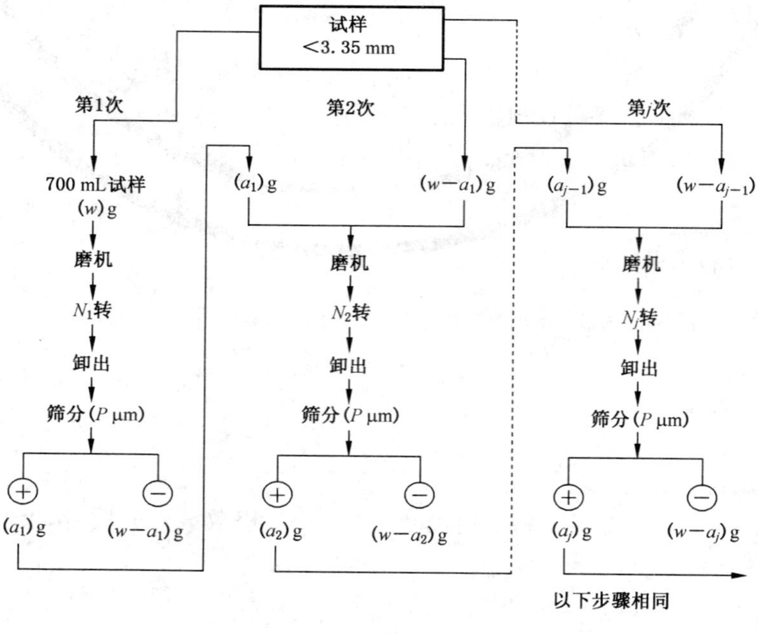

图3 试验步骤示意图

7.11 计算平衡状态三个 G_j 的平均值。

7.12 将平衡状态所得的成品一起混匀，用筛分法测定其粒度分布，测定方法如下：称取成品 100.0 g，先用 40 μm 水筛洗去微粉，收集筛余物烘干后，再用 6 个 40 μm～71 μm 的套筛进行筛分。根据粒度分布求成品的 80%通过粒度。

8 试验结果

8.1 计算方法

按式(3)计算粉磨功指数。

$$W_i=\frac{176.2}{P^{0.23}\times G^{0.82}\times(10/\sqrt{P_{80}}-10/\sqrt{F_{80}})}\quad\cdots\cdots(3)$$

式中：

W_i——粉磨功指数，单位为兆焦每吨(MJ/t)；

P——成品筛的筛孔尺寸，单位为微米(μm)；

G——平衡状态三个 G_j 的平均值，单位为克每转(g/r)；

P_{80}——成品的 80%通过粒度，单位为微米(μm)；

F_{80}——试样的 80%通过粒度，单位为微米(μm)。

当原料的自然粒度小于 3.35 mm 而无需破碎制备试样时，F_{80}用 2 500 代替。

8.2 表示方法

表示粉磨功指数时应注明 P，例如：W_i=59.8 MJ/t(P=80 μm)。

ICS 65.080
G 21

中华人民共和国国家标准

GB/T 26568—2011

农业用硫酸镁

Magnesium sulfate for agricultural use

2011-06-16 发布 2011-07-15 实施

中华人民共和国国家质量监督检验检疫总局
中国国家标准化管理委员会 发布

前　言

本标准按照GB/T 1.1—2009给出的规则起草。

本标准由中国石油和化学工业联合会提出。

本标准由全国肥料和土壤调理剂标准化技术委员会(SAC/TC 105)归口。

本标准由营口菱镁化工(集团)有限公司负责起草。

本标准主要起草人:张荣阳、车太龙、王运兴、王君子、田恒杰、张翠玲、赵勇、杨军。

农业用硫酸镁

1 范围

本标准规定了农业用硫酸镁的要求、试验方法、检验规则、标识、包装、运输和贮存。

本标准适用于农业用硫酸镁。

2 规范性引用文件

下列文件对于本文件的应用是必不可少的。凡是注日期的引用文件，仅注日期的版本适用于本文件。凡是不注日期的引用文件，其最新版本（包括所有的修改单）适用于本文件。

GB/T 534 工业硫酸

GB/T 6003.1—1997 金属丝编织网试验筛

GB/T 6679 固体化工产品采样通则

GB/T 8170—2008 数值修约规则与极限数值的表示和判定

GB 8569 固体化学肥料包装

GB/T 8576 复混肥料游离水含量的测定 真空烘箱法

GB 18382 肥料标识 内容和要求

GB/T 19203—2003 复混肥料中钙、镁、硫含量的测定

GB 20406—2006 农业用硫酸钾

GB/T 20937—2007 硫酸钾镁肥

GB/T 23349 肥料中砷、镉、铅、铬、汞生态指标

HG/T 2843 化肥产品 化学分析常用标准滴定溶液、标准溶液、试剂溶液和指示剂溶液

3 分类

农业用硫酸镁分为一水硫酸镁（粉状）、一水硫酸镁（粒状）和七水硫酸镁三种类别，见表 1。

表 1 农业用硫酸镁的类别

类别	分子式	相对分子质量[a]
一水硫酸镁（粉状）	$MgSO_4 \cdot H_2O$	138.38
一水硫酸镁（粒状）		
七水硫酸镁	$MgSO_4 \cdot 7H_2O$	246.47
[a] 按 2007 年国际相对原子质量。		

4 要求

4.1 理化性能：应符合表 2 要求。

表 2　农业用硫酸镁的理化性能要求

项目		一水硫酸镁(粉状)	一水硫酸镁(粒状)	七水硫酸镁
水溶镁(以 Mg 计)的质量分数/%	≥	15.0	13.5	9.5
水溶硫(以 S 计)的质量分数/%	≥	19.5	17.5	12.5
氯离子(以 Cl^- 计)的质量分数/%	≤	2.5	2.5	2.5
游离水的质量分数[a]/%	≤	5.0	5.0	6.0
水不溶物的质量分数/%	≤	—	—	0.5
粒度(2.00 mm～4.00 mm)/%	≥	—	70	—
pH 值		5.0～9.0	5.0～9.0	5.0～9.0
外观		白色、灰色或黄色粉末,无结块	白色、灰色或黄色颗粒,无结块	无色或白色结晶,无结块
注：指标中的“—”表示该类别产品的技术要求中此项不做要求。				
[a] 游离水的质量分数以出厂检验为准。				

4.2　生态指标要求

按 GB/T 23349 的规定执行。

4.3　原料硫酸要求

如果使用硫酸为原料,应符合 GB/T 534 的要求。

5　试验方法

本标准中所用试剂、水和溶液的配制,在未注明规格和配制方法时,均按 HG/T 2843 的规定进行。

5.1　水溶镁含量的测定　乙二胺四乙酸二钠容量法

5.1.1　方法提要

用三乙醇胺掩蔽铁、铝离子,用 EGTA 掩蔽钙离子,用 EDTA 络合滴定镁离子。

5.1.2　试剂与溶液

5.1.2.1　乙二胺四乙酸二钠(EDTA)标准滴定溶液:c(EDTA)=0.01 mol/L。

5.1.2.2　三乙醇胺溶液:1+4。

5.1.2.3　氢氧化钾溶液:200 g/L。

5.1.2.4　乙二醇二乙醚二胺四乙酸(EGTA)溶液:2.5 g/L。

称取 2.5 g EGTA 置于 400 mL 烧杯中,加水 100 mL,滴加氢氧化钾溶液至溶液澄清透明,用水稀释至 1 L。

5.1.2.5　氨-氯化铵缓冲溶液(pH=10)。

5.1.2.6　酸性铬蓝 K-奈酚绿 B 混合指示剂(简称 K-B 指示剂)。

5.1.3 仪器

通常实验室用仪器。

5.1.4 测定步骤

做两份试料的平行测定。

5.1.4.1 试样溶液的制备

5.1.4.1.1 一水硫酸镁(粉状)或一水硫酸镁(粒状)试样溶液的制备

称取6.4.2中一水硫酸镁试样0.5 g,称准至0.000 2 g,置于400 mL烧杯中,加200 mL水,间歇搅拌,常温溶解150 min,定量转移至250 mL容量瓶中,用水稀释至刻度,摇匀,干过滤,弃去最初几毫升滤液,立即测定。

5.1.4.1.2 七水硫酸镁试样溶液的制备

称取6.4.2中七水硫酸镁试样0.7 g,称准至0.000 2 g,置于400 mL烧杯中,加200 mL水,间歇搅拌,常温溶解30 min,定量转移至250 mL容量瓶中,用水稀释至刻度,摇匀,干过滤,弃去最初几毫升滤液,立即测定。

5.1.4.2 EGTA溶液加入量的确定

准确吸取25.00 mL试样溶液,置于500 mL锥形瓶中,加100 mL水、加10 mL氢氧化钾溶液、加约0.1 g K-B指示剂,用EGTA溶液滴定至溶液由紫红色呈现纯蓝色,并过量(1～2)mL,记下毫升数,此体积数为EGTA掩蔽该试液中钙的加入量。

5.1.4.3 测定

准确吸取25.00 mL试样溶液,置于500 mL锥形瓶中。加100 mL水,加5 mL三乙醇胺溶液,按5.1.4.2所确定的EGTA的加入量加入EGTA溶液,再加15 mL氨-氯化铵缓冲溶液,加约0.1 g K-B指示剂,用EDTA标准滴定溶液滴定至溶液由紫红色变为纯蓝色,在30 s内不褪色,即为终点,同时进行空白试验。

5.1.4.4 分析结果的表述

水溶镁(以Mg计)的质量分数w,数值以%表示,按式(1)计算:

$$w=\frac{(V_1-V_0)\times c\times 0.024\ 31}{m\times\frac{25}{250}}\times 100 \qquad \cdots\cdots(1)$$

式中:

V_1 ——滴定试样溶液消耗EDTA标准滴定溶液体积的数值,单位为毫升(mL);

V_0 ——空白试验消耗EDTA标准滴定溶液体积的数值,单位为毫升(mL);

c ——EDTA标准滴定溶液浓度的数值,单位为摩尔每升(mol/L);

0.024 31——镁的毫摩尔质量的数值,单位为克每毫摩尔(g/mmol);

m ——试料质量的数值,单位为克(g);

计算结果保留到小数点后两位。取平行测定结果的算术平均值为测定结果。

5.1.4.5 允许差

表 3 水溶镁测定允许差 %

类 别		平行测定结果的绝对差值	不同实验室测定结果的绝对差值
一水硫酸镁(粉状)	≤	0.30	0.40
一水硫酸镁(粒状)	≤	0.30	0.40
七水硫酸镁	≤	0.20	0.30

5.2 水溶硫含量的测定 烘干法

试样溶液制备按5.1.4.1执行,分析结果以水溶硫含量(以S计)表述,其余按GB/T 19203—2003中3.5规定执行。

5.3 氯含量的测定 佛尔哈德法

按GB 20406规定执行。

5.4 游离水的测定 真空烘箱法

干燥温度(40±2)℃,干燥时间(240±10)min,其余按GB/T 8576规定执行。

5.5 水不溶物的测定 重量法

按GB/T 20937—2007中5.7规定执行。

5.6 粒度测定 筛分法

选用GB/T 6003.1—1997中R40/3系列的孔径为2.00 mm、4.00 mm试验筛,其余按GB 20406—2006中4.6规定执行。

5.7 pH值的测定 酸度计法

5.7.1 原理

试样加水,常温溶解,用pH酸度计测定。

5.7.2 试剂和溶液

5.7.2.1 磷酸盐标准缓冲溶液:$c(KH_2PO_4)=0.025$ mol/L,$c(Na_2HPO_4)=0.025$ mol/L,25 ℃时pH值为6.86;

5.7.2.2 硼酸盐标准缓冲溶液:$c(Na_2B_4O_7)=0.01$ mol/L,25 ℃时pH值为9.18。

5.7.3 仪器

5.7.3.1 通常试验室用仪器;

5.7.3.2 pH酸度计:灵敏度为0.01pH单位。

5.7.4 测定

5.7.4.1 一水硫酸镁(粉状)或一水硫酸镁(粒状)测定

称取6.4.2中一水硫酸镁试样10 g于100 mL烧杯中,加50 mL不含二氧化碳的水,间歇搅拌,常温溶解 150 min，立即用 pH 酸度计测定。测定前用标准缓冲溶液对酸度计进行校验。

5.7.4.2 七水硫酸镁测定

称取 6.4.2 中七水硫酸镁试样 10 g 于 100 mL 烧杯中，加 50 mL 不含二氧化碳的水，间歇搅拌，常温溶解 30 min，立即用 pH 酸度计测定。测定前用标准缓冲溶液对酸度计进行校验。

5.7.5 分析结果的表述

取两份试料的平行测定结果的算术平均值为测定结果。

5.7.6 允许差

平行测定结果的绝对差值不大于 0.1pH。

5.8 外观

目视法测定。

6 检验规则

6.1 检验类别及检验项目

产品检验包括出厂检验和型式检验。表 2 中所有项目为出厂检验项目，表 2 和 4.2 中项目为型式检验项目，型式检验要求按 GB/T 23349 中的规定执行。

6.2 组批

产品按批检验，以一天或两天的产量为一批，最大批量为 500 t。

6.3 采样方案

6.3.1 袋装产品

不超过 512 袋时，按表 4 确定采样袋数；大于 512 袋时，按式(2)计算结果确定采样袋数，如遇小数，则进为整数。

表 4 采样袋数的确定

总袋数	最少采样袋数	总袋数	最少采样袋数
1～10	全部袋数	182～216	18
11～49	11	217～254	19
50～64	12	255～296	20
65～81	13	297～343	21
82～101	14	344～394	22
102～125	15	395～450	23
126～151	16	451～512	24
152～181	17		

$$n = 3 \times \sqrt[3]{N} \quad \cdots\cdots(2)$$

式中：

n——最少采样袋数；

N——每批产品总袋数。

按表4或式(2)计算结果随机抽取一定袋数，用取样器沿每袋最长对角线插入至袋的3/4处，每袋采取不少于100 g样品，每批采取总样品量不少于2 kg。

6.3.2 散装产品

按GB/T 6679规定执行。

6.4 样品缩分及试样制备

6.4.1 样品缩分

将采取的样品迅速混匀，用缩分器或四分法将样品缩分至约1 000 g，再缩分成两份，分装于两个洁净、干燥且具有磨口塞的玻璃瓶或塑料瓶中，密封并贴上标签，注明生产企业名称、产品名称、类别、批号或生产日期、取样日期和取样人姓名。一瓶用于检测，另一瓶保存2个月以上，以备查用。

6.4.2 试样制备

一水硫酸镁（粉状）或七水硫酸镁以6.4.1中的缩分样品为试样。

粒状产品，从6.4.1的缩分样品中取出100 g，迅速研磨至全部通过0.50 mm筛，置于洁净、干燥的瓶中，混匀，用作除粒度外其他项目测定试样。余下的粒状样品用作粒度测定。

6.5 结果判定

6.5.1 本标准中产品质量指标合格判定，采用GB/T 8170—2008中的"修约值比较法"。

6.5.2 生产企业应按本标准要求进行出厂检验和型式检验。出厂检验项目和型式检验项目全部符合本标准要求时，判该批产品合格。每批检验合格出厂的产品应附有质量证明书，其内容包括：生产企业名称、地址、产品名称、类别、批号或生产日期、产品净含量、水溶镁、水溶硫的含量、氯离子含量及本标准编号。

6.5.3 产品出厂时，如果出厂检验或型式检验结果中有一项指标不符合本标准要求时，应重新自两倍量的包装袋中采取样品进行检验，重新检验结果中，即使有一项指标不符合本标准要求时，则判该批产品不合格。

7 标识

产品包装容器正面应标明产品名称、类别、水溶镁含量、水溶硫含量，其余按GB 18382规定执行。包装容器背面应标明产品使用说明。

8 包装、运输和贮存

8.1 产品用塑料编织袋内衬聚乙烯薄膜袋或涂膜聚丙烯编织袋包装，按GB 8569对复混肥料产品的规定执行。产品每袋净含量分别为(50±0.5)kg、(40±0.4)kg、(25±0.25)kg，平均每袋净含量分别不应低于50.0 kg、40.0 kg、25.0 kg。包装规格也可由供需双方商定。

8.2 产品应贮存于干燥处。在运输过程中应防水、防破裂。

ICS 75.160
D 20

中华人民共和国国家标准

GB 26569—2011

民用煤层气（煤矿瓦斯）

Civil coalbed methane (coal mine gas)

2011-06-16 发布　　2011-11-01 实施

中华人民共和国国家质量监督检验检疫总局
中国国家标准化管理委员会　发布

前　言

本标准的4.1和6.3为强制性的,其余为推荐性的。

本标准由中国煤炭工业协会提出。

本标准由全国煤炭标准化技术委员会(SAC/TC 42)归口。

本标准起草单位:山西晋城无烟煤矿业集团有限责任公司、煤炭科学研究总院北京煤化工研究分院、西安科技大学、煤炭科学研究总院重庆研究院、山西蓝焰煤层气工程研究有限责任公司。

本标准主要起草人:朱晓明、杨茂林、李国彪、王保玉、胡千庭、姜英、田永东、白建平、马东民、罗陨飞。

民用煤层气(煤矿瓦斯)

1 范围

本标准规定了民用煤层气(煤矿瓦斯)的术语和定义、质量要求、产品检验、标识、输送与储存。

本标准适用于民用的煤层气(煤矿瓦斯)。

2 规范性引用文件

下列文件对于本文件的应用是必不可少的。凡是注日期的引用文件,仅注日期的版本适用于本文件。凡是不注日期的引用文件,其最新版本(包括所有的修改单)适用于本文件。

GB/T 11060.2 天然气 含硫化合物的测定 第2部分:用亚甲蓝法测定硫化氢含量

GB/T 11060.4 天然气 含硫化合物的测定 第4部分:用氧化微库仑法测定总硫含量

GB/T 11062 天然气发热量、密度、相对密度和沃泊指数的计算方法

GB/T 12206 城镇燃气热值和相对密度测定方法

GB/T 13609 天然气取样导则

GB/T 13610 天然气的组成分析 气相色谱法

GB/T 17283 天然气水露点的测定 冷却镜面凝析湿度计法

GB/T 18605.2 天然气中硫化氢含量的测定 第2部分:醋酸铅反应速率单光路检测法

GB 50028 城镇燃气设计规范

GB 50251 输气管道工程设计规范

3 术语和定义

3.1

煤层气 coalbed methane

赋存在煤层及围岩中以甲烷为主要成分的天然气体。

本标准中特指煤层气开采过程中从煤层及围岩中涌入钻井的以甲烷为主要成分的天然气体。

3.2

煤矿瓦斯 coal mine gas

煤炭开采过程中从煤层及围岩涌入采掘空间或管路内的天然气体。

4 质量要求

4.1 民用煤层气(煤矿瓦斯)中甲烷含量不得低于30%。

4.2 民用煤层气(煤矿瓦斯)分为Ⅰ类、Ⅱ类、Ⅲ类、Ⅳ类,应符合表1的规定。

表 1 民用煤层气(煤矿瓦斯)技术指标

项目	技术指标			
	Ⅰ类	Ⅱ类	Ⅲ类	Ⅳ类
甲烷含量(体积分数)/%	≥90	≥83～90	≥50～83	≥30～50
高位发热量 Q_{gr}/(MJ/m³)	≥34	≥31.4～34	≥22.3～31.4	≥15.5～22.3
总硫含量 S/(mg/m³)	≤100			
硫化氢含量/(mg/m³)	≤6			
水露点	在煤层气交接点的压力和温度条件下，煤层气的水露点应比最低环境温度低 5 ℃			

注 1：当甲烷含量指标与高位发热量指标发生矛盾时，以甲烷含量指标为分类依据。
注 2：本标准中气体体积的标准参比条件是 101.325 kPa，20 ℃。
注 3：供给居民使用的煤层气(煤矿瓦斯)应添加臭味剂。

5 试验方法

5.1 甲烷含量

按 GB/T 13610 执行。

5.2 高位发热量

按 GB/T 12206 或 GB/T 11062 执行。

5.3 总硫含量

测定按 GB/T 11060.4 执行。

5.4 硫化氢含量

按 GB/T 11060.2 或 GB/T 18605.2 执行。

5.5 水露点

按 GB/T 17283 执行。

6 产品检验

6.1 取样

按 GB/T 13609 执行。

6.2 检验

检验分出厂检验和型式检验。

6.2.1 出厂检验

检验项目为甲烷含量、硫化氢含量两项。

6.2.2 型式检验

检验项目为本标准规定的全部项目。型式检验时应从出厂检验合格的产品中抽取。有下列情况之一，应进行型式检验：

——初次投入生产时；
——正常生产时，每两年进行一次型式检验；
——检验结果与上次型式检验结果有较大差异时；
——更换主要设备或有新型主要设备进入系统使用时；
——产品停产半年以上恢复生产时。

6.3 判定

出厂检验时甲烷含量、硫化氢含量两项中有一项不合格，则判定该批产品不合格。

型式检验时有一项不合格，则判定该产品不合格。

7 标识、加臭、输送与储存

7.1 标识

民用煤层气（煤矿瓦斯）标识应在醒目处注明“易燃品”、“严禁烟火”等明显字样。

7.2 加臭

民用煤层气（煤矿瓦斯）应加臭，具有可以察觉的臭味。加臭剂的最小量应符合当煤层气（煤矿瓦斯）泄露到空气中，甲烷的体积分数达到1%时，应能察觉。

7.3 输送和储存

民用煤层气（煤矿瓦斯）输送、储存应符合 GB 50028 和 GB 50251 的规定，其中Ⅲ类和Ⅳ类民用煤层气（煤矿瓦斯）输送、储存压力不允许高于 0.8 MPa。

ICS 71.040.40
G 86

中华人民共和国国家标准

GB/T 26570.1—2011

气体中颗粒含量的测定　光散射法
第1部分：管道气体中颗粒含量的测定

Determination of particle in gases—Light-scattering method—
Part 1: Determination of particle in pipeline gases

2011-06-16 发布　　2011-11-01 实施

中华人民共和国国家质量监督检验检疫总局
中国国家标准化管理委员会　发布

前　言

GB/T 26570《气体中颗粒含量的测定　光散射法》分为以下部分：

——第1部分：管道气体中颗粒含量的测定；

——第2部分：瓶装气体中颗粒含量的测定。

本部分是GB/T 26570的第1部分。

本部分由全国半导体设备和材料标准化技术委员会(SAC/TC 203)提出。

本部分由全国半导体设备和材料标准化技术委员会气体分技术委员会(SAC/TC 203/SC 1)归口。

本部分起草单位：上海计量测试技术研究院、西南化工研究设计院。

本部分主要起草人：陈鹰、周鹏云。

气体中颗粒含量的测定　光散射法
第1部分：管道气体中颗粒含量的测定

1　范围

本部分规定了气体中颗粒含量测定的术语和定义、方法原理、仪器要求、试验步骤、校准和量值溯源、结果计算和判别、报告。

本部分适用于通过管道输送的气体中颗粒大小及含量的测定。颗粒直径的检测范围：0.1 μm～10 μm。

本部分不适用于瓶装气体及以液相状态存在的气体。

2　规范性引用文件

下列文件中的条款通过GB/T 26570的本部分的引用而成为本部分的条款。凡是注日期的引用文件，其随后所有的修改单(不包括勘误的内容)或修订版均不适用于本部分，然而，鼓励根据本部分达成协议的各方研究是否可使用这些文件的最新版本。凡是不注日期的引用文件，其最新版本适用于本部分。

JJF 1190　尘埃粒子计数器计量校准规范

3　术语和定义

下列术语和定义适用于本部分。

3.1

背景测定值　background count (X_B)

不含有等于或大于规定粒径的被测气体通过粒子计数器时仪器的测定值。

3.2

样品体积　gas sample volume (V_M, V_B)

每次测定时通过颗粒计数器的样品体积，以标准状态下立方米来表示(标准状态：0 ℃，1.01×10^5 Pa)。

3.3

颗粒含量　particle concentration

测得的等于或大于规定粒径的颗粒总数除以样品体积而得出的值。

3.4

粒度/颗粒直径　particle size/particle diameter

通过光散射颗粒计数器测定得到的光学当量直径。

3.5

规定粒径　permissible particle size

供需双方商定的或气体使用者规定的气体中颗粒物的最大颗粒直径。

4　方法原理

光在行进过程中遇到粉体颗粒(障碍物)时，将偏离原来的传播方向继续传播，这种现象被称为光的散射或者衍射。颗粒尺寸越小，散射角越大；颗粒尺寸越大，散射角越小。光散射粒度仪就是根据光的散射角度来测定颗粒的大小，根据散射强度来测定颗粒的数量。

5 仪器要求

5.1 颗粒计数器

根据光散射原理设计的颗粒计数器，并满足下列要求：

a) 最小可检测粒径小于或等于规定粒径；

b) 最大背景测定值不大于 2 个/$(25\times10^{-3})m^3$；

c) 最高工作压力应大于管道内气体压力，或加装减压装置；

d) 对于可燃或腐蚀性气体，应满足防爆和防腐的要求。

5.2 减压装置

对于只能在大气压下工作的颗粒计数器，应用减压装置将管道内的气体减压至大气压。该装置不应对气体内的颗粒起阻隔或积聚作用，更不应产生颗粒。推荐使用通过小孔使气体膨胀的减压装置。

5.3 温度计

分度值为 1 ℃。

5.4 气压表

精度为±2.5 hPa。

6 试验步骤

6.1 仪器背景值的测定

将颗粒计数器与干净的气源相连。气源应不含有等于或大于规定粒径的颗粒。推荐的气源准备方法为：在颗粒计数器前加装气体过滤器，其过滤的最小颗粒粒径应小于规定粒径。如图 1 所示。

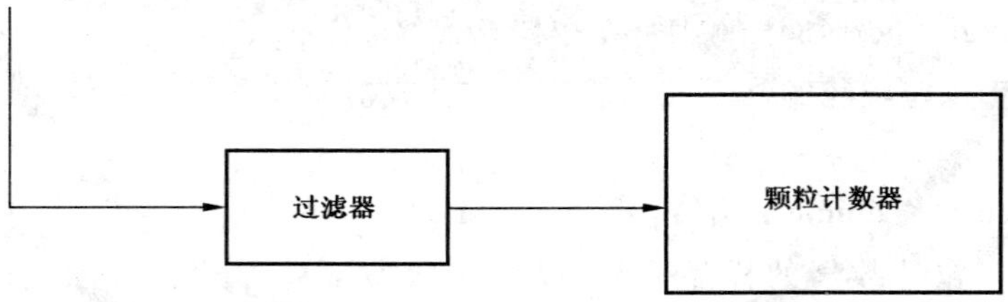

图 1 颗粒计数器背景值测定示意图

测定次数应不小于 8 次，每次测定的样品体积不小于$(25\times10^{-3})m^3$。记录每次测定结束后仪器的示值和样品体积，样品体积应换算成标准状态下的气体体积。

根据式(4)计算背景颗粒含量平均值$\overline{X_B}$。$\overline{X_B}$应不大于 2 个/$(25\times10^{-3})m^3$。

6.2 取样点的确定

对于气体使用方的日常检测，取样点应位于管线系统的出口或用气点；而对于供需双方为确认气体质量的检测，取样点应位于供方管线最末端的过滤器的下游并尽可能接近过滤器。连接仪器与取样点的管线应尽可能的短，并确保系统无泄漏。

6.3 总管或主管内气体的取样

当需要测定总管或主管内气体中的颗粒含量时，推荐在管道内设置如图 2 所示的取样管结构。

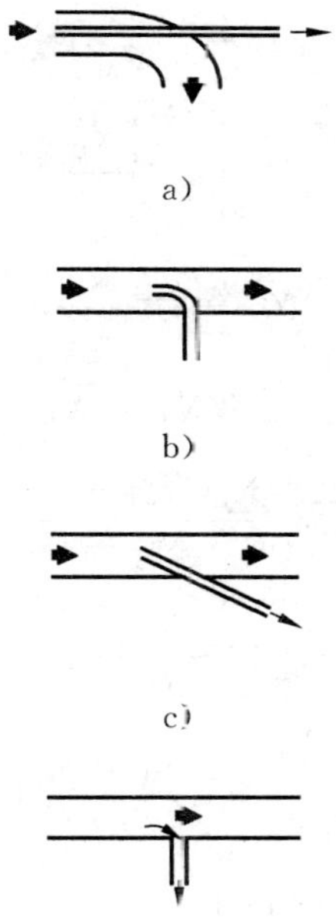

a)

b)

c)

d)

图 2 取样管安装示意图

对于图 2a)，图 2b)，图 2c)所示的设置，采样管入口的气体流速应与总管或主管内气体的轴向流速尽可能的接近或相等。采样管的内径应不小于 2 mm。

6.4 样品测定

用洁净管道将颗粒计数器与管线上的取样点相连，保证其气密性。必要时在这之间加装减压装置，使气体压力满足仪器的使用要求。

测定次数应不小于 8 次，每次测定的样品体积应不小于$(25\times10^{-3})\,\mathrm{m}^3$。记录每次测定结束后仪器的示值和样品体积，样品体积应换算成标准状态下的气体体积。

7 校准和量值溯源

颗粒计数器的校准和量值溯源应符合 JJF 1190 的要求。

8 结果计算和判别

8.1 结果计算

8.1.1 按式(1)将样品体积换算成标准状态下的气体体积。

$$V_s=\frac{273\cdot p\cdot V}{101.3\cdot(273+t)} \quad\cdots\cdots(1)$$

式中：

V_s——标准状态下的气体体积，单位为 10^{-3} 立方米($10^{-3}\ \mathrm{m}^3$)；

p——测定时的大气压力，单位为千帕(kPa)；

V——测定时温度压力条件下的气体体积，单位为 10^{-3} 立方米($10^{-3}\ \mathrm{m}^3$)；

t——取样点气体的温度，单位为摄氏度(℃)。

8.1.2 气体中颗粒的含量以每$(25\times10^{-3})\,\mathrm{m}^3$ 内等于或大于规定粒径的颗粒个数来表示，按式(2)～式(9)计算：

$$X_{Bi}=\frac{x_{Bi}\times25}{V_{Bi}} \quad\cdots\cdots(2)$$

$$X_{Mi}=\frac{x_{Mi}\times 25}{V_{Mi}} \quad\cdots\cdots(3)$$

$$\overline{X_B}=\frac{\sum X_{Bi}}{N_B} \quad\cdots\cdots(4)$$

$$\overline{X_M}=\frac{\sum X_{Mi}}{N_M} \quad\cdots\cdots(5)$$

$$\overline{X_C}=\overline{X_M}-\overline{X_B} \quad\cdots\cdots(6)$$

$$S_M=\frac{\sum(X_{Mi}-\overline{X_M})^2}{N_M-1} \quad\cdots\cdots(7)$$

$$S_B=\frac{\sum(X_{Bi}-\overline{X_B})^2}{N_B-1} \quad\cdots\cdots(8)$$

$$S_C=\sqrt{S_M^2+S_B^2} \quad\cdots\cdots(9)$$

式中：

x_{Bi}——第 i 次背景颗粒测定时仪器的示值，个；

V_{Bi}——标准状态下，第 i 次背景测定时的样品体积，10^{-3} m^3；

X_{Bi}——第 i 次背景测定时的颗粒含量，个/$(25\times10^{-3})m^3$；

x_{Mi}——第 i 次样品测量时仪器的示值，个；

V_{Mi}——标准状态下，第 i 次样品测量时的取样体积，10^{-3} m^3；

X_{Mi}——第 i 次样品测定时的颗粒含量，个/$(25\times10^{-3})m^3$；

N_B——背景测定的次数；

N_M——样品气测定的次数；

$\overline{X_B}$——背景测定时的颗粒含量平均值，个/$(25\times10^{-3})m^3$；

$\overline{X_M}$——样品测定时的颗粒含量平均值，个/$(25\times10^{-3})m^3$；

$\overline{X_C}$——管道内气体的颗粒含量，个/$(25\times10^{-3})m^3$；

S_M——$\overline{X_M}$的标准偏差；

S_B——$\overline{X_B}$的标准偏差；

S_C——$\overline{X_C}$的标准偏差。

8.2 结果判别

结果判别按式(10)进行。

当计算得到的管道内气体的颗粒含量加上两倍的标准偏差小于等于规定的指标要求，可判别该样品的颗粒指标满足规定的要求。即：

$$\overline{X_C}+2S_C<X_S \quad\cdots\cdots(10)$$

式中：

X_S——供需双方约定的颗粒含量指标。

9 报告

报告中至少应包括以下内容：

a) 有关样品的全部资料，如样品名称、采样地点、采样日期等；

b) 测定条件，如温度，气体压力等；

c) 测定仪器的信息，如型号、规格等；

d) 测定结果；

e) 测定中观察到的任何异常现象；

f) 测定时间及分析人员的名称；

g) 测定依据的标准号。

ICS 71.040.10
G 08

中华人民共和国国家标准

GB/T 26571—2011

特种气体储存期规范

Specification for the shelf life of a specialty gas

2011-06-16 发布 2011-11-01 实施

中华人民共和国国家质量监督检验检疫总局
中国国家标准化管理委员会 发布

前　言

本标准由全国半导体设备和材料标准化技术委员会(SAC/TC 203)提出。

本标准由全国半导体设备和材料标准化技术委员会气体分技术委员会(SAC/TC 203/SC 1)归口。

本标准起草单位:西南化工研究设计院。

本标准主要起草人:周鹏云。

特种气体储存期规范

1 范围

本标准规定了各种特种气体至少应达到的储存期。

本标准适用于采用适当容器充装，经分析后储存备用的特种气体，也适用于由特种气体生产厂和供应商提供的气体。在本标准中，储存期是从质量的角度来考虑的。本标准不涉及与延长储存有关的安全问题。

2 术语和定义

下列术语和定义适用于本标准。

2.1

剩余量 residual level

留在容器中的以质量或压力计的剩余产品量。该量应尽量少，以最大限度降低上次充填气体中高含量杂质对制作工艺的影响。

2.2

储存期 shelf life

从分析完成的时间起，供应商保证气体质量的期限。在这个期限内，应保证准确分析过的杂质含量保持或低于某一特定等级气体规定的技术指标上限。

2.3

液干 liquid dry

液化气体中所有的液相用完。

3 要求

3.1 影响特种气体储存期的因素

3.1.1 气体的热稳定性。

3.1.2 容器和阀门的质量

——材料选择；

——气密性。

3.1.3 气体与不同物质的共存稳定性

——气体和杂质；

——气体和包装材料。

3.1.4 充装和分析操作。

3.1.5 运输和储存条件。

3.1.6 容器中产品的量。

3.1.7 阀门的气密性是决定气体储存期的关键因素，特别是对于低压气体。为有效提高气体与不同物质的共存稳定性，首先应将气体纯化到一定程度，使所含杂质不再随时间而变化，同时还应选择合适的包装材料。充装前，对容器内表面进行化学、物理或钝化处理，也可以有效减少反应随时间的延续而产生的影响。

3.2 根据储存期的长短对特种气体进行分类

3.2.1 分类

为了定义储存期，将特种气体分为四类，见表 1。从储存期的角度来看，有时将表中具有化学反应性的气体归类为非反应性气体。

表 1 特种气体分类表

非反应性气体	反应性气体	腐蚀性气体	不稳定气体
Air	AsH_3	BCl_3	B_2H_6
Ar	CO	BF_3	NO
CFH_3	D_2	$^{11}BF_3$	
CF_2H_2	GeH_4	ClF_3	
CF_3H	H_2	Cl_2	
CF_4	NF_3	F_2	
CH_4	PH_3	GeF_4	
CO_2	SeH_2	HBr	
C_2F_6	SiH_4	HCl	
C_3F_8	Si_2H_6	HF	
C_4F_8		NH_3	
C_5F_8		PF_5	
He		$SiCl_2H_2$	
Kr		$SiCl_3H$	
Ne		$SiCl_4$	
N_2		SiF_4	
N_2O		WF_6	
O_2			
SF_6			
Xe			

3.2.2 非反应性气体

通常情况下，不和外界空气、包装材料或常见的特种气体中的杂质起反应的气体。

3.2.3 反应性气体

和外界空气或包装材料起反应的气体。

3.2.4 腐蚀性气体

通常在微量水的存在下会与包装材料反应的气体。

3.2.5 不稳定气体

具有热不稳定性，并且会随时间而自然分解的气体。

3.3 储存期

气体的储存期不应少于表 2 所示时间。

表 2 储存期

非反应性气体	反应性气体	腐蚀性气体	不稳定气体
36 个月	24 个月	18 个月	6 个月

3.3.1 对除热不稳定气体以外的电子级特种气体，在选择了合适包装材料和对容器进行了合适处理(和钝化)的条件下，杂质含量理论上不随时间的变化而变化。鉴于此，不对其储存期规定上限值。

3.4 混合气

混合气的储存期以混合气中具有最短储存期的成分来确定。例如，反应性气体与非反应性气体的混合气，储存期应该是24个月。混合气储存期内的杂质指标和混合气组成的分析均应符合相应产品规范。

3.4.1 对含有低于1 000×10^{-6}(体积分数)组分的混合气，应特别注意包装容器的预处理。容器对低含量组分的吸附作用可能会使储存期缩短，因此需要将包装容器内表面粗糙度降至最低或对容器表面进行钝化处理。

3.5 剩余量

通常情况下，容器中最先流出的气体与最后流出的气体中，杂质含量是不同的。特别是在较低气体压力时，由于被容器内壁吸附的水的脱附量增加，使气体中水含量相应升高。除此之外，在液化气体中，气液两相的共存会对气体中杂质的分配产生可测量的影响，应留足量产品在容器中以避免“液干”现象的发生。

ICS 31.020
L 10

中华人民共和国国家标准

GB/T 26572—2011

电子电气产品中限用物质的限量要求

Requirements of concentration limits for certain restricted substances in electrical and electronic products

2011-05-12 发布　　2011-08-01 实施

中华人民共和国国家质量监督检验检疫总局
中国国家标准化管理委员会　发布

前　言

本标准按照 GB/T 1.1—2009 给出的规则编写。

本标准由工业和信息化部提出。

本标准由全国电工电子产品与系统的环境标准化技术委员会归口(SAC/TC 297)。

本标准主要起草单位:中国电子技术标准化研究所、中国质量认证中心、工业和信息化部电子第五研究所、江苏出入境检验检疫局、纳优科技(北京)有限公司、深圳市计量质量检测研究院。

本标准主要起草人:邢卫兵、罗道军、董永升、何重辉、高坚、杨李锋、姜文博、陈泽勇、李亚芳。

引　　言

目前许多电子电气产品由于功能需要和生产技术的局限，仍含有大量如铅、汞、镉、六价铬、多溴联苯和多溴二苯醚等限用物质。这些含限用物质的电子电气产品在废弃之后，如处置不当，不仅会对环境造成污染，也会造成资源的浪费。

为了促进电子电气行业的可持续发展以及电子电气产品的资源节约，环境保护，工业和信息化部等政府部门联合制定了电子电气产品污染控制相关规章，将电子电气产品的污染控制工作纳入法制化轨道。为了配合有关规章更好地实施，指导电子电气产品供应链上的制造厂商从源头控制限用物质的使用以符合相关法律规范性文件的要求，推动电子电气行业加快限用物质的替代和减量化，特制定本标准。

电子电气产品中限用物质的限量要求

1 范围

本标准规定了电子电气产品中限用物质的最大允许含量及其符合性判定规则。

本标准适用于电子电气产品中铅(Pb)、汞(Hg)、镉(Cd)、六价铬(Cr(Ⅵ))、多溴联苯(PBB)和多溴二苯醚(PBDE)等限用物质的控制。

2 规范性引用文件

下列文件对于本文件的应用是必不可少的。凡是注日期的引用文件,仅注日期的版本适用于本文件。凡是不注日期的引用文件,其最新版本(包括所有的修改单)适用于本文件。

GB/T 26125—2011 电子电气产品 六种限用物质(铅、汞、镉、六价铬、多溴联苯和多溴二苯醚)的测定(IEC 62321:2008,IDT)

3 术语和定义

下列术语和定义适用于本文件。

3.1

限用物质 restricted substances

法律法规或顾客要求在电子电气产品中限制使用的物质。

3.2

电子电气产品 electrical and electronic products

EEP

依靠电流或磁场工作,发生、传输和测量这种电流和磁场,额定工作电压在直流电不超过 1 500 V、交流电不超过 1 000 V 的设备及配套产品。

3.3

均质材料 homogeneous materials

由一种或多种物质组成的各部分均匀一致的材料。

3.4

零部件 components

电子电气产品中具有一定功能或用途的结构单元。

注:如元器件、机箱、支架、螺丝钉、开关、导线等。

3.5

检测单元 test units

可以直接提交检测而不需要进一步拆分的样品。

4 限量要求

构成电子电气产品的各均质材料中,铅、汞、六价铬、多溴联苯和多溴二苯醚的含量不得超过 0.1%

(质量分数),镉的含量不得超过 0.01%(质量分数)。

5 检验方法

5.1 检测单元分类

为了确定电子电气产品是否符合第 4 章要求,按照尽可能拆分成均质材料的基本原则,首先将电子电气产品按附录 A 要求拆分成检测单元,并按表 1 进行分类。当分类有重合或矛盾时,应该依照 EEP-A/EEP-B/EEP-C 的顺序进行归类,即如果能按 EEP-A 归类的则不宜归为 EEP-B 或 EEP-C 类。

表 1 检测单元分类

检测单元类别	检测单元类别定义
EEP-A	构成电子电气产品的各均质材料
EEP-B	电子电气产品中各部件的金属镀层
EEP-C	电子电气产品中现有条件不能进一步拆分的小型零部件或材料[a]
[a] 体积小于或等于 4 mm^3 的单元,例如贴片电阻器,贴片电容器等。	

5.2 限用物质含量测定方法

依照 GB/T 26125—2011 中检测方法对各检测单元的限用物质含量进行测定。

6 符合性判定规则

如果电子电气产品中拆分出的各检测单元中限用物质含量符合表 2 要求,则判该电子电气产品合格;如果任意一检测单元中限用物质含量不符合表 2 的要求,则判为不合格。

表 2 符合性判定规则

检测单元类别	符合性判定规则
EEP-A	符合第 4 章限量要求规定的限值
EEP-B[a]	
EEP-C[b]	
[a] 六价铬按照 GB/T 26125—2011 附录 B 中测试方法不得检出。 [b] 当对限用物质应用有例外要求时,应注意对材料或部件的符合性判定产生的影响。	

附　录　A
（规范性附录）
电子电气产品拆分

A.1　电子电气产品的结构

A.1.1　组成结构

A.1.1.1　整机：能独立完成特定功能的设备，如电视机、电话机、电子计算机、洗衣机等。
A.1.1.2　部件/组件：只需借助简单工具就可以拆分的结构单元，如单板、电源和模块等。
A.1.1.3　元器件：构成电路板的电子元件或电子器件，如电阻器、电容器、集成电路、光电器件、接插件等。
A.1.1.4　原材料：构成部件或元器件的基本材料，如金属、塑料、焊料、胶粘剂、涂覆料等。

A.1.2　连接方式分类

A.1.2.1　物理连接：不同的元器件、部件等之间通过压力、摩擦力、重力等物理作用力相连接或固定在一起的方式。通常有：压接、铆接、粘接、绑接、螺纹连接、扣接、覆盖、环绕等。
A.1.2.2　化学连接：不同材料、元器件、部件等之间通过冶金化或化学反应方式形成的连接。一般有焊接、电镀、化学镀等。

A.2　拆分的准备与要求

A.2.1　环境

A.2.1.1　拆分区域

拆分区域应相对独立，并足够用于拆分操作。保持拆分环境洁净，室内温度和湿度适宜并实施监控。应避免阳光直射。

A.2.1.2　拆分工作台

拆分工作台应平整、洁净、耐磨损、耐腐蚀、有足够承重力，台面面积应满足拆分操作和样品摆放的要求。

A.2.1.3　安全防护

应避免拆分过程对人员的伤害和环境的污染，并采取必要的措施加以防护。如：放射性材料以及易爆部件的拆分，应符合相关要求。

A.2.2　人员

应由具备相关专业技能和经验的人员实施拆分。

A.2.3　工具

A.2.3.1　工具应保持洁净，可采用擦拭、清洗或灼烧等方式进行清洁，以避免样品交叉污染。
A.2.3.2　工具应标识。

A.2.3.3 与拆分对象直接接触的工具部分应有成分标识，在拆分时，不应用含有限用物质的工具接触拆分对象。

注：在投入使用前应了解工具中的相关物质含量。

A.2.3.4 一些常见的拆分用工具有烙铁、吸锡线、螺丝刀、内六角扳手、剥线器、顶切钳、壁纸刀、老虎钳、扳手、手锯、板钳、剪刀、锤子、镊子、钻孔机、塑料袋和热焊枪等。

A.2.4 容器

拆分后的检测单元应用适当的容器予以隔离分装。在常温、干燥的环境中保存。容器应保持清洁，避免污染样品。

A.2.5 样品污染防护

在拆分的整个过程中应充分评价环境、工具、操作等因素对样品中相关限用物质的成分和含量的影响，并采取适当措施消除这些影响或将这些影响减小至最低。

A.2.6 拆分前产品的描述

在拆分前，应采用文字及图像等方式对产品进行适当的描述和记录，并保留这些记录。

A.2.7 样品的清洗或去污、保存和传递

A.2.7.1 样品含有可能影响实验结果的灰尘、油污等杂质，拆分前应进行必要的清洗或去污，清洗试剂和去污方法不能改变样品的成分。

A.2.7.2 样品应在规定的期限和适宜的条件下保存。

A.2.7.3 样品的传递应保持成分的稳定。

A.2.8 拆分过程的记录与保存

A.2.8.1 记录的要求

样品应有唯一标识，拆分过程的记录应完整，包括拆分环境、拆分装置及工具、拆分结果、样品标识和其他需要特殊记录的相关信息。

A.2.8.2 记录表格

电子电气产品拆分记录表可包括：部件名称、材料名称、规格/型号、尺寸、质量、颜色、材料生产厂等内容。

A.3 电子电气产品的拆分目标与拆分原则

A.3.1 拆分的目标

为了测定电子电气产品材料中限用物质的含量，达到有效控制限用物质在电子电气产品中使用的目的，应该在测定前将电子电气产品拆分成各检测单元(见表1)。

A.3.2 拆分原则

A.3.2.1 总体原则：应尽可能按拆分成均质材料的原则进行样品拆分。

A.3.2.2 能拆分成均质材料的检测单元归类为EEP-A，不能拆分成均质材料的单元归类为EEP-B和EEP-C。

A.3.2.3 为了兼顾检测的可操作性和经济性，拆分前应参考附录D对限用物质存在的可能性等级进行评估，以指导其后的样品拆分，得出较优的拆分方案。

A.3.2.4 拆分时，应首先考虑将法律法规对限用物质应用有例外要求的材料或部件和其他部分(EEP-A/B/C)分开。

A.3.2.5 对于化学连接，如果是镀层(EEP-B)，可直接使用GB/T 26125—2011第6章、附录B和附录D中对应测试方法进行定性或半定量检测。而对于本体(基体材料)的制样，采用机械或溶解方法去除镀层进行制样；如果是一种材料的表面和另一种材料的端子连接，或者是两种材料的端子连接，则要分开，取其非化学连接部分制样。

附　录　B
（资料性附录）
典型拆分示例

B.1　电路板组件拆分示例

将电路板组件（如图 B.1）拆分时，应该尽可能选取大焊点，切取其中的焊料部分，防止取到元器件引线脚的镀层与焊盘的镀层，同时注意先取下连接或固定用的胶材，拆解出各电子元器件与部件。

图 B.1　典型电路板组件（PCBA）图

B.2　有引脚类集成电路拆分示例

有引脚类集成电路种类繁多、形状各异（见图 B.2）。如双列直插式封装（DIP）、小外型封装（SOP）、四方扁平封装（QFP）等，其中以 QFP 最有代表性。

该类器件拆分以 QFP 为例。

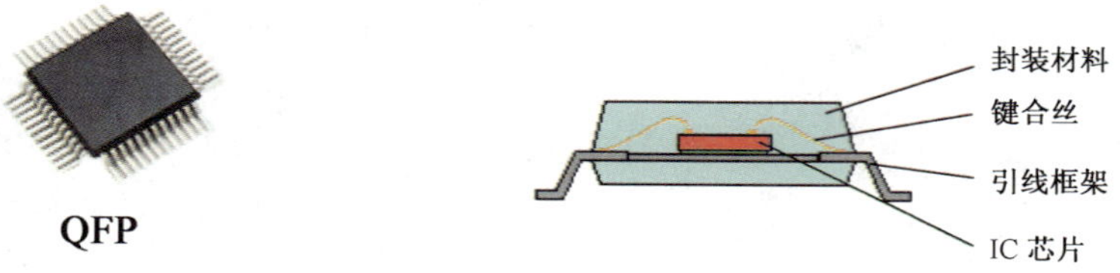

图 B.2　典型的集成电路及其封装型式

QFP 器件的主要风险是引脚上的铅和塑料封装体中可能存在的其他限用物质。本体中一般可能也存在属于特殊类物质的高温含铅焊料。对于本体大于 4 mm^3 的 QFP，拆分成引脚、本体两部分。对于本体小于 4 mm^3 的 QFP，不必拆分，按 EEP-C 类处理。

B.3 阵列类集成电路拆分示例

阵列类集成电路器件指具有球栅阵列、柱栅阵列和针栅阵列的集成芯片，其中每一种阵列又可以分为很多。以球阵列为例，可以分为塑料球栅阵列封装（PBGA）、倒装晶片球状栅格阵列（FCBGA）、芯片尺寸封装（CSP）、大圆片级芯片尺寸封装（WLCSP）等。BGA 或 CSP 封装的集成电路（IC）的主要风险在于焊球中的铅以及塑料封装体中可能存在的其他限用物质。本体中一般存在高温含铅焊料。

该类器件拆分分别以 PBGA 和 FCBGA 为示例，见图 B.3。

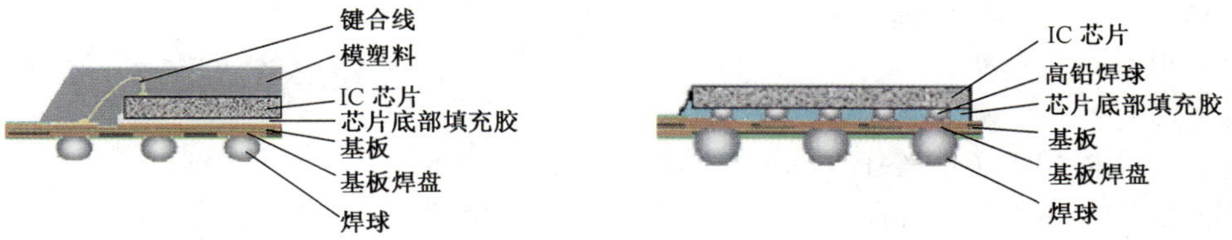

PBGA　　FCBGA

图 B.3　阵列类集成电路示意图

拆分准则：可以拆分为焊球和本体。

B.4 印制电路板拆分示例

印制电路板按基材的性质可分为无机基材板和有机基材板。一般由丝印油墨、阻焊膜、焊盘、表层铜走线、内层铜走线、孔镀铜和基材构成。对于各类基板，重点关注焊盘的可焊性涂层与油墨字样、有机物中的添加剂和阻燃剂。

拆分方法：需要切取焊盘、印刷油墨和基体有机材料来制样。

焊盘按 EEP-B 类镀层材料进行检测。

有机基材板选取无器件无过孔无铜的位置切割一块制样。

B.5 无引脚矩形片状元件拆分示例

无引脚矩形片状元件的种类很多，形状大小各异。该类器件拆分以某种片式电阻器为例，见图 B.4。

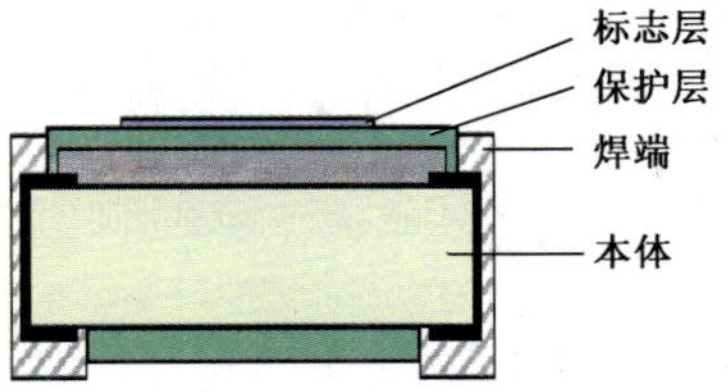

图 B.4　无引脚矩形片状元件示意图

拆分准则：

a)　当体积小于或等于 4 mm^3 时，整体制样；

b） 当体积大于 4 mm^3 时，焊端如果为镀层，按照 A.3.2 制样；如果是物理连接，则需拆分下端子制样；

c） 本体材料直接制样。

B.5.1 插装分立元器件拆分示例

插装分立元器件很多，如电阻器、电容器、电感器、二极管、三极管等。

拆分准则：

a） 将引脚剪下制样；

b） 当本体体积小于或等于 4 mm^3 时，整体制样；

c） 当本体体积大于 4 mm^3 时，按照 A.3.2 制样。

B.5.2 插装电解电容器拆分示例

插装电解电容器构造较为复杂，一般构成为套管、橡胶、电解液、电解纸隔膜、铝箔、铝壳、引脚等材料。

当电容器本体体积小于或等于 4 mm^3 时，拆分为引脚和本体。

当电容器本体体积大于 4 mm^3 时，拆分为引脚、外壳、隔膜、正极和负极。

B.5.3 线缆拆分示例

线缆材料很多，如电线、电缆、光纤、光缆等。

这类材料构造都比较简单，一般由外保护层、内保护层和无机芯材构成，拆分也按照其构成进行拆分。

B.5.4 金属镀层类样品

按照 A.3.2 制样。

附 录 C
（资料性附录）
应用X射线荧光光谱分析（XRF）技术辅助样品拆分实例

C.1 引言

GB/T 26125—2011中第6章概述了应用XRF确定电子电气产品中限用物质的存在与否的筛选方法。针对电子电气产品中限用物质的分析过程，XRF是一种有效的技术手段，可帮助确定哪些部件需要进一步拆分和哪些部件不需要进一步的拆分和测试。

C.2 XRF分析仪器

X射线荧光光谱分析法能够对样品中含有的元素进行定性和定量分析。仪器使用X射线照射样品，样品中含有的元素会产生荧光X射线。通过分析这些特征射线，就能够获得样品的元素信息。

XRF常见的有波长色散型X射线荧光光谱（WDXRF）和能量色散型X射线荧光光谱（EDXRF）两种。WDXRF精度较高，但前处理复杂；EDXRF样品前处理非常简单，即使是不规则样品，也能迅速给出定性或者半定量的结果，这使得EDXRF在限用物质的筛选检测中获得了广泛的应用。

EDXRF有台式机型、便携式机型、微区分析机型等。

台式机型最为常见，物体可以直接放入样品室内进行测试，选择合适的测试条件，可以获得较高的测试精度。台式EDXRF的检出限与仪器配置有关。多数台式EDXRF都配备了不同的准直器（常见的孔径约为1 mm～10 mm），可以自动切换，方便检测人员选择合适的检测区域。需要注意的是，通常在同样的X光管功率和光路结构条件下，准直器孔径越小，检测灵敏度越差。

便携式机型在测试时是放在样品上，因此样品不必从部件上取下，对部件的尺寸和形状有比较好的适应性，适用于现场筛选和分析。便携式XRF仪器的典型光斑直径2 mm～5 mm，需要注意的是，由于受便携式XRF仪器光管功率的限制，其检测灵敏度低于台式机型。

警告——由于便携式机型的X射线管窗口是裸露的（开放式射线场），应该特别注意并采取足够的防护措施，避免X射线辐射对现场人员造成的伤害。

微区分析机型以小光斑为特征，适合分析更小尺寸的样品。这类仪器通常采用聚焦或者准直的技术，将原级X射线照射区域控制在直径10 μm～100 μm范围内。当照射光斑面积相同时，采用X射线聚焦技术可以获得比准直技术更高的检测灵敏度。某些型号的微区分析机型不仅可以测量元素组成，也可以通过逐点扫描测试获得元素分布信息（mapping功能）。

以上讨论的所有XRF机型应以能够提供筛选可接受的检出限为前提，仪器的检出限应小于限量值的10％。

C.3 影响XRF分析结果的因素

在应用XRF分析技术时，有些因素会影响分析结果的可靠性，部分影响因素列举如下：

——为了保证定量结果的可靠性，样品的被测试部分应是均质的；

——当测试部位非均质时，得到的结果是X射线穿透区域内涉及的各种材质的综合信息；

——应确保仪器的原级X射线照射区域内只包含目标区域；

——样品成分越复杂，元素间干扰的可能性越大，分辨率良好的仪器有利于提高分析的可靠性；

——测试区域的形状、平整度、表面粗糙度和物理结构等方面可能对测试结果产生影响；

——当分析多层样品时应注意每一层厚度和成分对检测结果的影响。

为了正确选择检测单元，避免误判并提高拆分效率，应充分了解产品的结构和材料信息，并结合XRF测试结果指导拆分流程。在拆分过程中如果出现风险较高的测试结果时，还需要判断法规例外情况，以决定下一步的样品拆分和测试。

C.4 XRF筛选实例

下面给出一些典型筛选实例。其中C.4.1显示了未经拆分的XRF检测结果未检出限用物质，需要进一步拆分的实例；C.4.2显示了未经拆分的XRF检测结果超出限值，无需进一步拆分的实例；C.4.3显示了未经拆分的XRF的检测结果溴含量较高，为确定正确的溴来源，需要进一步拆分的实例；C.4.4显示了XRF光斑尺寸对小型印制电路板拆分影响的实例；C.4.5显示了XRF分析技术对金属镀层限用物质符合性判定方法。

C.4.1 交流电源线

图C.1显示了交流电源线的插头一端。在拆分前通过目测，电源线可以划分出3个测试部位，在图中用箭头标出。表C.1概括了对交流电源线的筛选情况。

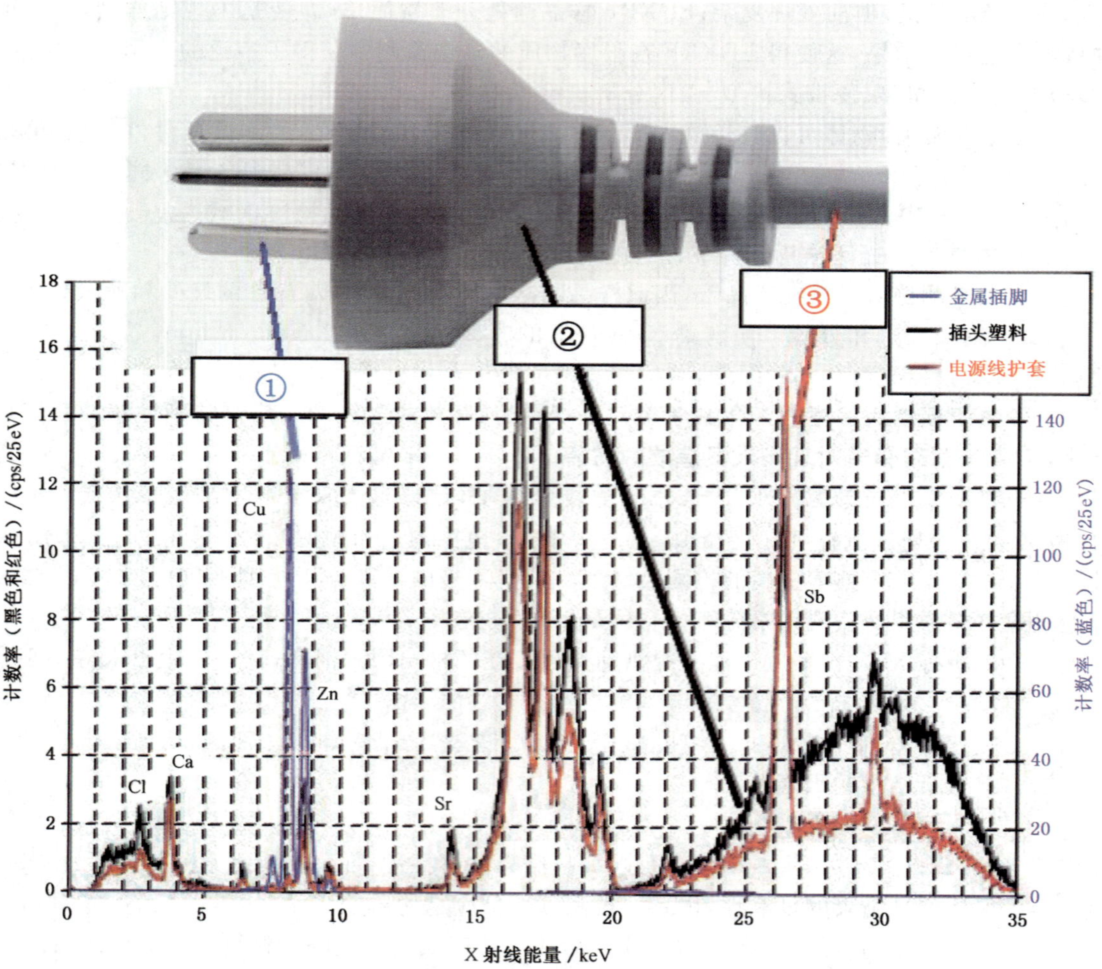

图C.1 交流电源线及其取样区域的X荧光射线谱

表 C.1 交流电源线测试部位

部位编号	测试部位	材质	检测元素	存在概率	XRF 测试
①	金属插脚	金属	Cd、Hg、Cr[a]、Pb	中	是
②	插头塑料	聚合物	Cd、Hg、Cr[a]、Pb、Br[b]	高	是
③	电源线护套	聚合物	Cd、Hg、Cr[a]、Pb、Br[b]	高	是
[a] 铬(Cr)如果存在,则表明可能使用了限用的六价铬(Cr(Ⅵ))。					
[b] 溴(Br)如果存在,则表明可能使用了限用的 PBBs 和(或)PBDEs。					

这 3 个筛选测试部位是根据产品结构,分析限用物质的存在可能性,插头塑料中所使用的材料有可能含有高含量(百分量级)的铅(Pb)。图 C.1 显示了 3 个测试部位 X 射线荧光光谱,可以看出电源线护套和插头塑料含有钙(Ca),锶(Sr),锌(Zn)和锑(Sb),但都不含有任何限用物质;插头塑料含有氯(Cl),表明有可能是 PVC 材质;金属插脚由镀镍黄铜制成。至此,3 个部位均未检出限用物质,尚不能完全确定交流电源线的符合性,因此,需要进一步的拆分(破坏性的)。例如测试内部导线与金属插脚的焊点部分是否存在铅元素,电源线护套内每根导线的绝缘是否存在限用物质等。

C.4.2 RS232 串行电缆

图 C.2 是一根打印机电缆线的 X 射线荧光光谱图,其限用物质的含量水平超出了限量要求。本例中位置 3 的电缆护套含有 2 500 mg/kg 的铅,而位置 2 插头塑料含有 7 600 mg/kg 的铅。尽管这些结果是在拆分前得到的,但是过高的铅含量已表明产品不符合法规,因此不需要进一步拆分样品。

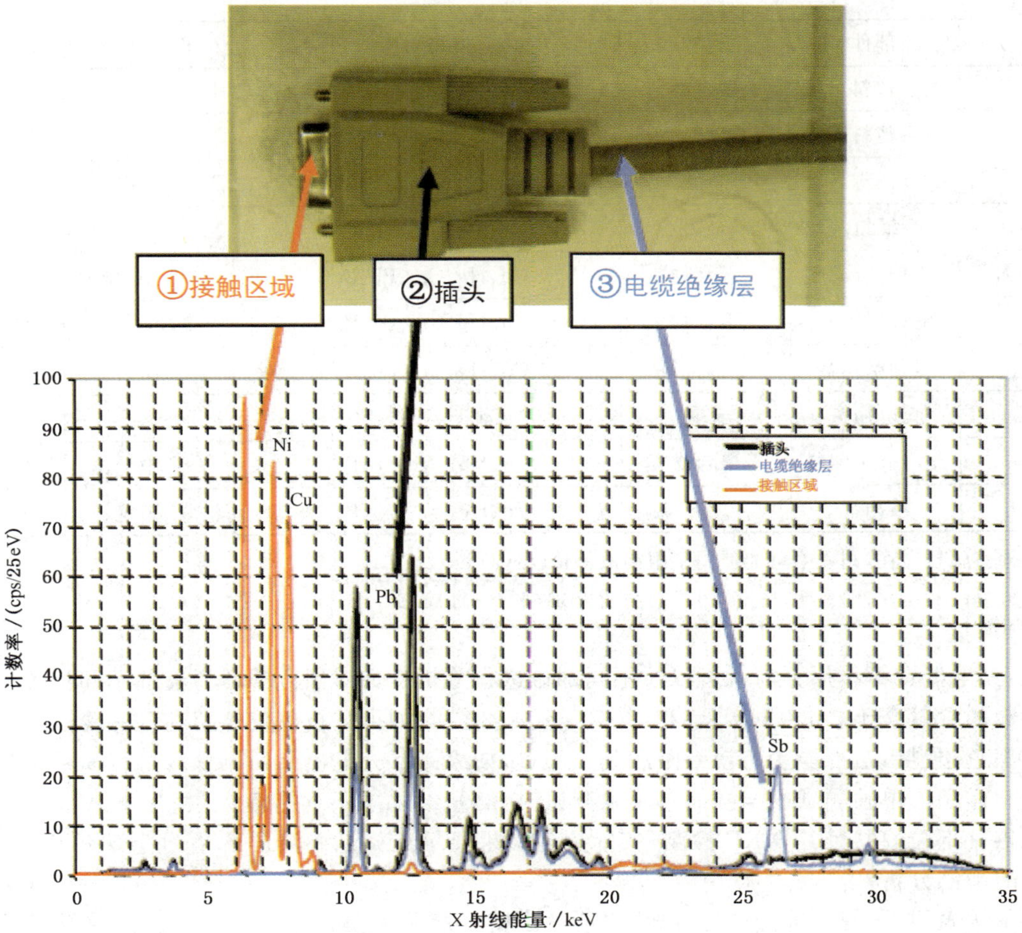

图 C.2 RS232 电缆及其 X 荧光射线谱

C.4.3 手机充电器

经简单拆分后的手机充电器见图 C.3 和图 C.4,其测试位置的选择见表 C.2。

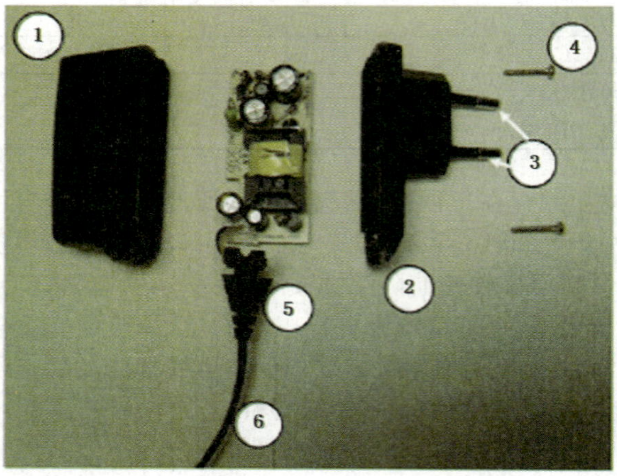

图 C.3 简单拆分的手机充电器(一)

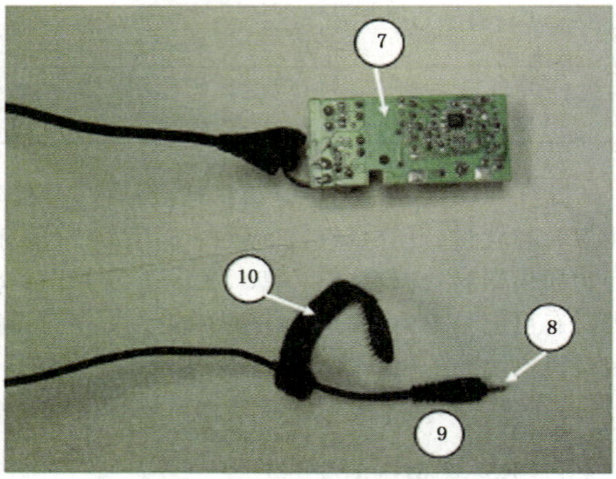

图 C.4 简单拆分的手机充电器(二)

表 C.2 目测的测试位置的选择——手机充电器

样品编号	部件	材质	检测元素	存在几率	是否测试
1	黑色塑料后盖	聚合物	Cd、Hg、Cr[a]、Pb、Br[b]	中	是
2	插头塑料底座	聚合物	Cd、Hg、Cr[a]、Pb、Br[b]	中	是
3	插脚	金属	Cd、Hg、Cr[a]、Pb	低	是
4	螺钉	金属	Cd、Hg、Cr[a]、Pb	高	是
5	护孔圈	聚合物	Cd、Hg、Cr[a]、Pb、Br[b]	中	是
6	电源线护套	聚合物	Cd、Hg、Cr[a]、Pb、Br[b]	中	是
7	印制电路板	复合材料	Cd、Hg、Cr[a]、Pb、Br[b]	高	是
8	充电插头	金属	Cd、Hg、Cr[a]、Pb	低	是
9	充电插头塑料	聚合物	Cd、Hg、Cr[a]、Pb、Br[b]	中	是
10	粘扣带	合成纤维	Cd、Hg、Cr[a]、Pb、Br[b]	不确定	是

[a] 如果铬(Cr)存在,则表明可能使用了限制的六价铬(Cr(Ⅵ))。

[b] 如果溴(Br)存在,则表明可能使用了限制的 PBBs 和(或)PBDEs。

首先,充电器在简单拆分前就可以对不同部位进行分析。如对黑色塑料后盖的不同位置进行测量,结果显示溴的含量介于 2 600 mg/kg 和 7 000 mg/kg 之间;如果分析仅仅停留在这一阶段,似乎可以认为充电器黑色塑料后盖可能含有溴系阻燃剂。不过,如果卸下充电器的两颗螺钉进行简单拆解,就可以对样品①和样品⑦单独测试。当样品①单独测试时,测量结果中不含有溴元素;接下来分析样品⑦,选择不含元器件部位直接使用 XRF 检测,实际测量结果显示此样品中溴的含量为 5.5%,因而有必要进行阻燃剂的确证分析。

这个示例表明:即使不拆分进行分析,也能确定整个产品中溴含量偏高。经过简单拆解后,明确了是印制电路板造成溴含量偏高,而不是塑料后盖含有溴。

充电器简单拆解之前，对后盖直接进行测量所得到溴的结果，是因为原级 X 射线穿透了充电器后盖，检测到了充电器内部的印制电路板。

C.4.4 印制电路板

越来越多的小型印制电路板，在很小的区域内密集了大量的贴片电子元器件以及众多的焊点，难于拆分为独立的测试单元。这些元器件以及焊点的尺寸，往往在几十微米到几百微米的量级上，并有进一步小型化的趋势。通常使用的 XRF 设备，光斑尺寸往往在毫米量级上，因此很难准确定位测定这么小的测试单元。在这种情况下，微区 EDXRF 设备，可以起到比较好的效果。

图 C.5 显示了印制电路板上的微小测试单元，使用台式 EDXRF（光斑直径 1 mm 以上）和微区 EDXRF（光斑直径 100 μm 以下）的区别。使用小光斑，可以很好地对准面积很小的被测部位；使用 1 mm 以上的光斑，则往往会覆盖多个测试单元，造成测试结果不能正确反映均质材料中限用物质的含量及所在部位。利用微区 EDXRF 可以在不拆分元器件、焊点的情况下，得到特征部位的限用物质信息。

使用小光斑 EDXRF 仪器时，考虑样品厚度对于分析结果判断的影响则显得更为重要。

另外需要注意的是照射在测试部位的 X 射线强度，直接影响检测灵敏度。因此，聚焦式微区 EDXRF 获得的是增强的 X 射线小光斑，往往比准直式微区 EDXRF 可以得到更高的测试灵敏度。而准直式微区 EDXRF 想得到更高的精度，则可能需要更高的 X 光管功率或者更优化的光路结构设计。

注：由于光路结构的原因，准直器的直径尺寸与光斑的直径尺寸并不是完全等同的，大多数情况下，光斑的实际尺寸要大于准直器的尺寸；实际测量时，应该对光斑尺寸进行验证。

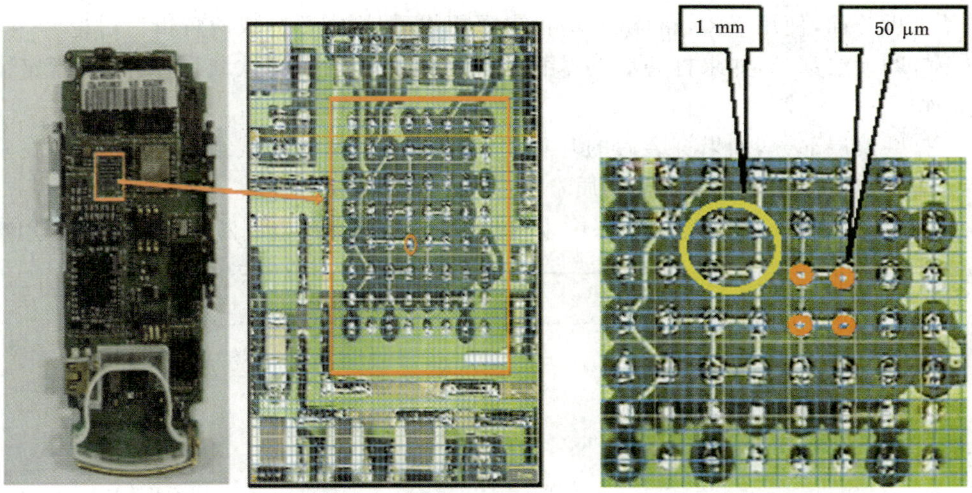

图 C.5 使用微区 EDXRF 的 50 μm 光斑和台式 EDXRF 的 1 mm 光斑测试焊点对比

下面的一个例子，说明了对仪器的 X 射线束光斑和被分析对象（样品）的尺寸进行匹配的重要性，见图 C.6 和图 C.7。

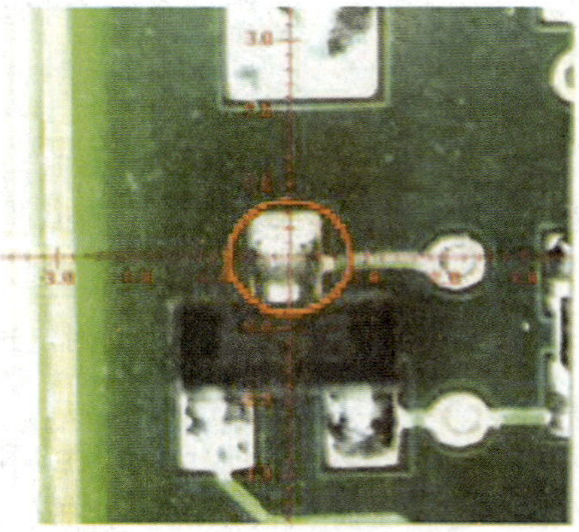

图 C.6　1.27 mm 准直器的光斑

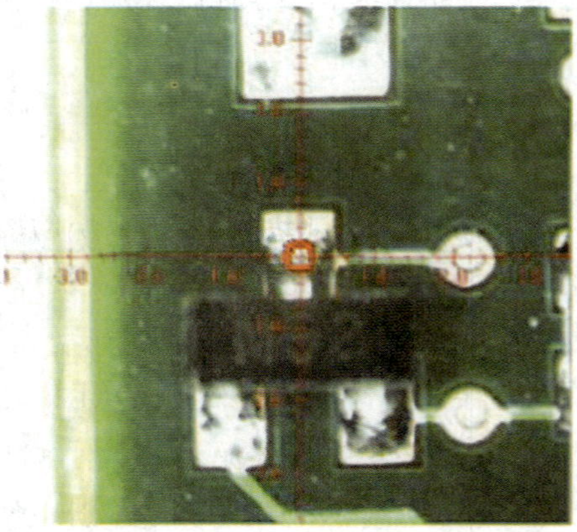

图 C.7　0.3 mm 准直器的光斑

需要注意的是，对于直径为 1.27 mm 的准直器，仪器分析了印刷电路板的一部分，使得对分析结果的判断较为困难；另一方面，当使用直径为 0.3 mm 的准直器，整个测量区域仅限制在焊点处的时候，因为焊料的厚度往往大于所谓的 Pb 和 Sn 的“无限厚”，Pb 的测量结果将会准确。

C.4.5　金属镀层样品

金属镀层样品包含镀层和基材两个部分，每个样品的测试都需要分别判断镀层和基材的符合性情况。这里仅讨论镀层是否含有限用物质的问题。

a）样品未拆分前，使用 XRF 整体测试，未检出限用物质（即：小于限量值的 10%），则可以判断镀层不含限用物质。

b）样品未拆分前，使用 XRF 整体测试，检出限用物质，则需要分成两种情况讨论：

  1）打磨镀层部分，如果打磨后的基材检测结果小于整体测试结果，则可以判定镀层含限用物质；

  2）打磨镀层部分，如果打磨后的基材检测结果大于整体测试结果，则需要寻找其他合适方法确定镀层中是否含限用物质。

图 C.8 显示了镀锌板 A 整体测试结果中未检出限用物质，则可以判断锌镀层不含限用物质。

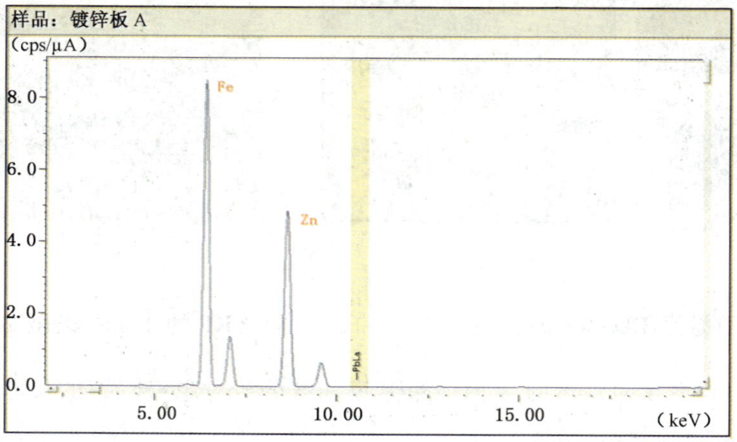

图 C.8　镀锌板 A 整体测试谱图

图 C.9 显示了镀锌板 B 打磨前后测试的谱图。整体测试结果显示铅为 6 821 mg/kg，简单打磨后，再次测试，发现铅为 176 mg/kg，这说明铅主要来自于锌镀层。

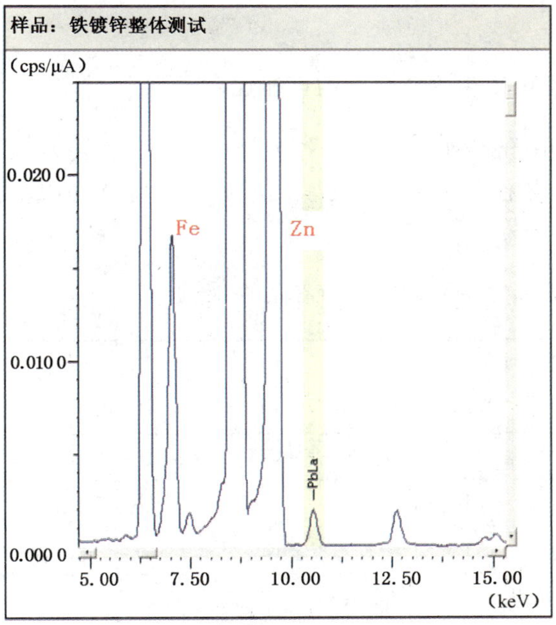

a）镀锌板 B 整体测试谱图

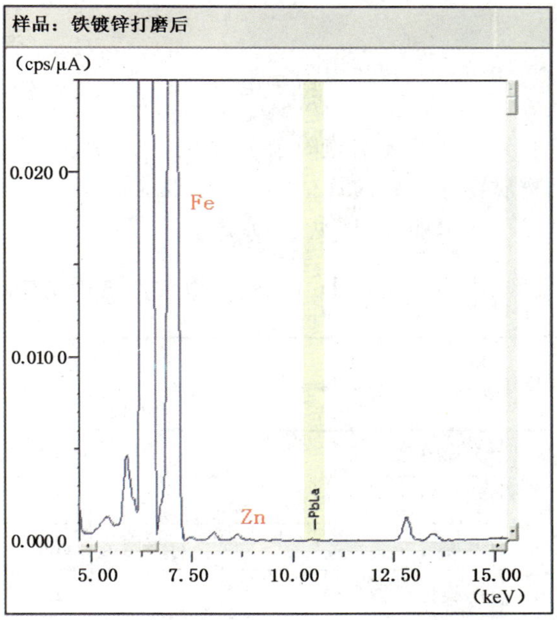

b）镀锌板 B 打磨后测试谱图

图 C.9　镀锌板 B 打磨前后测试谱图

打磨前后的数据对比见表 C.3 所示。

表 C.3　镀锌板 B 打磨前后数据对比

元素	整体测试结果	打磨后测试结果
Fe	4.32%	98.91%
Zn	94.83%	0.06%
Pb	0.68%	0.018%

附 录 D
（资料性附录）
电子电气产品中常用材料及零部件中限用物质存在的可能性

为了更好地实施附录A中的拆分程序及制备检测用样品，组成样品的各种材料及零部件中六种限用物质存在的风险评估很重要。因此，本附录提供了组成电子电气产品的常用材料和零部件中限用物质存在的可能性，详见表D.1。

表D.1 电子电气产品中常用材料及零部件中限用物质存在的可能性

零部件/材料		限用物质存在的可能性						备注
		Hg	Cd	Pb	Cr(Ⅵ)	PBBs	PBDEs	
结构件	金属框架	L	M	M	L	N/A	N/A	无涂敷层
	塑料壳体	L	M	M	L	L	M	
	电源线	L	H	H	L	L	M	
	厚膜传感器	L	H	M	L	L	M	
	散热器	L	L	L	L	N/A	N/A	
	金属紧固件	L	M	M	H	N/A	N/A	
	阴极射线管、灯管及其金属密封接头	L	M	H	L	N/A	N/A	玻璃中的铅除外
	荧光粉涂层（例如：阴极射线管）	L	H	L	L	N/A	N/A	
	液晶显示面板/显示屏	H	L	H	H	L	L	
	等离子体面板/显示屏	H	L	H	H	L	L	玻璃中的铅除外
	背光灯	H	L	H	M	N/A	N/A	背光灯中的汞除外
	磁头	L	L	H	M	N/A	N/A	
印制电路板组件	线路板基材	L	L	L	L	L	M	
	连接器塑料部分	M	L	H	L	L	H	
	电解电容器	L	M	H	L	L	M	
	片式电容器	L	M	H	L	L	M	
	IMT 型电阻器	L	M	H	L	L	L	
	片式电阻器	L	H	M	L	L	L	
	二极管	L	M	M	L	L	L	
	熔断器	L	M	H	L	L	L	
	焊料	L	M	H	L	N/A	N/A	
	元器件固定胶	L	L	M	L	M	M	
	元器件引脚镀层	L	H	H	L	N/A	N/A	
	元器件灌封材料	L	L	L	L	L	H	
	集成电路	L	L	H	L	L	L	
	汞继电器	H	L	M	L	L	L	

表 D.1（续）

零部件/材料		限用物质存在的可能性						备注
		Hg	Cd	Pb	Cr(Ⅵ)	PBBs	PBDEs	
印制电路板组件	电磁继电器	L	H	M	L	L	L	
	汞开关	H	L	M	L	L	L	
	机械开关	M	H	M	M	L	L	
	温控器	H	M	M	L	L	L	
	火焰传感器	H	M	M	L	L	L	
	热成像半导体器件	H	M	M	L	L	L	
	变压器	L	M	H	L	L	M	
附件	外接电源	L	H	H	L	L	M	
	外部电缆	L	H	H	L	L	L	
	遥控器	L	H	H	L	L	L	
材料	漆膜、油墨或类似涂层	L	H	H	M	L	L	
	胶粘剂	M	M	M	L	M	M	
	高光聚亚胺酯	H	M	M	L	L	M	
	聚氯乙烯(PVC)	L	H	H	M	L	M	
	聚苯乙烯，丙烯腈-苯乙烯-丁二烯共聚物树脂(ABS)，聚乙烯，聚酯	L	M	M	L	L	H	
	橡胶	L	M	M	L	L	M	
	其他塑料	L	M	M	L	L	M	
	塑料用着色剂	M	H	H	H	N/A	N/A	
	金属	L	M	H	H	N/A	N/A	
	易切削钢材	L	L	H	L	N/A	N/A	
	其他钢材	L	L	L	H	N/A	N/A	
	铜合金	L	H	H	L	N/A	N/A	铅除外
	铝合金	L	L	H	L	N/A	N/A	铅除外
	金属铬镀层	L	L	L	L	N/A	N/A	
	锌镀层	L	H	H	H	N/A	N/A	
	其他金属镀层	L	H	L	H	N/A	N/A	
	其他用途玻璃	L	M	H	M	N/A	N/A	铅除外
	陶瓷	L	M	H	L	N/A	N/A	铅除外
L——低；M——中；H——高；N/A——不适用。								

参 考 文 献

[1] IEC/PAS 62596:2009 Electrotechnical products—Determination of restricted substances—Sampling procedure—Guidelines
[2] GB/Z 20288—2006 电子电气产品中有害物质检测 样品拆分通用要求
[3] SJ/T 11363—2006 电子信息产品中有毒有害物质的限量要求
[4] SJ/T 11365—2006 电子信息产品中有毒有害物质的检测方法

ICS 65.020.01
B 05

中华人民共和国国家标准化指导性技术文件

GB/Z 26573—2011

菠菜生产技术规范

Production technical practice for spinach

2011-06-16 发布　　　　2011-11-15 实施

中华人民共和国国家质量监督检验检疫总局
中 国 国 家 标 准 化 管 理 委 员 会　发布

前　言

本指导性技术文件的附录 A 及附录 B 为规范性附录。

本指导性技术文件由国家质量监督检验检疫总局提出。

本指导性技术文件由中国标准化研究院归口。

本指导性技术文件起草单位：山东省植物保护总站、国家质量监督检验检疫总局进出口食品安全局、烟台市植保站、莱阳市植保站。

本指导性技术文件主要起草人：李明立、林伟、宋姝娥、刘会海、嵇俭、缪玉刚、华则科。

菠菜生产技术规范

1 范围

本指导性技术文件规定了菠菜生产的基本要求，主要包括生产基地的选择和管理、生产投入品管理、栽培管理、有害生物防治、劳动保护、批次管理、档案记录等方面。

本指导性技术文件适用于菠菜的生产。

2 规范性引用文件

下列文件中的条款通过本指导性技术文件的引用而成为本指导性技术文件的条款。凡是注日期的引用文件，其随后所有的修改单(不包括勘误的内容)或修订版均不适用于本指导性技术文件，然而，鼓励根据本指导性技术文件达成协议的各方研究是否可使用这些文件的最新版本。凡是不注日期的引用文件，其最新版本适用于本指导性技术文件。

GB/T 8321(所有部分) 农药合理使用准则

GB 16715.5 瓜菜作物种子 第5部分：绿叶菜类

GB/T 18407.1 农产品安全质量 无公害蔬菜产地环境要求

3 生产基地选择和管理

3.1 生产基地选择

生产基地环境条件应符合GB/T 18407.1的要求，并填写《生产基地基本情况记载表》(见表A.1)和《生产基地现存生物种类调查记录表》(见表A.2)。宜选择地势平坦、排灌方便、土层深厚、土壤疏松肥沃、理化性状良好，前2年～3年未种植甜菜、菠菜等藜科作物的壤土地块。

生产基地应远离污染源。连片面积宜在3 hm^2 以上。

3.2 生产基地管理

3.2.1 工作室

生产基地应建有工作室。室内配备桌椅、资料橱等，放置有关生产管理记录表册，张贴生产技术规范、病虫害防治安全用药标准一览表、基地管理及投入品管理等有关规章制度。

3.2.2 基地仓库

生产基地应建有专用仓库，单独存放施药器械和未用完的种子(苗)、农药、化肥等。仓库应安全、卫生、通风、避光，内设货架，配备必要的农药配制量具、防护服、急救箱等，并填写《生产基地主要农用设备(工具)登记表》(见表A.3)。

3.2.3 盥洗室

生产基地应设有盥洗室，室内卫生清洁。

3.2.4 废物与污染物收集设施

生产基地应设有收集垃圾和农药空包装等废物与污染物的设施。

3.2.5 灌溉系统

生产基地应建立排灌分开的管理系统，如储水池、供水渠道、灌溉设备等。

井灌区水井井口应高出地面30 cm以上，并配有防护设施，防止雨水倒灌和弃入污染物等。

3.2.6 植保员

生产基地应配备植保员，负责病虫害的防治、农药使用管理与记录等。植保员配备数量应能满足每个基地生产的需要，并填写《生产基地基本情况记载表》(见表A.1)和《生产基地人员登记表》(见表A.4)。

植保员应获得国家植保员职业资格证书，并经过有害生物综合治理(IPM)培训。

3.2.7 肥料员

有条件的生产基地宜配备肥料技术人员，负责肥料的施用管理与记录等。填写《生产基地人员登记表》(见表 A.4)。

3.2.8 环境条件监测

新建生产基地应进行环境条件监测。每 2 年～3 年，或环境条件发生变化有可能影响产品质量安全时，应由有资质的监测单位及时进行相关指标的检测，以确定是否继续使用该生产基地。保留检测报告，并填写《生产基地基本情况记载表》(见表 A.1)。

3.2.9 平面图

生产基地应制作平面分布图，用来制定种植规划和田间管理方案等。

3.2.10 标志标示

生产基地有关的位置、场所，应设置醒目的标志、标示。

3.2.11 隔离防护

基地周围应建立隔离网、隔离带等，或具有天然隔离屏障，防止外源污染。

4 生产投入品管理

4.1 农药的采购与贮藏

4.1.1 农药的采购

应从正规渠道采购合格的农药，并索取购药凭证或发票。不应采购下列农药：非法销售点销售的农药、无农药登记证或农药临时登记证的农药、无农药生产许可证或者农药生产批准文件的农药、无产品质量标准及合格证明的农药、无标签或标签内容不完整的农药、超过保质期的农药以及国家禁止使用的农药。

采购的农药应索取农药质量证明资料，必要时进行检验，填写《生产基地投入品出、入库记录表》(见表 A.5)和《生产基地农药质量检测结果记录表》(见表 A.6)。

4.1.2 农药的贮藏

农药应当贮藏于厂区专用仓库，由专人负责保管。仓库应符合防火、卫生、防腐、避光、通风等安全条件要求，并配有农药配制量具、急救药箱，出入口处贴有警示标志。

4.1.3 农药包装物处理

农药包装物不应重复使用、乱扔。农药空包装物应清洗 3 次以上，清洗水妥善处理，将清洗后的包装物压坏或刺破，防止重复使用，必要时应贴上标签，以便回收处理。空的农药包装物在处置前应安全存放。

4.2 肥料的采购与贮藏

4.2.1 肥料的采购

应从正规渠道采购合格肥料，并索取购肥凭证或发票。不得采购下列肥料：非法销售点销售的肥料、超过保质期的肥料。

采购的肥料应填写《生产基地投入品出、入库记录表》(见表 A.5)。

4.2.2 肥料的贮藏

肥料应妥善保存，单独放置于清洁、干燥的仓库，由专人负责保管。不应与苗木、农产品存放在一起。

5 栽培管理

5.1 整地施肥

5.1.1 清洁田园

清除前茬作物残留枝叶，带出田外集中处理，降低病(虫)源基数。

5.1.2 土壤耕翻

深翻土壤 25 cm～30 cm，整平耙实。宜使用机械耕翻，维持土壤结构。

5.1.3 整畦

一般北方作平畦，南方采用深沟高畦。

5.1.4 基肥

施腐熟有机肥 3 000 kg/667 m^2～5 000 kg/667 m^2，并适量施入氮、磷、钾化肥。根据生育期长短和土壤肥力状况调整施肥量。基肥以撒施为主，深翻 25 cm～30 cm。越冬菠菜宜选择保水保肥力强的土壤，保证菠菜安全越冬。不得施用生活垃圾、工业废渣、污泥等。

基肥施用填写《生产基地田间农事活动记录表》(见表 A.7)。

5.2 播种

5.2.1 品种选择

春季和越冬栽培的菠菜宜选择耐寒性强、抗病、优质、丰产的品种；秋季栽培的菠菜宜选择耐热、抗病、优质、丰产的品种，并索取购种凭证或发票。

5.2.2 种子质量

应符合 GB 16715.5 的要求；植物检疫合格。经处理后，填写《生产基地种子/种苗处理记录表》(见表 A.8)。

5.2.3 播种时期

春季菠菜在 4 cm～6 cm 表层土壤解冻后，或日平均温度 4 ℃～5 ℃时(2 月中旬至 4 月上旬)即可播种。秋季菠菜在 8 月中下旬至 9 月下旬播种。

越冬菠菜在日平均气温 17 ℃～19 ℃时播种(10 月至 11 月上旬)，入冬前 4 片～6 片叶为宜。

5.2.4 播种方法

播种宜采用直播法，以撒播为主，也可条播或穴播。条播行距 15 cm～20 cm，播种深度 2 cm～3 cm。播前浇足水，播后保持土壤湿润。早春播种应覆盖地膜。

填写《生产基地田间农事活动记录表》(见表 A.7)。

5.2.5 播种量

春、秋季菠菜播种量一般为 1 kg/667 m^2～1.5 kg/667 m^2；越冬菠菜播种量一般为 1.5 kg/667 m^2～2.5 kg/667 m^2。

5.3 田间管理

5.3.1 春季菠菜田间管理

春季前期适当控水，后期加大浇水量，保持土壤湿润。一般播种 3 d～4 d 后浇第一遍水，二叶一心时浇第二遍水。3 片～4 片真叶时定苗(株距 5 cm～8 cm，行距 15 cm～20 cm)，浇第三遍水，并结合浇水追肥，撒施尿素 7 kg/667 m^2～10 kg/667 m^2。株高 15 cm 左右时，结合浇水施尿素 5 kg/667 m^2～7 kg/667 m^2、农用硫酸钾 8 kg/667 m^2～10 kg/667 m^2。

填写《生产基地田间农事活动记录表》(见表 A.7)。

5.3.2 秋季菠菜田间管理

秋季气温较高，播种后应轻浇、勤浇水，保持土壤湿润，降低土壤温度。一般播种 3 d～4 d 后浇第一遍水，二叶一心时浇第二遍水。2 片真叶时定苗(株距 5 cm～8 cm，行距 15 cm～20 cm)。3 片～4 片真叶时，结合浇水追施尿素 10 kg/667 m^2～15 kg/667 m^2。株高 15 cm 左右时，结合浇水施尿素 5 kg/667 m^2～7 kg/667 m^2、农用硫酸钾 8 kg/667 m^2～10 kg/667 m^2。

填写《生产基地田间农事活动记录表》(见表 A.7)。

5.3.3 越冬菠菜田间管理

5.3.3.1 越冬前管理

越冬菠菜出苗后在不影响正常生长的前提下，适当控制浇水使根系向纵深发展。2 片～3 片真叶后，生长速度加快，随浇水施用速效性氮肥(折合纯氮)5 kg/667 m^2～7 kg/667 m^2，然后浅中耕、除草。

填写《生产基地田间农事活动记录表》(见表A.7)。

5.3.3.2 越冬期间管理

土壤封冻前应建好风障。一般在土壤昼消夜冻时浇足冻水，粘土地应及时中耕；严寒地区，可在浇水后早晨解冻时再覆一层干土或土粪，以防龟裂并保墒。

5.3.3.3 返青期管理

在耕作层已解冻，表土已干燥，菠菜心叶开始生长时，选择晴天开始浇返青水。返青水宜选择稳定的晴天期。返青水宜小不宜大(盐碱地除外)。越冬菠菜从返青到收获期间应保证充足的水肥供应，结合浇水进行追肥。追肥量：施用速效性氮肥(折合纯氮)4 kg/667 m^2～5 kg/667 m^2。早春田如积雪太多应尽快清除。

填写《生产基地田间农事活动记录表》(见表A.7)。

5.4 收获及收获后处理

5.4.1 收获

菠菜适宜生长期为45 d～50 d，应按照客商的要求适时采收。

采收前，应对产品农药残留、重金属、硝酸盐等有害物质进行检验，保证产品符合出口国家或地区要求，并填写《产品农药残留等有害物质检测结果记录表》(见表A.9)。

采收后，填写《产品采收及流向记录表》(见表A.10)。

5.4.2 包装物

包装物应洁净无污染，并妥善存放。再利用的包装物品，应清洗干净，防止有害物质污染。

6 有害生物防治

6.1 防治原则

坚持“预防为主，综合防治”的植保方针，以农业和物理防治为基础，优先采用生物防治技术，辅之化学防治应急控害措施。

6.2 主要防治对象

主要防治对象为蚜虫、潜叶、甜菜夜蛾、霜霉病、小菜蛾等。

6.3 防治措施

6.3.1 农业防治

6.3.1.1 选用抗病品种

宜选用抗病抗逆性强的优质、丰产品种。生产过程中应加强健身栽培，预防病害发生。

6.3.1.2 轮作

每2年～3年宜与非藜科作物进行一次轮作。

6.3.2 生物防治

6.3.2.1 利用性信息素技术控制甜菜夜蛾和小菜蛾，每300 m^2 放置1只专用诱捕器，每只诱捕器安装诱芯1枚，每15 d更换1次诱芯，诱捕器的诱虫孔离地1.0 m。

6.3.2.2 利用BT制剂、除虫菊素防治甜菜夜蛾，兼治小菜蛾，10.3%BT(15 000 IU/mg)WG 50 g/667 m^2—[1)] 3%除虫菊素CJ 30 g/667 m^2，兑水40 kg～50 kg，于卵孵化盛期喷雾。填写《生产基地有害生物防治记录表》(见表A.11)。

6.3.3 物理防治

6.3.3.1 防虫网

阻止蚜虫、潜叶蝇、甜菜夜蛾等害虫进入棚室危害，宜选用22目～30目、孔径0.18 cm的银灰色防

1) “—”表示药剂轮换使用。

虫网，直接罩在大棚骨架上，或搭水平棚架覆盖。

6.3.3.2 黄板

棚室内设置涂有粘着剂的黄板诱杀蚜虫和潜叶蝇等。黄板规格 30 cm×20 cm 为宜，悬挂于植株上方 10 cm～15 cm 处，30 块/667 m^2～40 块/667 m^2。

6.3.3.3 电子杀虫灯

诱杀甜菜夜蛾、小菜蛾、菜螟等害虫，每 2 hm^2～3 hm^2 悬挂 1 盏电子杀虫灯(220 V，15 W)，离地高度 1.2 m～1.5 m。

6.3.3.4 银灰膜

驱避蚜虫、飞虱等害虫，棚内悬挂银灰膜；露地栽培宜选择银灰色地膜覆盖。

6.3.4 化学防治

6.3.4.1 一般要求

应符合 GB/T 8321(所有部分)的要求。

6.3.4.2 防治方案

见附录 B。防治后填写《生产基地有害生物防治记录表》(见表 A.11)。

6.3.4.3 施药器械

施药前应确保施药器械洁净并校准。施药器械使用后应清洗干净放置。

6.3.4.4 轮换用药

为避免或减缓有害生物抗药性的产生，宜轮换使用化学农药。

6.3.4.5 剩余药液处理

应按照需要准确配制，少量剩余药液(粉)进行无害化处理，或喷洒到法规允许的休耕地中，并填写《剩余药液或清洗废液处理记录表》(见表 A.12)。

7 劳动保护

7.1 培训

凡使用、处理农药、化肥的人员，以及所有操作危险或复杂设备的人员都应经过培训，并填写《生产基地人员登记表》(见表 A.4)。

7.2 施药保护

施药时，操作者应穿着防护服，不得吸烟、吃东西，施药后应立即用肥皂清洗皮肤裸露部位，换洗衣服。

7.3 警示

施药后，现场应立即设置警示标志。其他工作现场和危险场所附近亦应设置警示标志。潜在危险区的警示标志设于入口处。

8 批次管理

同一地块或同一大棚采用同一种植管理模式在同一天采收的同一品种为 1 个生产批。以 1 年为 1 个流水周期编号，共 3 位数。产品批次号为采收日期(yymmdd)＋流水号＋产品名称拼音首字母＋基地所在省(市、区)行政区划代码(6 位)＋基地名称拼音首字母。填写《产品采收及流向记录表》(见表 A.10)。

9 档案记录

每个生产地块(棚室)应建立独立、完整的生产记录档案(见附录 A)，保留生产过程中各个环节的有效记录，以证实所有的农事操作遵循本指导性技术文件规定。记录应当保留两年以上。

附　录　A
（规范性附录）
生产记录表格

表 A.1　生产基地基本情况记载表

基地名称					
基地地址			基地面积		
基地负责人		电话		基地建成时间	
植保员姓名			资格证书号		
灌溉水源					
周围环境情况					
前茬栽培 主要作物					
拟种植的 主要作物					
土壤检测报告编号		报告日期		评定结论	
水质检测报告编号		报告日期		评定结论	
空气检测报告编号		报告日期		评定结论	
备　　注					

制表人：　　　　　　　　制表日期：

表 A.2　生产基地现存生物种类调查记录表

调查单位：　　　　　　　　调查负责人：　　　　　调查时间：

生物名称	学　　名	分类地位	密　　度

制表人：　　　　　　　制表日期：

表 A.3 生产基地主要农用设备(工具)登记表

农用设备(工具)名称	型号	生产厂家	数量	购买日期	现况	保管人	备注

制表人：　　　　　　制表日期：

表 A.4　生产基地人员登记表

姓　名	性 别	出生日期	学 历	职称/职务	参加工作时间	家庭住址	电 话	证书及编号	培训记录

制表人：　　　　　　制表日期：

表 A.5 生产基地投入品出、入库记录表

日期	入库						出库			库存
	投入品名称	数量	规格	生产企业	产品来源	检测报告编号	数量	领用单位	领用人	

仓库保管:

表 A.6　生产基地农药质量检测结果记录表

农药名称		剂型含量	
生产厂家		登记证号	
农药批号		采购单位	
发票号码		检测日期	
检测单位			
检测执行标准		检测报告编号	
检　测　结　果			
检测项目	标　准　值	检 测 值	结　　论
备　注			

制表人：　　　　　　制表日期：

表 A.7　生产基地田间农事活动记录表

地块/大棚编号	前茬作物	种植作物	播种时间	播种量 kg/667 m^2	株行距 cm	预计收获时间/数量	
田间农事活动记录							
日期	活动内容	肥料名称	使用量	使用设备	天气状况	操作人	技术负责人
注：农事操作包括：耕田、起垄、种植、移栽、施肥、浇水、除草、间苗、培土、划锄、收获等；天气状况主要记载温度、湿度、风力、降水等。							

制表人：　　　　　　　　制表日期：

表 A.8　生产基地种子/种苗处理记录表

操作人		电　话	
种子/种苗品种		地块/大棚编号	
种子/种苗来源			
防 治 对 象			
药　剂　处　理　情　况　记　录			
药剂名称与剂型			
生产厂家			
处理方式			
处理剂量			
处理日期			
温　　水　　浸　　种			
水　　温		浸种时间	
备　　注			
注：每地块/大棚一卡。			

制表人：　　　　　　　　制表日期：

表 A.9 产品农药残留等有害物质检测结果记录表

产品名称		地块/大棚编号	
检测单位			
样品采集时间		检测执行标准	
报告日期		检测报告编号	
检　测　结　果			
检测项目	标准值	检测值	结论
备　注			

制表人：　　　　　　　　　　制表日期：

表 A.10　产品采收及流向记录表

批次号	地块/大棚编号	产品名称	采收日期	数/重量	农残检测	供货对象	备注

制表人：　　　　　　　制表日期：

表 A.11　生产基地有害生物防治记录表

作物名称					地块/大棚编号				
防治措施									
日期	防治对象	农药名称	使用量	使用设备	是否符合标准方案	更改标准方案理由及新方案可行性	天气状况	防治人员	植保员
注：天气状况主要记载温度、湿度、风力、降水等。									

制表人：　　　　　制表日期：

表 A.12　剩余药液或清洗废液处理记录表

操作人		电　话	
剩余农药或清洗废液名称		数　量	
处理地点		处理日期	
处理方式			
备　注			

制表人：　　　　　　　　制表日期：

附　录　B
（规范性附录）
菠菜主要有害生物防治方案

表 B.1　菠菜主要有害生物防治方案

生育期	防治对象	化学防治			安全间隔期
		防治适期	防治方法	兼治对象	
幼苗期（定植前）	蚜虫	5 头/株	方案一：10%吡虫啉 WP 20 g/667 m^2～30 g/667 m^2 兑水 30 kg～50 kg 喷雾，防治次数视发生情况而定，施药间隔 7 d～10 d。 方案二：20%灭蝇胺 WP 20 g/667 m^2～30 g/667 m^2—25%噻虫嗪 WG 2 g/667 m^2～3 g/667 m^2 兑水 30 kg～50 kg 喷雾。防治次数视发生情况而定，施药间隔 5 d～7 d	菜螟、粉虱	除虫菊素：3 d 吡虫啉：25 d 噻虫嗪：20 d 烯酰吗啉：24 d 腈嘧菌酯：26 d 虫螨腈：21 d 甲氧虫酰肼：38 d 灭蝇胺：21 d
	潜叶蝇	始见虫道	20%灭蝇胺 WP 20 g/667 m^2～30 g/667 m^2—25%噻虫嗪 WG 2 g/667 m^2～3 g/667 m^2 兑水 30 kg～50 kg 喷雾。防治次数视发生情况而定，施药间隔 5 d～7 d	菜螟、蚜虫、粉虱	
	霜霉病	发病初期	方案一：70%烯酰吗啉 WP 20 g/667 m^2～30 g/667 m^2 兑水喷雾，施药间隔 7 d～10 d。 方案二：25%腈嘧菌酯 SC 34 g/667 m^2 兑水 30 kg～50 kg 喷雾，施药间隔 7 d～10 d	白斑病	
	甜菜夜蛾、小菜蛾	卵盛期	方案一：10%虫螨腈 SC 20 mL/667 m^2～30 mL/667 m^2，兑水 30 kg～50 kg 喷雾。防治次数视发生情况而定，施药间隔 10 d。 方案二：24%甲氧虫酰肼 SC 30 mL/667 m^2～40 mL/667 m^2，兑水 30 kg～50 kg 喷雾。防治次数视发生情况而定，施药间隔 10 d	菜螟	

注：“—”表示药剂轮换使用。

ICS 65.020.01
B 05

中华人民共和国国家标准化指导性技术文件

GB/Z 26574—2011

蚕豆生产技术规范

Production technical practice for broad bean

2011-06-16 发布　　2011-11-15 实施

中华人民共和国国家质量监督检验检疫总局
中国国家标准化管理委员会　发布

前　言

本指导性技术文件的附录 A 及附录 B 为规范性附录。

本指导性技术文件由国家质量监督检验检疫总局提出。

本指导性技术文件由中国标准化研究院归口。

本指导性技术文件起草单位:国家质量监督检验检疫总局国际检验检疫标准与技术法规研究中心、浙江省标准化研究院。

本指导性技术文件主要起草人:宿忠民、姚晗珺、蒲民、刘璇、应珊婷、孙彩霞、董国堃、章强华。

蚕豆生产技术规范

1 范围

本指导性技术文件规定了蚕豆生产的基本要求，包括基地选择和管理、生产投入品管理、生产技术、有害生物防治、劳动保护、批次管理、档案记录等方面。

本指导性技术文件适用于蚕豆的种植生产。

2 规范性引用文件

下列文件中的条款通过本指导性技术文件的引用而成为本指导性技术文件的条款。凡是注日期的引用文件，其随后所有的修改单(不包括勘误的内容)或修订版均不适用于本指导性技术文件，然而，鼓励根据本指导性技术文件达成协议的各方研究是否可使用这些文件的最新版本。凡是不注日期的引用文件，其最新版本适用于本指导性技术文件。

GB 4285 农药安全使用标准

GB 4404.2 粮食作物种子 豆类

GB/T 8321(所有部分) 农药合理使用准则

GB/T 18407.1 农产品安全质量 无公害蔬菜产地环境要求

3 基地选择和管理

3.1 生产基地选择

3.1.1 蚕豆宜选择地势高燥，排灌方便、土层深厚、肥力较高、疏松、理化性状良好的土地种植。其生产基地应远离污染源。基地环境条件应符合 GB/T 18407.1 的要求。

3.1.2 蚕豆生产基地连片面积宜在 3 hm^2 以上，并建有隔离防护措施。

3.1.3 填写《生产基地基本情况记载表》(见表 A.1)和《生产基地现存生物种类调查记录表》(见表 A.2)。

3.2 基地管理

3.2.1 工作室

基地应建有工作室。室内桌椅、资料橱等配备齐全；放置有关生产管理记录表册；张贴生产技术规范、有害生物防治安全用药标准一览表、基地管理、投入品管理等有关规章制度。

3.2.2 基地仓库

基地应建有专用仓库，单独存放种子、农药、肥料和施药器械等。仓库应符合安全、卫生、通风、避光等要求；内设货架，配备必要的农药配制量具、防护服、急救箱等，并填写《生产基地主要农用设备(工具)登记表》(见表 A.3)。

3.2.3 盥洗室

基地应设有盥洗室，并保持盥洗室的清洁卫生。

3.2.4 废物与污染物收集设施

生产基地应设分别设有收集粪便、垃圾和农药空包装等废物与污染物的设施。

3.2.5 灌溉系统

生产基地应建有灌溉系统，如储水池、雨水收集、供水管道、灌溉设备维护等，应排灌分渠。有条件的，可建立滴灌或喷灌等灌溉设施。

3.2.6 植保员

3.2.6.1 生产基地应配备植保员，负责有害生物的防治、农药使用管理与记录等。植保员配备数量应能满足每个基地生产的需要，并填写《生产基地基本情况记载表》（见表 A.1）和《生产基地人员登记表》（见表 A.4）。

3.2.6.2 植保员应获得国家农作物植保员职业资格证书，并经过病虫害综合治理（IPM）培训。

3.2.7 肥料员

有条件的生产基地宜配备肥料技术人员，负责肥料的施用管理与记录等。填写《生产基地人员登记表》（见表 A.4）。

3.2.8 风险评估

新建基地应进行风险评估。评估内容包括土壤类型、侵蚀、地下水和质量、水资源的可持续性、相邻土地的影响等。评估确定存在危害人体健康和环境的不可控制风险时，该土地不应用于农业活动。

3.2.9 环境条件监测

新建基地应进行环境条件监测。以后每 2 年～3 年，或环境条件发生变化有可能影响产品质量安全时，应由有资质的监测单位及时进行相关指标的检测，以确定是否继续使用该基地并填写《生产基地基本情况记载表》（见表 A.1）。

3.2.10 标志标示

基地有关的位置、场所，应设置醒目的平面图、标志、标示。

3.2.11 隔离防护

基地周围应建立隔离网、隔离带或者有天然隔离等有效隔离措施，防止外源污染。

4 生产投入品管理

4.1 农药

4.1.1 农药的采购

4.1.1.1 应从正规渠道采购合格的农药。不应采购下列农药：非法销售点销售的农药、无农药登记证或农药临时登记证的农药、无农药生产许可证或者农药生产批准文件的农药、无产品质量标准及合格证明的农药、无标签或标签内容不完整的农药、超过保质期的农药和国家禁止使用的农药。

4.1.1.2 采购的农药应索取农药质量证明，必要时进行检验农药，并填写《生产基地投入品出、入库记录表》（见表 A.5）和《生产基地农药质量检测结果表》（见表 A.6）。

4.1.2 农药的储藏

农药应储藏于厂区专用仓库。由专人负责保管。仓库应符合防火、卫生、防腐、避光、通风等安全条件要求，并配有农药配制量具、急救药箱，出入口处应贴有警示标志。

4.1.3 剩余农药的处理

4.1.3.1 未用完农药制剂

应保存在原包装中，并密封贮存于上锁的地方，不应用其他容器盛装，不应用空饮料瓶分装剩余农药。

4.1.3.2 未施用完药液（粉）

在该农药标签许可的情况，可再将剩余药液用完。对于少量的剩余药液，应妥善处理，并填写《剩余农药或清洗废液处理记录表》（见表 A.7）。

4.1.4 农药包装物处理

农药包装物不应重复使用、乱扔。农药空包装物应清洗 3 次以上，将其压坏或刺破，防止重复使用，必要时应贴上标签，以便回收处理。空的农药包装物在处置前应安全存放。

4.2 肥料

4.2.1 肥料采购

应从正规渠道采购合格肥料。不应采购下列肥料：非法销售点销售的肥料、超过保质期的肥料。

4.2.2 肥料的储存

4.2.2.1 肥料应妥善储存。将其存放于清洁、干燥的地方，与农药隔开存放。不应与农产品存放在一起。

4.2.2.2 采购的肥料应填写《生产基地投入品出、入库记录表》(见表 A.5)。

5 生产技术

5.1 保护设施

蚕豆生产采用露地栽培和保护设施栽培。保护设施包括网室、温室和塑料大棚等。不同品种间应有超过 200 m 的隔离带。

5.2 品种和种子

5.2.1 品种选择

应选择生育性状适合、抗病力强、抗逆性强、品质好、商品性好、高产、适应栽培季节的品种。

5.2.2 种子质量

种子质量应符合 GB 4404.2 的要求。

5.2.3 填写记录表

填写《生产基地种子/种苗处理记录表》(见表 A.8)。

5.3 整地

应根据不同的自然条件、前作、土质和耕作制度整地。

5.4 播种

根据当地气候条件和品种特性，在适宜的时间，合适的密度播种。

5.5 田间管理

5.5.1 灌水与排水

秋蚕豆若遇冬季久旱，可在立春前后灌水一次，以速灌为宜。灌水量以使土壤水分保持在 30%左右为宜，花荚期一般灌水 2 次～3 次；春蚕豆通常苗期不灌水，进入现蕾期或花期后则应及时灌水。

5.5.2 施肥

5.5.2.1 施肥不应使用工业废弃物、城市垃圾和污泥。不使用未经发酵腐熟、未达到无害化指标、重金属超标的人畜粪尿等有机肥料。

5.5.2.2 施肥一般每 667 m^2 施优质农家肥 1 000 kg～1 500 kg，氮肥(N)2 kg，磷肥(P_2O_5)5 kg，钾肥(K_2O)6 kg。磷肥和农家肥全部做基肥，钾肥 2/3 做基肥，氮肥 1/3 做基肥。播种前可用 0.2%钼酸铵拌种。苗期轻施氮肥，增施磷、钾肥，可结合抗旱每 667 m^2 施尿素 3 kg～4 kg 和草木灰 150 kg～200 kg。初花期每 667 m^2 喷施 0.5%尿素和 0.5%硼酸混合肥 75 kg～100 kg。灌浆期叶面喷施 0.5%硼砂溶液。

5.5.3 中耕除草

一般中耕 2 次，拔草 1 次。第一次中耕在苗高 13 cm～16 cm 时结合追肥进行；第二次中耕在始花封垄期进行；再过 30 d～35 d 草籽未成熟前拔草一次。

5.5.4 整枝摘心

根据播种和生长情况，在过冬前主茎长到 6 叶～7 叶，基部有 1 个～2 个分枝芽时摘心、打去主茎，初花期去分枝，盛花期打顶。

5.6 采收

5.6.1 采收的蚕豆豆粒应大小均匀，色泽和成熟度基本一致，无杂质，无异味，无明显的机械伤、腐烂、霉烂、冻害、褐变及病虫害等缺陷。

5.6.2 采收前的蚕豆应进行农药残留、重金属、硝酸盐等有害物质检验，保证产品符合相关质量安全要求，并填写《产品采收及流向记录表》(见表 A.9)及《产品农药残留等有害物质检测结果表》(见表A.10)。

6 有害生物防治

6.1 防治原则

遵循"预防为主,综合防治"植保方针。以农业防治、物理防治为基础,优先采用生物防治,辅之化学防治。

6.2 主要病虫害

6.2.1 蚕豆主要病害:锈病、赤色斑点病、枯萎病、褐斑病、根腐病等。

6.2.2 蚕豆主要虫害:美洲斑潜蝇、花蓟马、朱砂叶螨、小地老虎、非洲蝼蛄、蚕豆象、豆蚜、灰巴蜗牛、野蛞蝓等。

6.3 农业防治

6.3.1 选育和选用抗性品种

因地制宜地选择当地生育性状适宜,抗病、抗逆性强、品质好、商品性能好、高产且适应栽培季节的品种。

6.3.2 合理轮作

有条件地区应实行与非豆科作物实行 3 年以上轮作。

6.3.3 翻土整地

集中销毁前作过程中遗弃于地块中的枯株、枯病株等残留物,深翻土壤加速病残体分解。

6.3.4 合理施肥

应增施磷肥、钾肥和锰、硼等微量元素,增强蚕豆植株的自然抗病能力。

6.3.5 田园清洁

勤除田内外的杂草,及时拔除病株、摘除病叶和病荚,及时进行田园清洁。

6.4 物理防治

6.4.1 种子处理

种子处理可先在太阳光下曝晒 2 d～3 d,然后 55 ℃温汤浸种 10 min～15 min,最后在室温下清水浸种 24 h,并填写《生产基地种子/种苗处理记录表》(见表 A.8)。

6.4.2 人工除虫

对蚜虫为害,宜采用人工摘尖办法,摘除有虫叶片,带出田外销毁。

6.4.3 设施防护

大型设施的放风口用防虫网封闭,采用覆盖塑料薄膜、防虫网和遮阳网进行避雨、遮阳防虫栽培,减轻病虫害的发生。

6.4.4 诱杀与驱避

保护地栽培采用涂抹机油等粘着剂的黄板诱杀花生蚜、美洲斑潜蝇,每 667 m^2 悬挂 30 块～40 块黄板(25 cm×40 cm)。露地栽培有条件的地方铺银灰地膜或悬挂银灰膜条驱避蚜虫;每 2 hm^2～4 hm^2 设置一盏频振式杀虫灯诱杀害虫。

6.5 生物防治

积极保护和利用天敌,如蜘蛛、草蛉等捕食性昆虫,防治虫害。

6.6 蚕豆主要病虫害化学防治

6.6.1 化学防治应符合 GB 4285 和 GB/T 8321(所有部分)的要求。同时加强病虫害的测报,及时掌握病虫害的发生动态。应掌握防治适期施药、安全间隔期和施药次数,降低农药用量。改进施药技术。提倡低容量喷雾。

6.6.2 蚕豆病虫害防治用药方案见附表 B。

6.6.3 填写《生产基地有害生物防治记录表》(见表 A.11)。

6.6.4 为避免或减缓有害生物抗药性的产生,制定轮换使用农药品种。

7 劳动保护

7.1 施药保护

施药时，操作者应穿着防护服。

7.2 警示标志

施药后，现场应立即设立警示标志。其他工作现场和危险场所附近也应设立警示标志。潜在危险区的警示标志应设于入口处。

8 批次管理

同一地块或同一大棚采用同一种植管理模式在同一天采收的同一品种为1个生产批。以1年为1个流水周期编号，共3位数。产品批次号为采收日期(yymmdd)＋流水号＋产品名称拼音首字母＋基地所在省(市、区)行政区划代码(6位)＋基地名称拼音首字母。填写《产品采收及流向记录表》(见表A.9)。

9 档案记录

每个生产地块(棚室)应当建立独立、完整的生产记录档案，保留生产过程中各个环节的有效记录，以证实所有的农事操作遵循本指导性技术文件规定。填写《生产基地田间农事活动记录表》(见表A.12)。记录应当保留两年以上。

附　录　A
（规范性附录）
生产记录表格

表 A.1　生产基地基本情况记载表

<table>
<tr><td>基地名称</td><td colspan="5"></td></tr>
<tr><td>基地地址</td><td colspan="2"></td><td>基地面积</td><td colspan="2"></td></tr>
<tr><td>基地负责人</td><td></td><td>电话</td><td></td><td>基地建成时间</td><td></td></tr>
<tr><td rowspan="3">植保员姓名</td><td colspan="2"></td><td rowspan="3">资格证书号</td><td colspan="2"></td></tr>
<tr><td colspan="2"></td><td colspan="2"></td></tr>
<tr><td colspan="2"></td><td colspan="2"></td></tr>
<tr><td>灌溉水源</td><td colspan="5"></td></tr>
<tr><td>周围环境情况</td><td colspan="5"></td></tr>
<tr><td>前茬栽培主要作物</td><td colspan="5"></td></tr>
<tr><td>拟种植的主要品种</td><td colspan="5"></td></tr>
<tr><td>土壤检测报告编号</td><td colspan="2"></td><td>评定</td><td colspan="2"></td></tr>
<tr><td>水质检测报告编号</td><td colspan="2"></td><td>评定</td><td colspan="2"></td></tr>
<tr><td>空气检测报告编号</td><td colspan="2"></td><td>评定</td><td colspan="2"></td></tr>
<tr><td>备　注</td><td colspan="5"></td></tr>
</table>

制表人：　　　　　　　　　　制表日期：

表 A.2　生产基地现存生物种类调查记录表

调查单位：　　　　　　　调查负责人：　　　　　　　调查时间：

生物名称	学　　名	分类地位	密度

制表人：　　　　　　　制表日期：

表 A.3 生产基地主要农用设备(工具)登记表

农用设备(工具)名称	型号	生产厂家	数量	购买日期	现况	保管人	备注

制表人：　　　　　　　　　　制表日期：

表 A.4 生产基地人员登记表

姓名	性 别	出生日期	学 历	职称/职务	参加工作时间	家庭住址	电 话	证书及编号	培训记录

制表人：　　　　制表日期：

表 A.5 生产基地投入品出、入库记录表

日期	入库						出库			库存
	投入品名称	数量	规格	生产企业	产品来源	检测报告编号	数量	领用单位	领用人	

制表人：　　　　制表日期：

表 A.6　生产基地农药质量检测结果表

农药名称		剂型含量	
生产厂家		登记证号	
农药批号		采购单位	
发票号码		检测日期	
检测单位			
检测执行标准		检测报告编号	
检 测 结 果			
检测项目	标　准　值	检测值	结　　论
备　注			

制表人：　　　　　　制表日期：

表 A.7 剩余农药或清洗废液处理记录表

操作人		电 话	
剩余农药或清洗废液名称		数 量	
处理地点		处理日期	
处理方式			
备 注			

制表人： 制表日期：

表 A.8 生产基地种子/种苗处理记录表

基地名称		基地编号	
基地负责人		电　话	
作物品种		操作人	
防治对象			
药剂处理情况记录			
药剂名称与剂型			
生产厂家			
处理方式		处理剂量	
处理日期		操作人	
温 水 浸 种			
水　温		浸种时间	
备　注			

制表人：　　　　　　制表日期：

表 A.9 产品采收及流向记录表

批次号	地块/大棚编号	产品名称	采收日期	数/重量	农残检测	供货对象	备注

制表人：　　　　　　　　制表日期：

表 A.10　产品农药残留等有害物质检测结果表

产品名称		地块/大棚编号	
检测单位			
样品采集时间		报告日期	
检测执行标准		检测报告编号	
检测结果			
检测项目	标准值	检测值	结论
备注			

制表人：　　　　　　　　　制表日期：

表 A.11　生产基地有害生物防治记录表

作物名称		种植地块/大棚	

田间调查

日期	害虫名称	平均数 头/株或头/叶	病害名称	发病率 %	调查人

化学防治措施

日期	防治对象	用药方案	兼治	是否符合 标准方案	更改标准方案理由 及新方案可行性	防治人员	植保员	备注

制表人：　　　　　　　　　制表日期：

表 A.12　生产基地田间农事活动记录表

<table>
<tr><td>地块/大棚编号</td><td>前茬作物</td><td>种植作物</td><td colspan="2">播种时间</td><td colspan="2">播种量
kg/667 m²</td><td>株行距
cm</td><td>预计收获时间/数量</td></tr>
<tr><td></td><td></td><td></td><td colspan="2"></td><td colspan="2"></td><td></td><td></td></tr>
<tr><td rowspan="2">日期</td><td rowspan="2">活动内容</td><td rowspan="2">面积</td><td colspan="5">田间农事活动时使用农药化肥</td><td rowspan="2">技术负责人</td></tr>
<tr><td>农药/肥料名称</td><td>使用量</td><td>使用设备</td><td>天气状况</td><td>操作人</td></tr>
<tr><td></td><td></td><td></td><td></td><td></td><td></td><td></td><td></td><td></td></tr>
<tr><td></td><td></td><td></td><td></td><td></td><td></td><td></td><td></td><td></td></tr>
<tr><td></td><td></td><td></td><td></td><td></td><td></td><td></td><td></td><td></td></tr>
<tr><td></td><td></td><td></td><td></td><td></td><td></td><td></td><td></td><td></td></tr>
<tr><td></td><td></td><td></td><td></td><td></td><td></td><td></td><td></td><td></td></tr>
<tr><td></td><td></td><td></td><td></td><td></td><td></td><td></td><td></td><td></td></tr>
<tr><td></td><td></td><td></td><td></td><td></td><td></td><td></td><td></td><td></td></tr>
<tr><td></td><td></td><td></td><td></td><td></td><td></td><td></td><td></td><td></td></tr>
<tr><td></td><td></td><td></td><td></td><td></td><td></td><td></td><td></td><td></td></tr>
<tr><td></td><td></td><td></td><td></td><td></td><td></td><td></td><td></td><td></td></tr>
<tr><td></td><td></td><td></td><td></td><td></td><td></td><td></td><td></td><td></td></tr>
<tr><td colspan="9">注：农事操作包括：耕田、起垄、种植、移栽、施肥、浇水、除草、间苗、培土、划锄、收获等；天气状况主要记载温度、湿度、风力、降水等。</td></tr>
</table>

制表人：　　　　　　　　制表日期：

附　录　B
（规范性附录）
蚕豆主要有害生物防治方案

表 B.1　蚕豆主要有害生物防治方案

防治对象	防治适期	用药方案	兼治	安全间隔期及每茬最多使用次数
蚕豆锈病	发病初期	方案一:15%三唑酮可湿性粉剂 800 倍液～1 000 倍液喷雾 方案二:30%固体石硫合剂 150 倍液喷雾	蚕豆褐斑病	三唑酮:14 d,2 次 石硫合剂:1 次 腐霉利:14 d,2 次 乙烯菌核利:24 d,2 次 异菌脲:7 d,2 次 多菌灵:14 d,2 次 苯菌灵:14 d,2 次 甲霜灵:30 d,2 次 联苯菊酯:3 d,3 次 炔螨特:14 d,2 次 溴氰菊酯:7 d,2 次 氰戊菊酯:30 d,2 次 啶虫脒:7 d,2 次 吡虫啉:30 d,1 次 氯菊酯:14 d,1 次 抗蚜威:35 d,2 次 四聚乙醛:28 d,1 次
蚕豆赤色斑点病	发病初期	方案一:50%腐霉利可湿性粉剂 1 000 倍液～1 500 倍液喷雾 方案二:50%乙烯菌核利可湿性粉剂 1 000 倍液～1 200 倍液喷雾 方案三:50%异菌脲可湿性粉剂 1 000 倍液～2 000 倍液喷雾	蚕豆褐斑病	
蚕豆枯萎病	播种时	方案一:50%多菌灵可湿性粉剂 8 000 g/667 m^2 拌土 方案二:50%苯菌灵可湿性粉剂 4 000 g/667 m^2 拌土	蚕豆根腐病	
	发病前或田间见到零星发病时	方案一:50%多菌灵可湿性粉剂 500 倍液灌根 方案二:58%甲霜灵可湿性粉剂 500 倍液～600 倍液灌根	蚕豆根腐病	
朱砂叶螨	点片发生阶段	方案一:2.5%联苯菊酯乳油 1 500 倍液喷雾 方案二:73%炔螨特 1 000 倍液～1 500 倍液喷雾	花生蚜	
小地老虎	3 龄前	方案一:2.5%溴氰菊酯乳油 3 000 倍液喷雾 方案二:20%氰戊菊酯乳油 3 000 倍液喷雾	花生蚜	
花蓟马	幼虫发生盛期	方案一:3%啶虫脒乳油 2 000 倍液喷雾 方案二:10%吡虫啉可湿性粉剂 2 000 倍液喷雾	花生蚜	
美洲斑潜蝇	苗期	10%氯菊酯乳油 2 000 倍液喷雾	花生蚜	
花生蚜	点片发生阶段	方案一:25%抗蚜威水溶性分散剂 2 000 倍液喷雾 方案二:3%啶虫脒乳油 2 000 倍液～2 500 倍液喷雾	花蓟马	
灰巴蜗牛	清晨当蜗牛未潜入土中时	10%四聚乙醛 400 g/667 m^2～544 g/667 m^2 撒施,苗床撒施	野蛞蝓	

ICS 65.020.01
B 05

中华人民共和国国家标准化指导性技术文件

GB/Z 26575—2011

草莓生产技术规范

Production technical practice for strawberry

2011-06-16 发布 2011-11-15 实施

中华人民共和国国家质量监督检验检疫总局
中国国家标准化管理委员会 发布

前　言

本指导性技术文件的附录A、附录B为规范性附录。

本指导性技术文件由国家质量监督检验检疫总局提出。

本指导性技术文件由中国标准化研究院归口。

本指导性技术文件起草单位：国家质量监督检验检疫总局进出口食品安全局、山东省植物保护总站、青岛市植保站、烟台市植保站、莱州市植保站。

本指导性技术文件主要起草人：林伟、李明立、嵇俭、于培贞、田明英、宋姝娥、原国辉。

草莓生产技术规范

1 范围

本指导性技术文件规定了草莓生产的基本要求，主要包括生产基地的选择和管理、生产投入品管理、栽培管理、有害生物防治、劳动保护、批次管理、档案记录等方面。

本指导性技术文件适用于草莓的生产。

2 规范性引用文件

下列文件中的条款通过本指导性技术文件的引用而成为本指导性技术文件的条款。凡是注日期的引用文件，其随后所有的修改单(不包括勘误的内容)或修订版均不适用于本指导性技术文件，然而，鼓励根据本指导性技术文件达成协议的各方研究是否可使用这些文件的最新版本。凡是不注日期的引用文件，其最新版本适用于本指导性技术文件。

GB/T 8321(所有部分) 农药合理使用准则

GB/T 18407.2 农产品安全质量 无公害水果产地环境要求

3 生产基地选择和管理

3.1 生产基地选择

生产基地环境条件应符合 GB/T 18407.2 的要求，并填写《生产基地基本情况记载表》(见表 A.1)和《生产基地现存生物种类调查记录表》(见表 A.2)。宜选择地势平坦、排灌方便、土层深厚、土壤疏松肥沃、理化性状良好，前 2 年～前 3 年未种植苹果、桃、草莓等蔷薇科作物的壤土地块。

生产基地应远离污染源。连片面积宜在 3 hm^2 以上。

3.2 生产基地管理

3.2.1 工作室

生产基地应建有工作室。室内配备桌椅、资料橱等，放置有关生产管理记录表册，张贴生产技术规范、病虫害防治安全用药标准一览表、基地管理及投入品管理等有关规章制度。

3.2.2 基地仓库

生产基地应建有专用仓库，单独存放施药器械和未用完的种子(苗)、农药、化肥等。仓库应安全、卫生、通风、避光，内设货架，配备必要的农药配制量具、防护服、急救箱等，并填写《生产基地主要农用设备(工具)登记表》(见表 A.3)。

3.2.3 盥洗室

生产基地应设有盥洗室，室内卫生清洁。

3.2.4 废物与污染物收集设施

生产基地应设有收集垃圾和农药空包装等废物与污染物的设施。

3.2.5 灌溉系统

生产基地应建立排灌分开的管理系统，如储水池、供水渠道、灌溉设备等。

井灌区水井井口应高出地面 30 cm 以上，并配有防护设施，防止雨水倒灌和弃入污染物等。

3.2.6 植保员

生产基地应配备植保员，负责病虫害的防治、农药使用管理与记录等。植保员配备数量应能满足每个基地生产的需要，并填写《生产基地基本情况记载表》(见表 A.1)和《生产基地人员登记表》(见表 A.4)。

植保员应获得国家植保员职业资格证书。并经过有害生物综合治理(IPM)培训。

3.2.7 肥料员

有条件的生产基地宜配备肥料技术人员，负责肥料的施用管理与记录等。填写《生产基地人员登记表》(见表 A.4)。

3.2.8 环境条件监测

新建生产基地应进行环境条件监测。每 2 年～3 年，或环境条件发生变化有可能影响产品质量安全时，应由有资质的监测单位及时进行相关指标的检测，以确定是否继续使用该生产基地。保留检测报告，并填写《生产基地基本情况记载表》(见表 A.1)。

3.2.9 平面图

生产基地应制作平面分布图，用来制定种植规划和田间管理方案等。

3.2.10 标志、标示

生产基地有关的位置、场所，应设置醒目的标志、标示。

3.2.11 隔离防护

基地周围应建立隔离网、隔离带等，或具有天然隔离屏障，防止外源污染。

4 生产投入品管理

4.1 农药的采购与贮藏

4.1.1 农药的采购

应从正规渠道采购合格的农药，并索取购药凭证或发票。不应采购下列农药：非法销售点销售的农药、无农药登记证或农药临时登记证的农药、无农药生产许可证或者农药生产批准文件的农药、无产品质量标准及合格证明的农药、无标签或标签内容不完整的农药、超过保质期的农药以及国家禁止使用的农药。

采购的农药应索取农药质量证明资料，必要时进行检验，填写《生产基地投入品出、入库记录表》(见表 A.5)和《生产基地农药质量检测结果记录表》(见表 A.6)。

4.1.2 农药的贮藏

农药应当贮藏于厂区专用仓库，由专人负责保管。仓库应符合防火、卫生、防腐、避光、通风等安全条件要求，并配有农药配制量具、急救药箱，出入口处贴有警示标志。

4.1.3 农药包装物处理

农药包装物不应重复使用、乱扔。农药空包装物应清洗 3 次以上，清洗水妥善处理，将清洗后的包装物压坏或刺破，防止重复使用，必要时应贴上标签，以便回收处理。空的农药包装物在处置前应安全存放。

4.2 肥料的采购与贮藏

4.2.1 肥料的采购

应从正规渠道采购合格肥料，并索取购肥凭证或发票。不得采购下列肥料：非法销售点销售的肥料、超过保质期的肥料。

采购的肥料应填写《生产基地投入品出、入库记录表》(见表 A.5)。

4.2.2 肥料的贮藏

肥料应妥善保存，单独放置于清洁、干燥的仓库，由专人负责保管。不得与苗木、农产品存放在一起。

5 栽培管理

5.1 整地施肥

5.1.1 整地

清除前茬作物残留枝叶，带出田外集中处理，降低病(虫)源基数。

深翻土壤 25 cm～30 cm，整平耙实。宜使用机械耕翻，维持土壤结构。

5.1.2 整畦

起垄栽培。垄沟宽 20 cm，垄面宽 70 cm，垄高 20 cm。

5.1.3 基肥

根据草莓生育期和土壤肥力状况，施用腐熟有机肥 3 000 kg/667 m^2～5 000 kg/667 m^2，过磷酸钙 40 kg/667 m^2～50 kg/667 m^2，磷酸二氨复合肥 20 kg/667 m^2，生物菌肥 1 kg/667 m^2～1.5 kg/667 m^2。不得施用生活垃圾、工业废渣、污泥等。

基肥施用填写《生产基地田间农事活动记录表》(见表 A.7)。

5.2 种苗的选择

5.2.1 品种选择

宜选择抗病、优质、丰产、商品性好、耐储运的品种。

5.2.2 种苗质量

植物检疫合格。经处理后，填写《生产基地种子/种苗处理记录表》(见表 A.8)。

5.3 育苗

5.3.1 选择母株

品种纯正、健壮、根系发达、无病虫害、4 片叶展开的一年生匍匐茎苗，宜用脱毒苗。

5.3.2 准备苗床

选择土壤肥沃、排灌水方便的地块作苗床，施腐熟有机肥 2 000 kg/667 m^2～3 000 kg/667 m^2，深耕 25 cm，做成 1.5 m～2 m 宽的平畦或高畦。填写《生产基地田间农事活动记录表》(见表 A.7)。

5.3.3 定植母株

将母株单行定植在畦中间，株距 50 cm～80 cm。

栽植深度：苗心茎部与地面平齐，深不埋心，浅不露根。

5.3.4 幼苗管理

母株栽植后要保证充足的水分供应。匍匐茎生长出后，将其在母株四周均匀摆布，并在子苗的节位上及时培土压蔓，促发新根。后期将匍匐茎截断，培壮子苗。中间及时摘除花序，节约养分。

5.3.5 假植育苗

北方 6 月下旬至 7 月中下旬、南方 8 月下旬至 9 月中下旬，选择具有三片展开叶的子苗拔出假植在苗圃中，株行距 15 cm×15 cm。栽后浇透水，第一周要遮荫，定时喷水保持湿润。10 d 后叶面喷一次 0.2%尿素，每隔 10 d 喷施一次 0.2%～0.3%磷酸二氢钾。及时摘出抽生的匍匐茎、枯叶、病叶。移栽前 7 d～10 d 进行断根处理。并填写《生产基地田间农事活动记录表》(见表 A.7)。

5.4 田间管理

5.4.1 移栽

5.4.1.1 移栽时期

当假植苗在顶芽分化后，幼苗达 5 片展开叶、苗重约 20 g、新茎粗 1 cm 以上时移栽定植。

5.4.1.2 栽植方法

大垄双行栽植。垄高 30 cm～40 cm，上宽 50 cm～60 cm，下宽 70 cm～80 cm，垄沟宽 20 cm。株距 15 cm～18 cm，小行距 25 cm～35 cm。棚室栽培 8 000 株/667 m^2，露地栽培 5 000 株/667 m^2～9 000 株/667 m^2。尽量选阴雨天或晴天下午 16 时以后，带土移栽，新茎的弓背一律向外。

5.4.2 苗期管理

缓苗期一般 20 d 左右，定植后前 3 d 每天浇水一次，以后根据墒情适当浇水，确保幼苗扎根生长；幼苗长出 3 片～4 片新叶后，及时追肥，追施尿素 10 kg/667 m^2 或复合肥 10 kg/667 m^2～15 kg/667 m^2。及时摘除老叶，中耕除草，保墒。填写《生产基地田间农事活动记录表》(见表 A.7)。

5.4.3 越冬期管理

北方11月中下旬当日平均温度在3 ℃～5 ℃时，选择无风天气，覆黑色地膜；南方在覆膜后即破膜提苗。覆膜前平整地面，除去老叶、病叶，浇一遍越冬水，覆膜后4周压土盖严，根据天气情况及时覆草，确保草莓安全越冬。填写《生产基地田间农事活动记录表》(见表A.7)。

5.4.4 春季结果前管理

北方当日平均温度达到5 ℃左右，草莓开始生长时，破膜提苗，土封植株基部，摘除老叶、病叶，浇一遍返青水，并结合浇水追施尿素10 kg/667m²。开花前追施一次复合肥10 kg/667 m²～15 kg/667 m²。并根据墒情及时浇水，一般在土壤解冻后草莓萌芽前和现蕾前各浇一次水。填写《生产基地田间农事活动记录表》(见表A.7)。

5.4.5 结果期管理

根据田间草莓生长情况追肥1次～2次，每次追施腐植酸冲施肥10 kg。合理疏花疏果，每花序留果2个～3个。小水勤浇，幼果膨大期及时浇足水，果实成熟期浇水不宜大水漫灌。填写《生产基地田间农事活动记录表》(见表A.7)。

5.5 收获及收获后处理

5.5.1 收获

采收宜在上午露水稍干时开始，11时结束，或在午后16时后进行。

采收前，应对产品农药残留、重金属、硝酸盐等有害物质进行检验，保证产品相关产品质量安全要求，并填写《产品农药残留等有害物质检测结果记录表》(见表A.9)。

采收后，填写《产品采收及流向记录表》(见表A.10)。

5.5.2 包装物

包装物应洁净无污染，并妥善存放。再利用的包装物品，应清洗干净，防止有害物质污染。

6 有害生物防治

6.1 防治原则

坚持"预防为主，综合防治"的植保方针，以农业和物理防治为基础，优先采用生物防治技术，辅之化学防治应急控害措施。

6.2 主要防治对象

主要防治对象为：蚜虫、斜纹夜蛾、红蜘蛛、灰霉病、白粉病等。

6.3 防治措施

6.3.1 农业防治

6.3.1.1 选用抗病品种

宜选用抗病抗逆性强的优质、丰产品种。生产过程中应加强健身栽培，预防病害发生。

6.3.1.2 轮作

连续种植草莓2年～3年后，应与非蔷薇科作物进行一次轮作。

6.3.2 生物防治

6.3.2.1 利用性信息素技术控制斜纹夜蛾，每300 m² 放置1只专用诱捕器，每只诱捕器安装诱芯1枚，每15 d更换1次诱芯，诱捕器的诱虫孔离地1.0 m。

6.3.2.2 防治蚜虫，3%除虫菊素CS 20 g/667 m²，兑水30 kg～40 kg，喷雾，防治次数视发生情况而定，用药间隔7 d～10 d。填写《生产基地有害生物防治记录表》(见表A.11)。

6.3.3 物理防治

6.3.3.1 防虫网

阻止蚜虫、粉虱等害虫进入棚室危害，宜选用22目～30目、孔径0.18 cm的银灰色防虫网，直接罩在大棚骨架上，或搭水平棚架覆盖。

6.3.3.2 黄板

棚室内设置涂有粘着剂的黄板诱杀蚜虫和粉虱等。黄板规格 30 cm×20 cm 为宜，悬挂于植株上方 10 cm～15 cm 处，30 块/667 m^2～40 块/667 m^2。

6.3.3.3 银灰膜

驱避蚜虫、粉虱等害虫，棚内悬挂银灰膜；露地栽培宜选择银灰色地膜覆盖。

6.3.4 化学防治

6.3.4.1 一般要求

应符合 GB/T 8321(所有部分)的要求。

6.3.4.2 防治方案

见附录 B。防治后填写《生产基地有害生物防治记录表》(见表 A.11)。

6.3.4.3 施药器械

施药前应确保施药器械洁净并校准。施药器械使用后应清洗干净放置。

6.3.4.4 轮换用药

为避免或减缓有害生物抗药性的产生，宜轮换使用化学农药。

6.3.4.5 剩余药液处理

应按照需要准确配制，少量剩余药液(粉)进行无害化处理，或喷洒到法规允许的休耕地中，并填写《剩余药液或清洗废液处理记录表》(见表 A.12)。

7 劳动保护

7.1 培训

凡使用、处理农药、化肥的人员，以及所有操作危险或复杂设备的人员都应经过培训，并填写《生产基地人员登记表》(见表 A.4)。

7.2 施药保护

施药时，操作者应穿着防护服，不得吸烟、吃东西，施药后应立即用肥皂清洗皮肤裸露部位，换洗衣服。

7.3 警示

施药后，现场应立即设置警示标志。其他工作现场和危险场所附近亦应设置警示标志。潜在危险区的警示标志设于入口处。

8 批次管理

同一地块或同一大棚采用同一种植管理模式在同一天采收的同一品种为 1 个生产批。以 1 年为 1 个流水周期编号，共 3 位数。产品批次号为采收日期(yymmdd)＋流水号＋产品名称拼音首字母＋基地所在省(市、区)行政区划代码(6 位)＋基地名称拼音首字母。填写《产品采收及流向记录表》(见表 A.10)。

9 档案记录

每个生产地块(棚室)应建立独立、完整的生产记录档案(见附录 A)，保留生产过程中各个环节的有效记录，以证实所有的农事操作遵循本指导性技术文件规定。记录应当保留两年以上。

附 录 A
（规范性附录）
生产记录表格

表 A.1 生产基地基本情况记载表

<table>
<tr><td>基地名称</td><td colspan="5"></td></tr>
<tr><td>基地地址</td><td colspan="2"></td><td>基地面积</td><td colspan="2"></td></tr>
<tr><td>基地负责人</td><td></td><td>电话</td><td></td><td>基地建成时间</td><td></td></tr>
<tr><td rowspan="3">植保员姓名</td><td colspan="2"></td><td rowspan="3">资格证书号</td><td colspan="2"></td></tr>
<tr><td colspan="2"></td><td colspan="2"></td></tr>
<tr><td colspan="2"></td><td colspan="2"></td></tr>
<tr><td>灌溉水源</td><td colspan="5"></td></tr>
<tr><td>周围环境情况</td><td colspan="5"></td></tr>
<tr><td>前茬栽培
主要作物</td><td colspan="5"></td></tr>
<tr><td>拟种植的
主要作物</td><td colspan="5"></td></tr>
<tr><td>土壤检测报告编号</td><td></td><td>报告日期</td><td></td><td>评定结论</td><td></td></tr>
<tr><td>水质检测报告编号</td><td></td><td>报告日期</td><td></td><td>评定结论</td><td></td></tr>
<tr><td>空气检测报告编号</td><td></td><td>报告日期</td><td></td><td>评定结论</td><td></td></tr>
<tr><td>备 注</td><td colspan="5"></td></tr>
</table>

制表人： 制表日期：

表 A.2 生产基地现存生物种类调查记录表

调查单位： 调查负责人： 调查时间：

生物名称	学名	分类地位	密度

制表人： 制表日期：

表 A.3　生产基地主要农用设备(工具)登记表

农用设备(工具)名称	型号	生产厂家	数量	购买日期	现况	保管人	备注

制表人：　　　　　　　　制表日期：

表 A.4　生产基地人员登记表

姓　名	性 别	出生日期	学 历	职称/职务	参加工作时间	家庭住址	电 话	证书及编号	培训记录

制表人：　　　　　　制表日期：

表 A.5　生产基地投入品出、入库记录表

日　期	入　　库						出　　库			库　存
	投入品名称	数量	规格	生产企业	产品来源	检测报告编号	数量	领用单位	领用人	

仓库保管：

表 A.6　生产基地农药质量检测结果记录表

农药名称		剂型含量	
生产厂家		登记证号	
农药批号		采购单位	
发票号码		检测日期	
检测单位			
检测执行标准		检测报告编号	
检　测　结　果			
检测项目	标　准　值	检 测 值	结　　论
备　注			

制表人：　　　　　　　制表日期：

表 A.7 生产基地田间农事活动记录表

地块/大棚编号	前茬作物	种植作物	播种时间	播种量 kg/667 m^2	株行距 cm	预计收获时间/数量

田间农事活动记录

日期	活动内容	肥料名称	使用量	使用设备	天气状况	操作人	技术负责人

注：农事操作包括：耕田、起垄、种植、移栽、施肥、浇水、除草、间苗、培土、划锄、疏花、疏果、采摘、收获等；天气状况主要记载温度、湿度、风力、降水等。

制表人：　　　　制表日期：

表 A.8 生产基地种子/种苗处理记录表

操作人		电话	
种子/种苗品种		地块/大棚编号	
种子/种苗来源			
防 治 对 象			
药 剂 处 理 情 况 记 录			
药剂名称与剂型			
生产厂家			
处理方式			
处理剂量			
处理日期			
温 水 浸 种			
水 温		浸种时间	
备 注			
注：每地块/大棚一卡。			

制表人： 制表日期：

表 A.9 产品农药残留等有害物质检测结果记录表

<table>
<tr><td>产品名称</td><td colspan="2"></td><td>地块/大棚编号</td><td></td></tr>
<tr><td>检测单位</td><td colspan="4"></td></tr>
<tr><td>样品采集时间</td><td colspan="2"></td><td>检测执行标准</td><td></td></tr>
<tr><td>报告日期</td><td colspan="2"></td><td>检测报告编号</td><td></td></tr>
<tr><td colspan="5">检　测　结　果</td></tr>
<tr><td>检测项目</td><td>标　准　值</td><td colspan="2">检　测　值</td><td>结　　论</td></tr>
<tr><td></td><td></td><td colspan="2"></td><td></td></tr>
<tr><td></td><td></td><td colspan="2"></td><td></td></tr>
<tr><td></td><td></td><td colspan="2"></td><td></td></tr>
<tr><td></td><td></td><td colspan="2"></td><td></td></tr>
<tr><td></td><td></td><td colspan="2"></td><td></td></tr>
<tr><td>备　　注</td><td colspan="4"></td></tr>
</table>

制表人：　　　　　　　　制表日期：

表 A.10 产品采收及流向记录表

批次号	地块/大棚编号	产品名称	采收日期	数/重量	农残检测	供货对象	备注

制表人：　　　　　　制表日期：

表 A.11 生产基地有害生物防治记录表

作物名称					地块/大棚编号				
防治措施									
日期	防治对象	农药名称	使用量	使用设备	是否符合标准方案	更改标准方案理由及新方案可行性	天气状况	防治人员	植保员
注：天气状况主要记载温度、湿度、风力、降水等。									

制表人： 制表日期：

表 A.12　剩余药液或清洗废液处理记录表

操作人		电话	
剩余农药或清洗废液名称		数量	
处理地点		处理日期	
处理方式			
备注			

制表人：　　　　　　　　制表日期：

附 录 B
（规范性附录）
草莓主要有害生物防治方案

表 B.1 草莓主要有害生物防治方案

生育期	防治对象	化学防治			安全间隔期
		适期	防治方法	兼治	
生长期	蚜虫	5 头/株	25%噻虫嗪 WG 2 g/667 m^2～3 g/667 m^2—[a]10%吡虫啉 WP 20 g/667 m～30 g/667 m^2 兑水 30 kg～50 kg 喷雾。防治次数视发生情况而定，施药间隔 5 d～7 d	白粉虱	除虫菊素：5 d 吡虫啉：18 d 噻虫嗪：9 d 哒螨灵：4 d 异菌脲：37 d 腐霉利：35 d 亚胺菌：30 d 苯醚甲环唑：21 d 腈嘧菌酯：30 d
	红蜘蛛	200 头/百叶	15% 哒螨灵 EC 10 mL/667 m^2～15 mL/667 m^2 兑水 30 kg～50 kg 喷雾。防治次数视发生情况而定，施药间隔 10 d～15 d	—	
	灰霉病	发病初期	方案一：50%异菌脲 WP 40 g/667 m^2～50 g/667 m^2 兑水 30 kg～50 kg 喷雾，施药间隔 7 d～10 d。 方案二：50%腐霉利 WP 25 g/667 m^2～30 g/667 m^2 兑水 30 kg～50 kg 喷雾，施药间隔 7 d～10 d	炭疽病、叶斑病、根腐病	
	白粉病	发病初期	方案一：50%亚胺菌 DF 15 g/667 m^2～20 g/667 m^2—10%苯醚甲环唑 WG 15 g/667 m^2～20 g/667 m^2 兑水 30 kg～50 kg 喷雾。防治次数视发生情况而定，施药间隔 10d。 方案二：25%腈嘧菌酯 SC 30 g/667 m^2～34 g/667 m^2—10%苯醚甲环唑 WG 15 g/667 m^2～20 g/667 m^2 兑水 30 kg～50 kg。防治次数视发生情况而定，施药间隔 10 d	—	

[a] “—”表示药剂轮换使用。

ICS 65.020.01
B 05

中华人民共和国国家标准化指导性技术文件

GB/Z 26576—2011

茶叶生产技术规范

Production technical practice for tea

2011-06-16 发布　　2011-11-15 实施

中华人民共和国国家质量监督检验检疫总局
中国国家标准化管理委员会　发布

前　言

本指导性技术文件的附录A及附录B为规范性附录。

本指导性技术文件由国家质量监督检验检疫总局提出。

本指导性技术文件由中国标准化研究院归口。

本指导性技术文件起草单位：浙江省标准化研究院、国家质量监督检验检疫总局国际检验检疫标准与技术法规研究中心。

本指导性技术文件起草人：李宁、章强华、李建军、刘璇、孙彩霞、姚晗珺、应珊婷、董国堃、刘若微。

茶叶生产技术规范

1 范围

本指导性技术文件规定了茶叶生产的基本要求，包括基地选择和管理、投入品管理、生产技术管理、茶园有害生物综合防治、劳动保护、档案记录等。

本指导性技术文件适用于茶叶的种植生产。

2 规范性引用文件

下列文件中的条款通过本指导性技术文件的引用而成为本指导性技术文件的条款。凡是注日期的引用文件，其随后所有的修改单(不包括勘误的内容)或修订版均不适用于本指导性技术文件，然而，鼓励根据本指导性技术文件达成协议的各方研究是否可使用这些文件的最新版本。凡是不注日期的引用文件，其最新版本适用于本指导性技术文件。

GB 4285 农药安全使用标准

GB 8172—1987 城镇垃圾农用控制标准

GB/T 8321(所有部分) 农药合理使用准则

3 基地选择和管理

3.1 基地选择

3.1.1 茶园

3.1.1.1 茶园应选择在生态条件良好，远离污染源(包括交通主干道)，并具有可持续生产能力的农业生产区域。

3.1.1.2 填写《生产基地基本情况记载表》(见表 A.1)和《生产基地现存生物种类调查记录表》(见表 A.2)。

3.1.2 茶园环境

3.1.2.1 环境空气质量

茶园环境空气质量应符合表 1 的要求。

表 1 环境空气质量要求

项 目		日 平 均	1 h平均
总悬浮颗粒物(标准状态)/(mg/m³)	≤	0.30	—
二氧化硫(标准状态)/(mg/m³)	≤	0.15	0.50
二氧化氮(标准状态)/(mg/m³)	≤	0.10	0.15
氟化物(F)(标准状态)	≤	7 μg/m³	20 μg/m³
		1.8 μg/(dm³·d)	—
注：日平均值指任何一日的平均浓度；1 h平均指任何 1 h 的平均浓度。			

3.1.2.2 灌溉水质量

茶园灌溉水质量应符合表 2 的要求。

表 2 灌溉水质量要求

项　　目		限　　值
pH 值		5.5～7.5
总汞/(mg/L)	≤	0.001
总镉/(mg/L)	≤	0.005
总砷/(mg/L)	≤	0.1
总铅/(mg/L)	≤	0.1
铬(六价)/(mg/L)	≤	0.1
氰化物/(mg/L)	≤	0.5
氯化物/(mg/L)	≤	250
氟化物/(mg/L)	≤	2.0
石油类/(mg/L)	≤	10

3.1.2.3 土壤质量

环境质量要求应符合表 3 的要求。

表 3 土壤质量要求

项　　目		浓 度 限 值
pH 值		4.0～6.5
镉/(mg/kg)	≤	0.30
汞/(mg/kg)	≤	0.30
砷/(mg/kg)	≤	40
铅/(mg/kg)	≤	250
铬/(mg/kg)	≤	150
铜/(mg/kg)	≤	150
注：重金属和砷均按元素总量计，适用于阳离子交换量>5 cmol(+)/kg 的土壤，若≤5 cmol(+)/kg，其标准值为表内数值的半数。		

3.2 基地管理

3.2.1 工作室

基地应建有工作室。室内桌椅、资料橱配备齐全；放置有关生产管理记录表册；张贴生产技术规范、有害生物防治安全用药标准一览表、基地管理、投入品管理等有关规章制度。

3.2.2 基地仓库

基地应建有专用仓库，单独存放农药、肥料和施药器械等。仓库应符合安全、卫生、通风、避光等要求；内设货架，配备必要的农药配制量具、防护服、急救箱等，应填写《生产基地主要农用设备(工具)登记表》(见表 A.3)。

3.2.3 盥洗室

基地应设有盥洗室，并保持盥洗室的清洁卫生。

3.2.4 废物与污染物收集设施

生产基地应设分别设有收集粪便、垃圾和农药空包装等废物与污染物的设施。

3.2.5 植保员

3.2.5.1 生产基地应配备植保员，负责有害生物的防治、农药使用管理指导与记录等。植保员配备数量应能满足每个基地生产的需要,并填写《生产基地基本情况记载表》(见表A.1)和《生产基地人员登记表》(见表A.4)。

3.2.5.2 植保员应获得国家农作物植保员职业资格证书,并经过病虫害综合治理(IPM)培训。

3.2.6 肥料员

有条件的生产基地宜配备肥料技术人员,负责肥料的施用管理与记录等。填写《生产基地人员登记表》(见表A.4)。

3.2.7 环境条件监测

3.2.7.1 新建基地应进行风险评估。评估内容包括土壤类型、侵蚀、地下水的质量、水资源的可持续性、相邻土地的影响等。评估确定存在危害人体健康和环境的不可控制风险时,该土地不应用于农业活动。定期监测土壤肥力水平和重金属元素含量,一般要求每两年检测一次。根据检测结果,有针对性地采取土壤改良措施。

3.2.7.2 填写《生产基地基本情况记载表》(见表A.1)。

3.2.8 隔离防护

基地周围应建立隔离网、隔离带或者有天然隔离等有效隔离措施,防止外源污染。

3.2.9 标志标示

基地有关的位置、场所,应设置醒目的平面图、标志、标示。

4 投入品管理

4.1 农药

4.1.1 农药的采购

4.1.1.1 应从正规渠道采购合格的农药。不应采购下列农药:非法销售点销售的农药、无农药登记证或农药临时登记证的农药、无农药生产许可证或者农药生产批准文件的农药、无产品质量标准及合格证明的农药、无标签或标签内容不完整的农药、超过保质期的农药和禁止使用的农药。

4.1.1.2 采购的农药应索取农药质量证明,必要时进行检验,并填写《生产基地投入品出、入库记录表》(见表A.5)和《生产基地农药质量检测结果表》(见表A.6)。

4.1.2 农药的储藏

农药应储藏于厂区专用仓库。由专人负责保管。仓库应符合防火、卫生、防腐、避光、通风等安全条件要求,并配有农药配制量具、急救药箱,出入口处应贴有警示标志。

4.1.3 剩余农药的处理

4.1.3.1 未用完农药制剂

应保存在其原包装中,并密封贮存于上锁的地方,不应用其他容器盛装或分装。

4.1.3.2 未施用完药液(粉)

4.1.3.2.1 在该农药标签许可的情况,可再将剩余药液用完。对于少量的剩余药液,应妥善处理。

4.1.3.2.2 填写《剩余农药或清洗废液处理记录表》(见表A.7)。

4.1.4 农药包装物处理

农药包装物不应重复使用、乱扔。农药空包装物应清洗3次以上,将其压坏或刺破,防止重复使用,必要时应贴上标签,以便回收处理。空的农药包装物在处置前应安全存放。

4.2 肥料

4.2.1 肥料采购

应从正规渠道采购合格肥料。不应采购下列肥料:非法销售点销售的肥料、超过保质期的肥料。

4.2.2 肥料的储存

肥料应妥善储存。将其存放于清洁、干燥的地方,与农药隔开存放。不应与苗木、农产品存放在一起。

4.3 基地投入品记录

应填写《生产基地投入品出、入库记录表》(见表 A.5)。

5 生产技术管理

5.1 土壤管理

5.1.1 采用地面覆盖等措施提高茶园的保土蓄水能力。杂草、修剪枝叶和作物秸秆等覆盖材料应未受有害或有毒物质的污染。采用合理耕作、施用有机肥、种植植保肥等方法改良土壤结构。

5.1.2 土壤 pH 值低于 4.0 的茶园,宜施用白云石粉、石灰等物质调节土壤 pH 值至 4.5～5.5 范围。土壤 pH 值高于 6.0 的茶园应多选用生理酸性肥料调节土壤 pH 值至适宜的范围。

5.2 施肥

5.2.1 根据土壤理化性质、茶树长势、预计产量、茶叶品种和气候等条件,确定合理的肥料种类、数量和施肥时间,实施茶园平衡施肥。化学肥料与有机肥料应配合使用,避免单纯使用化学肥料或矿物源肥料。

5.2.2 农家肥等有机肥料施用前应经无害化处理,有机肥料中污染物质含量应符合 GB 8172—1987 中 1.1 的要求。

5.3 采摘

5.3.1 鲜叶应在适当的卫生条件下采摘,适时采摘。

5.3.2 采茶机械应使用无铅汽油和机油,防止污染鲜叶、茶树和土壤。

6 有害生物综合防治

6.1 综合防治原则

遵循“预防为主,综合防治”植保方针。以农业防治、物理防治为基础,优先采用生物防治,辅之化学防治。

6.2 主要病虫害

茶园主要病虫害有茶尺蠖、假眼小绿叶蝉、茶丽纹象甲、茶橙瘿螨、茶毛虫、黑刺粉虱、茶蚜、茶刺蛾、长白蚧、茶芽枯病、茶白星病等。

6.3 农业防治

6.3.1 选用品种

6.3.1.1 换种改植或发展新茶园,应选用对当地主要病虫抗性较强的品种。向外地引种时,不应将当地尚未发生的危险性病虫随种苗带入。

6.3.1.2 填写《生产基地种子/种苗处理记录表》(见表 A.8)。

6.3.2 适时采摘

采摘对栖居在茶树蓬面上的病虫(如假眼小绿叶蝉、叶螨类等)及部分芽叶病害有一定的控制效果,因此提倡机械化采摘。填写《产品采收及流向记录表》(见表 A.9)和《产品农药残留等有害物质检测结果表》(见表 A.10)。

6.3.3 合理修剪

合理控制茶树高度和春茶采摘后树冠改造,宜进行秋末修剪。

6.3.4 茶园翻耕

秋末结合施基肥,进行茶园翻耕。

6.3.5 及时清园

秋末将茶园根际附近的落叶及表土清理至行间深埋,可有效防治叶病类和减轻在土壤中越冬的害虫的发生。

6.4 物理防治

6.4.1 灯光诱杀

利用害虫的趋光性，在其成虫发生期，田间点灯诱杀，减轻田间的发生量。

6.4.2 人工捕杀

对发生较轻、危害中心明显及有假死性的害虫，采用人工捕杀，减轻危害。

6.4.3 除草

宜采用机械或人工方法防除杂草。

6.5 生物防治

保护和利用当地主要的有益生物及优势种群。

6.6 茶树主要病虫害化学防治

6.6.1 化学防治应符合 GB 4285 和 GB/T 8321（所有部分）的要求。同时加强病虫害的测报，及时掌握病虫害的发生动态。加强茶树病虫的测报，及时掌握病虫害的发生动态。应掌握防治适期施药、安全间隔期和施药次数，降低农药用量。改进施药技术，提倡低容量喷雾，一般树冠表面害虫，实行扫喷；茶丛中下部害虫，提倡侧位低容量喷雾。

6.6.2 茶园病虫害防治用药方案见附录 B。

6.6.3 填写《生产基地有害生物防治记录表》（见表 A.11）。

6.6.4 为避免或减缓有害生物抗药性的产生，可轮换使用农药品种。

7 劳动保护

施药人员施药时，应穿着防护服。

8 批次管理

同一地块采用同一种植管理模式在同一天采收的同一品种为 1 个生产批。以 1 年为 1 个流水周期编号，共 3 位数。产品批次号为采收日期（yymmdc）＋流水号＋产品名称拼音首字母＋基地所在省（市、区）行政区划代码（6 位）＋基地名称拼音首字母。填写《产品采收及流向记录表》（见表 A.9）。

9 档案记录

每个生产地块（棚室）应当建立独立、完整的生产记录档案，保留生产过程中各个环节的有效记录。填写《生产基地田间农事活动记录表》（见表 A.12），记录应保留两年以上。

附 录 A
（规范性附录）
生产记录表格

表 A.1 生产基地基本情况记载表

<table>
<tr><td>基地名称</td><td colspan="5"></td></tr>
<tr><td>基地地址</td><td colspan="2"></td><td>基地面积</td><td colspan="2"></td></tr>
<tr><td>基地负责人</td><td></td><td>电话</td><td></td><td>基地建成时间</td><td></td></tr>
<tr><td rowspan="3">植保员姓名</td><td colspan="2"></td><td rowspan="3">资格证书号</td><td colspan="2"></td></tr>
<tr><td colspan="2"></td><td colspan="2"></td></tr>
<tr><td colspan="2"></td><td colspan="2"></td></tr>
<tr><td>灌溉水源</td><td colspan="5"></td></tr>
<tr><td>周围环境情况</td><td colspan="5"></td></tr>
<tr><td>主要品种</td><td colspan="5"></td></tr>
<tr><td>土壤检测报告编号</td><td colspan="2"></td><td colspan="2">评定</td><td></td></tr>
<tr><td>水质检测报告编号</td><td colspan="2"></td><td colspan="2">评定</td><td></td></tr>
<tr><td>空气检测报告编号</td><td colspan="2"></td><td colspan="2">评定</td><td></td></tr>
<tr><td>备 注</td><td colspan="5"></td></tr>
</table>

制表人： 制表日期：

表 A.2　生产基地现存生物种类调查记录表

调查单位：　　　　　　　　调查负责人：　　　　　调查时间：

生物名称	学　名	分类地位	密　度

制表人：　　　　　　　　制表日期：

表 A.3　生产基地主要农用设备(工具)登记表

农用设备(工具)名称	型号	生产厂家	数量	购买日期	现况	保管人	备注

制表人：　　　　　　制表日期：

表 A.4　生产基地人员登记表

姓　名	性别	出生日期	学历	职称/职务	参加工作时间	家庭住址	电话	证书及编号	培训记录

制表人：　　　　　　制表日期：

表 A.5 生产基地投入品出、入库记录表

日期	入库						出库			库存
	投入品名称	数量	规格	生产企业	产品来源	检测报告编号	数量	领用单位	领用人	

制表人：　　　　制表日期：

表 A.6　生产基地农药质量检测结果表

农药名称		剂型含量	
生产厂家		登记证号	
农药批号		采购单位	
发票号码		检测日期	
检测单位			
检测执行标准		检测报告编号	
检　测　结　果			
检测项目	标　准　值	检测值	结　论
备　注			

制表人：　　　　　　制表日期：

表 A.7　剩余农药或清洗废液处理记录表

操作人		电话	
剩余农药或清洗废液名称		数量	
处理地点		处理日期	
处理方式			
备注			

制表人：　　　　　　　　制表日期：

表 A.8　生产基地种子/种苗处理记录表

基地名称		基地编号	
基地负责人		电话	
作物品种		操作人	
防治对象			
药剂处理情况记录			
药剂名称与剂型			
生产厂家			
处理方式		处理剂量	
处理日期		操作人	

制表人：　　　　　　　制表日期：

表 A.9 产品采收及流向记录表

批次号	地块/大棚编号	产品名称	采收日期	数/重量	农残检测	供货对象	备注

制表人：　　　　　　　制表日期：

表 A.10 产品农药残留等有害物质检测结果表

产品名称		地块/大棚编号	
检测单位			
样品采集时间		报告日期	
检测执行标准		检测报告编号	
检测结果			
检测项目	标准值	检测值	结论
备注			

制表人：　　　　　　　　制表日期：

表 A.11　生产基地有害生物防治记录表

作物名称		种植地块/大棚	

田 间 调 查					
日期	害虫名称	平均数 头/株或头/叶	病害名称	发病率 %	调查人

化学防治措施								
日期	防治对象	用药方案	兼治	是否符合标准方案	更改标准方案理由及新方案可行性	防治人员	植保员	备注

制表人：　　　　　　制表日期：

表 A.12　生产基地田间农事活动记录表

日 期	活 动 内 容	面积	田间农事活动时使用农药化肥					技术负责人
			农药/肥料名称	使 用 量	使 用 设 备	天气状况	操 作 人	
注：农事操作包括：种植、移栽、施肥、浇水、除草、培土、划锄、收获等；天气状况主要记载温度、湿度、风力、降水等。								

制表人：　　　　　　　　制表日期：

附　录　B
（规范性附录）
茶叶主要有害生物防治方案

表 B.1　茶叶主要有害生物防治方案

防治对象	防治适期	防治指标	用药方案	兼治	安全间隔期及每季最多使用次数
茶尺蠖	在3龄前幼虫期	成龄投产茶园:每平方米幼虫量7头以上	方案一:35%硫丹乳油1 000倍液～1 400倍液喷雾; 方案二:2.5%联苯菊酯乳油6 000倍液～8 000倍液喷雾; 方案三:2.5%溴氰菊酯乳油800倍液～1 500倍液喷雾	假眼小绿叶蝉	硫丹:7 d,1次 联苯菊酯:7 d,1次 溴氰菊酯:5 d,1次 敌敌畏:6 d,2次 吡虫啉:30 d,2次 马拉硫磷:10 d,1次 哒螨灵:5 d,1次 多菌灵:14 d,2次 甲基硫菌灵:14 d,2次 草甘膦:1次 百草枯:1次
茶毛虫	3龄前幼虫期	百叶虫卵块5个以上	方案一:80%敌敌畏乳油1 500倍液喷雾; 方案二:2.5%联苯菊酯乳油6 000倍液～8 000倍液喷雾	黑刺粉虱、茶丽纹象甲	
茶蚜	发生高峰期,一般为5月上中旬和9月下旬至10月中旬	有蚜芽梢率4%～5%,芽下二叶有蚜叶上平均虫口20头	10%吡虫啉乳油3 000倍液～4 000倍液喷雾	黑刺粉虱、假眼小绿叶蝉	
刺蛾	2、3龄幼虫期	幼虫数幼龄茶园每平方米10头,成龄茶园每平方米15头	方案一:80%敌敌畏乳油1 500倍液喷雾; 方案二:2.5%溴氰菊酯乳油800倍液～1 500倍液喷雾	蚧类	
蚧类	卵孵化盛末期	卵孵化盛末期调查,百叶若虫量在150头以上	方案一:45%马拉硫磷1 000倍液喷雾; 方案二:10%吡虫啉乳油3 000倍液～4 000倍液喷雾; 方案三:2.5%溴氰菊酯乳油800倍液～1 500倍液喷雾	刺蛾	
茶丽纹象甲	成虫出土盛末期	成龄投产茶园每平方米虫量在15头以上	2.5%联苯菊酯乳油6 000倍液～8 000倍液喷雾	黑刺粉虱、茶毛虫	

表 B.1（续）

防治对象	防治适期	防治指标	用药方案	兼治	安全间隔期及每季最多使用次数
茶橙瘿螨	发生高峰期以前，一般为 5 月中旬至 6 月上旬，8 月下旬至 9 月上旬	中小叶种的茶叶每平方米平均虫量 17 头	15%哒螨灵乳油 2 000 倍液～4 000 倍液喷雾	茶蚜	硫丹：7 d，1 次 联苯菊酯：7 d，1 次 溴氰菊酯：5 d，1 次 敌敌畏：6 d，2 次 吡虫啉：30 d，2 次 马拉硫磷：10 d，1 次 哒螨灵：5 d，1 次 多菌灵：14 d，2 次 甲基硫菌灵：14 d，2 次 草甘膦：1 次 百草枯：1 次
黑刺粉虱	卵孵化盛末期	小叶种 2 头/叶～3 头/叶，大叶种 4 头/叶～7 头/叶	方案一：10%吡虫啉乳油 3 000 倍液～4 000 倍液喷雾； 方案二：2.5%联苯菊酯乳油 6 000 倍液～8 000 倍液喷雾	茶丽纹象甲、茶毛虫	
茶芽枯病	春茶初期，老叶发病率 4%～6%时	叶罹病率 4%～6%	方案一：50%多菌灵乳油 800 倍液～1 000 倍液喷雾； 方案二：70%甲基硫菌灵可湿性粉剂 1 000 倍液～1 500 倍液喷雾	茶白星病、茶褐色叶斑病	
杂草	夏、秋季	杂草生长高峰期	方案一：41%草甘膦乳油 150 倍液定向喷雾； 方案二：20%百草枯乳油 200 倍液定向喷雾		

ICS 65.020.01
B 05

中华人民共和国国家标准化指导性技术文件

GB/Z 26577—2011

大葱生产技术规范

Production technical practice for green scallion

2011-06-16 发布 2011-11-15 实施

中华人民共和国国家质量监督检验检疫总局
中国国家标准化管理委员会 发布

前　言

本指导性技术文件的附录 A 及附录 B 为规范性附录。

本指导性技术文件由国家质量监督检验检疫总局提出。

本指导性技术文件由中国标准化研究院归口。

本指导性技术文件起草单位:国家质量监督检验检疫总局进出口食品安全局、潍坊市植保站、山东省植物保护总站、中华人民共和国山东出入境检验检疫局、安丘市植保站。

本指导性技术文件主要起草人:林伟、李洪奎、李明立、李建军、刘金智、孙平、张新华。

大葱生产技术规范

1 范围

本指导性技术文件规定了大葱生产的基本要求，主要包括生产基地的选择和管理、生产投入品管理、栽培管理、有害生物防治、劳动保护、批次管理、档案记录等方面。

本指导性技术文件适用于大葱的生产。

2 规范性引用文件

下列文件中的条款通过本指导性技术文件的引用而成为本指导性技术文件的条款。凡是注日期的引用文件，其随后所有的修改单(不包括勘误的内容)或修订版均不适用于本指导性技术文件，然而，鼓励根据本指导性技术文件达成协议的各方研究是否可使用这些文件的最新版本。凡是不注日期的引用文件，其最新版本适用于本指导性技术文件。

GB/T 8321(所有部分) 农药合理使用准则

GB/T 18407.1 农产品安全质量 无公害蔬菜产地环境要求

3 生产基地选择和管理

3.1 生产基地选择

生产基地环境条件应符合 GB/T 18407.1 的要求，并填写《生产基地基本情况记载表》(见表 A.1)和《生产基地现存生物种类调查记录表》(见表 A.2)。宜选择地势平坦、排灌方便、土层深厚、土壤疏松肥沃、理化性状良好，前 2 年～3 年未种植洋葱、葱等百合科作物的壤土地块。

生产基地应远离污染源。连片面积宜在 3 hm^2 以上。

3.2 生产基地管理

3.2.1 工作室

生产基地应建有工作室。室内配备桌椅、资料橱等，放置有关生产管理记录表册，张贴生产技术规范、病虫害防治安全用药标准一览表、基地管理及投入品管理等有关规章制度。

3.2.2 基地仓库

生产基地应建有专用仓库，单独存放施药器械和未用完的种子(苗)、农药、化肥等。仓库应安全、卫生、通风、避光，内设货架，配备必要的农药配制量具、防护服、急救箱等，并填写《生产基地主要农用设备(工具)登记表》(见表 A.3)。

3.2.3 盥洗室

生产基地应设有盥洗室，室内卫生清洁。

3.2.4 废物与污染物收集设施

生产基地应设有收集垃圾和农药空包装等废物与污染物的设施。

3.2.5 灌溉系统

生产基地应建立排灌分开的管理系统，如储水池、供水渠道、灌溉设备等。

井灌区水井井口应高出地面 30 cm 以上，并配有防护设施，防止雨水倒灌和弃入污染物等。

3.2.6 植保员

生产基地应配备植保员，负责病虫害的防治、农药使用管理与记录等。植保员配备数量应能满足每个基地生产的需要，并填写《生产基地基本情况记载表》(见表 A.1)和《生产基地人员登记表》(见表A.4)。

植保员应获得国家植保员职业资格证书，并经过有害生物综合治理(IPM)培训。

3.2.7 肥料员

有条件的生产基地宜配备肥料技术人员，负责肥料的施用管理与记录等。填写《生产基地人员登记表》(见表 A.4)。

3.2.8 环境条件监测

新建生产基地应进行环境条件监测。每 2 年～3 年，或环境条件发生变化有可能影响产品质量安全时，应由有资质的监测单位及时进行相关指标的检测，以确定是否继续使用该生产基地。保留检测报告，并填写《生产基地基本情况记载表》(见表 A.1)。

3.2.9 平面图

生产基地应制作平面分布图，用来制定种植规划和田间管理方案等。

3.2.10 标志、标示

生产基地有关的位置、场所，应设置醒目的标志、标示。

3.2.11 隔离防护

基地周围应建立隔离网、隔离带等，或具有天然隔离屏障，防止外源污染。

4 生产投入品管理

4.1 农药的采购与贮藏

4.1.1 农药的采购

应从正规渠道采购合格的农药，并索取购药凭证或发票。不应采购下列农药：非法销售点销售的农药、无农药登记证或农药临时登记证的农药、无农药生产许可证或者农药生产批准文件的农药、无产品质量标准及合格证明的农药、无标签或标签内容不完整的农药、超过保质期的农药以及国家禁止使用的农药。

采购的农药应索取农药质量证明资料，必要时进行检验，填写《生产基地投入品出、入库记录表》(见表 A.5)和《生产基地农药质量检测结果记录表》(见表 A.6)。

4.1.2 农药的贮藏

农药应贮藏于厂区专用仓库，由专人负责保管。仓库应符合防火、卫生、防腐、避光、通风等安全条件要求，并配有农药配制量具、急救药箱，出入口处贴有警示标志。

4.1.3 农药包装物处理

农药包装物不应重复使用、乱扔。农药空包装物应清洗 3 次以上，清洗水妥善处理，将清洗后的包装物压坏或刺破，防止重复使用，必要时应贴上标签，以便回收处理。空的农药包装物在处置前应安全存放。

4.2 肥料的采购与贮藏

4.2.1 肥料的采购

应从正规渠道采购合格肥料，并索取购肥凭证或发票。不得采购下列肥料：非法销售点销售的肥料、超过保质期的肥料。

采购的肥料应填写《生产基地投入品出、入库记录表》(见表 A.5)。

4.2.2 肥料的贮藏

肥料应妥善保存，单独放置于清洁、干燥的仓库，由专人负责保管。不得与苗木、农产品存放在一起。

5 栽培管理

5.1 整地施肥

5.1.1 土壤耕翻

深翻土壤 25 cm～30 cm，宜使用机械耕翻，避免土壤压实，维持土壤结构，达到深、平、细、碎、净、墒。

5.1.2 基肥

施腐熟有机肥 5 000 kg/667 m^2～10 000 kg/667 m^2，均匀混入适量生物菌肥，同时撒施复合肥 50 kg/667 m^2～100 kg/667 m^2。不得施用生活垃圾、工业废渣、污泥等。

基肥施用填写《生产基地田间农事活动记录表》(见表 A.7)。

5.2 播种

5.2.1 品种选择

根据不同的栽培类型，宜选用抗病、优质丰产、抗逆性强的品种。

应选用当年新种子。种子质量要求纯度≥97%，净度≥99%，发芽率≥93%，水分≤10%。植物检疫合格。

5.2.2 种子处理

将种子在清水中浸泡搅拌 10 min，捞出秕粒杂质，再将种子放入 55 ℃左右温水中浸泡 20 min～30 min，并不断搅动，捞出稍晾后播种。处理后填写《生产基地种子/种苗处理记录表》(见表 A.8)。

5.2.3 播种方法与播种量

苗床宜选用土壤疏松、有机质丰富、地势平坦、灌溉方便的砂壤土。播种前，均匀撒施腐熟有机肥 300 kg/60 m^2，翻入土壤 20 cm 土层，整平，做成平畦，畦宽 1.2 m。每定植 667 m^2 大葱需备 60 m^2 苗床。

将种子与细沙土混合，均匀撒播。然后覆盖过筛细土 1 cm 左右，搭小拱棚覆膜保湿、保温，出苗后注意通风，使苗床温度保持在 25 ℃以下。

苗床用种量：75 g/60 m^2～100 g/60 m^2、细干土 1 kg/60 m^2。

填写《生产基地田间农事活动记录表》(见表 A.7)。

5.3 苗床管理

5.3.1 肥水管理

苗床干旱时适当浇小水，同时撒施尿素 1 kg/60 m^2～2 kg/60 m^2(限 1 次)。定植前 10 d 左右停止浇水，以促根壮苗。填写《生产基地田间农事活动记录表》(见表 A.7)。

5.3.2 适时定植

当葱秧长到 30 cm 左右，横径粗 0.7 cm～0.8 cm 左右时，即可移栽定植。

5.4 田间管理

5.4.1 定植方法与密度

宜采用开沟种植，沟深 30 cm～40 cm。引水浇沟，下渗后将葱苗插入沟内。插葱时，叶片分杈方向应与沟向平行或略有一锐角，便于田间管理时少伤叶。

栽植密度：行距 95 cm～120 cm，株距 2.5 cm～3 cm，1.8 万株/667 m^2～2.5 万株/667 m^2。

填写《生产基地田间农事活动记录表》(见表 A.7)。

5.4.2 肥水管理

根据土壤肥力和生长状况及时追肥，不得使用硝态氮肥。

定植后 40 d～45 d，追施腐熟有机肥 100 kg/567 m^2～150 kg/667 m^2、尿素 15 kg/667 m^2、过磷酸钙 25 kg/667 m^2，施于沟内，划锄后浇水。以后根据墒情浇水。

定植后 80 d 左右，追施硫酸钾肥 15 kg/667 m^2～20 kg/667 m^2，施于沟内，中耕后培土、浇水。每

4 d～5 d浇一次水。

定植后95 d左右，施尿素15 kg/667 m^2～20 kg/667 m^2，硫酸钾10 kg/667 m^2，撒在行间，浅中耕后浇水，该期浇两次水，遇大雨注意排水，防止葱沟积水。收获前10 d停止浇水施肥。

填写《生产基地田间农事活动记录表》(见表A.7)。

5.4.3 培土

当大葱进入旺盛生长期后，随着叶鞘加长，宜分次培土。每次培土3 cm～4 cm，将土培到外层叶的基部，宜培土3次～5次。填写《生产基地田间农事活动记录表》(见表A.7)。

5.5 收获及收获后处理

5.5.1 收获

当葱径达2 cm～3 cm时，即可收获，或按照客商的要求适时采收。

采收前，应对产品农药残留、重金属、硝酸盐等有害物质进行检验，保证产品符合相关质量安全要求，并填写《产品农药残留等有害物质检测结果记录表》(见表A.9)；采收后，填写《产品采收及流向记录表》(见表A.10)。

5.5.2 包装物

包装物应洁净无污染，并妥善存放。再利用的包装物品，应清洗干净，防止有害物质污染。

6 有害生物防治

6.1 防治原则

坚持"预防为主，综合防治"的植保方针，以农业和物理防治为基础，优先采用生物防治技术，辅之化学防治应急控害措施。

6.2 主要防治对象

主要防治对象为：蓟马、地下害虫、潜叶蝇、甜菜夜蛾、棉铃虫、猝倒病、霜霉病、紫斑病、灰霉病、锈病、软腐病等。

6.3 防治措施

6.3.1 农业防治

6.3.1.1 选用抗病品种

选用抗病品种，清洁田园，加强肥水管理，合理密植，提高植株抗病力。

6.3.1.2 清洁田园

清除前茬作物的残留枝叶，带出田外集中处理。

6.3.1.3 轮作

连续种植2年～3年后宜与非百合科作物进行一次轮作。

6.3.2 生物防治

利用性信息素技术控制甜菜夜蛾，每300 m^2放置1只专用诱捕器，每只诱捕器安装诱芯1枚，每15 d更换1次诱芯，诱捕器的诱虫孔高于大葱顶部30 cm。

6.3.3 物理防治

6.3.3.1 防虫网

阻止蓟马等害虫进入棚室危害，宜选用22目～30目、孔径0.18 cm的银灰色防虫网，直接罩在大棚骨架上，或搭水平棚架覆盖。

6.3.3.2 黄板

棚室内设置涂有粘着剂的黄板诱杀蚜虫和潜叶蝇等。黄板规格30 cm×20 cm为宜，悬挂于植株上方10 cm～15 cm处，30块/667 m^2～40块/667 m^2。

6.3.3.3 蓝板

田间设置涂有粘着剂的蓝版诱杀蓟马等害虫。篮板规格30 cm×20 cm为宜，悬挂于植株上方

10 cm～15 cm 处，20 块/667 m^2～25 块/667 m^2。

6.3.3.4　**电子杀虫灯**

诱杀甜菜夜蛾、地老虎、金龟子、蝼蛄等害虫，每 2 hm^2～3 hm^2 悬挂 1 盏电子杀虫灯(220 V，15 W)，离地高度 1.2 m～1.5 m。

6.3.4　**化学防治**

6.3.4.1　**一般要求**

应符合 GB/T 8321(所有部分)的要求。

6.3.4.2　**防治方案**

见附录 B，防治后填写《生产基地有害生物防治记录表》(见表 A.11)。

6.3.4.3　**施药器械**

施药前应确保施药器械洁净并校准。施药器械使用后应清洗干净放置。

6.3.4.4　**轮换用药**

为避免或减缓有害生物抗药性的产生，宜轮换使用化学防治农药。

6.3.4.5　**剩余药液处理**

应按照需要准确配制，少量剩余药液(粉)进行无害化处理，或喷洒到法规允许的休耕地中，并填写《剩余药液或清洗废液处理记录表》(见表 A.12)。

7　劳动保护

7.1　培训

凡使用、处理农药、化肥的人员，以及所有操作危险或复杂设备的人员都应经过培训，并填写《生产基地人员登记表》(见表 A.4)。

7.2　施药保护

施药时，操作者应穿着防护服，不得吸烟、吃东西，施药后应立即用肥皂清洗皮肤裸露部位，换洗衣服。

7.3　警示

施药后，现场应立即设置警示标志。其他工作现场和危险场所附近亦应设置警示标志。潜在危险区的警示标志设于入口处。

8　批次管理

同一地块或同一大棚采用同一种植管理模式在同一天采收的同一品种为 1 个生产批。以 1 年为 1 个流水周期编号，共 3 位数。产品批次号为采收日期(yymmdd)＋流水号＋产品名称拼音首字母＋基地所在省(市、区)行政区划代码(6 位)＋基地名称拼音首字母。填写《产品采收及流向记录表》(见表 A.10)。

9　档案记录

每个生产地块(棚室)应建立独立、完整的生产记录档案(见附录 A)，保留生产过程中各个环节的有效记录，以证实所有的农事操作遵循本指导性技术文件规定。记录应当保留两年以上。

附　录　A
（规范性附录）
生产记录表格

表 A.1　生产基地基本情况记载表

基地名称			基地编号		
基地地址			基地面积		
基地负责人		电话		基地建成时间	
植保员姓名			资格证书号		
灌溉水源					
周围环境情况					
前茬栽培主要作物					
拟种植的主要作物					
土壤检测报告编号		报告日期		评定结论	
水质检测报告编号		报告日期		评定结论	
空气检测报告编号		报告日期		评定结论	
备　注					

制表人：　　　　　　　　制表日期：

表 A.2 生产基地现存生物种类调查记录表

调查单位： 调查负责人： 调查时间：

生物名称	学　　名	分类地位	密度

制表人： 制表日期：

表 A.3　生产基地主要农用设备(工具)登记表

农用设备(工具)名称	型号	生产厂家	数量	购买日期	现况	保管人	备注

制表人：　　　　　　　　　　制表日期：

表 A.4　生产基地人员登记表

姓名	性别	出生日期	学历	职称/职务	参加工作时间	家庭住址	电话	证书及编号	培训记录

制表人：　　　　　　　　制表日期：

表 A.5 生产基地投入品出、入库记录表

日期	入库						出库			库存
	投入品名称	数量	规格	生产企业	产品来源	检测报告编号	数量	领用单位	领用人	

仓库保管：

表 A.6　生产基地农药质量检测结果记录表

农药名称		剂型含量	
生产厂家		登记证号	
农药批号		采购单位	
发票号码		检测日期	
检测单位			
检测执行标准		检测报告编号	
检测结果			
检测项目	标　准　值	检测值	结论
备　注			

制表人：　　　　　　　　制表日期：

表 A.7 生产基地田间农事活动记录表

地块/大棚编号	前茬作物	种植作物	播种时间	播种量 kg/667 m^2	株行距 cm	预计收获时间/数量

田间农事活动记录

日期	活动内容	肥料名称	使用量	使用设备	天气状况	操作人	技术负责人

注：农事操作包括：耕田、起垄、种植、移栽、施肥、浇水、除草、间苗、培土、划锄、收获等；天气状况主要记载温度、湿度、风力、降水等。

制表人：　　　　　　　　制表日期：

表 A.8 生产基地种子/种苗处理记录表

操作人		电　话	
种子/种苗品种		地块/大棚编号	
种子/种苗来源			
防治对象			
药剂处理情况记录			
药剂名称与剂型			
生产厂家			
处理方式			
处理剂量			
处理日期			
温水浸种			
水　温		浸种时间	
备　注			
注：每地块/大棚一卡。			

制表人：　　　　　　　　制表日期：

表 A.9　产品农药残留等有害物质检测结果记录表

产品名称		地块/大棚编号	
检测单位			
样品采集时间		报告日期	
检测执行标准		检测报告编号	
检测结果			
检 测 项 目	标　准　值	检　测　值	结　　论
备　注			

制表人：　　　　　　　　　制表日期：

表 A.10　产品采收及流向记录表

批次号	地块/大棚编号	产品名称	采收日期	数/重量	农残检测	供货对象	备注

制表人：　　　　　　　制表日期：

表 A.11 生产基地有害生物防治记录表

作物名称				地块/大棚编号					
防治措施									
日期	防治对象	农药名称	使用量	使用设备	是否符合标准方案	更改标准方案理由及新方案可行性	天气状况	防治人员	植保员

注：天气状况主要记载温度、湿度、风力、降水等。

制表人：　　　　　　　　　　　　制表日期：

表 A.12 剩余药液或清洗废液处理记录表

操作人		电　话	
剩余农药或清洗废液名称		数　量	
处理地点		处理日期	
处理方式			
备　注			

制表人：　　　　　　　　　　制表日期：

附　录　B
（规范性附录）
大葱主要有害生物防治方案

表 B.1　大葱主要有害生物防治方案

生育期	防治对象	化学防治			安全间隔期
		防治适期	防治方法	兼治对象	
幼苗期（定植前）	猝倒病	病株率 1%	方案一：25%腈嘧菌酯 SC 30 g/667 m^2～34 g/667 m^2—[a]72.2%霜霉威 AS 80 100 mL/667 m^2—50%烯酰吗啉 WP 60 g/667 m^2～100 g/667 m^2 兑水 30 kg～50 kg 喷雾。视病情防治 2 次～3 次，施药间隔 6 d～7 d。 方案二：72.2%霜霉威 AS 80 mL/667 m^2～100 mL/667 m^2—50%烯酰吗啉 WP 60 g/667 m^2～100 g/667 m^2 兑水喷雾。视病情防治 2 次～3 次，施药间隔 6 d～7 d	—	腈嘧菌酯：37 d 霜霉威：15 d 烯酰吗啉：25 d 灭蝇胺：30 d 吡虫啉：25 d 噻虫嗪：21 d 敌百虫：35 d 氟唑虫清：21 d 氟定脲：45 d 多杀霉素：7 d 茚虫威：35 d 百菌清：35 d 亚胺菌：24 d 氢氧化铜：3 d
	霜霉病	初见病株	方案一：25%腈嘧菌酯 SC 34 g/667 m^2—50%烯酰吗啉 WP 60 g/667 m^2～100 g/667 m^2 兑水喷雾。视病情连喷 2 次～3 次，施药间隔 7 d。 方案二：75%百菌清 WP 100 g/667 m^2—50%烯酰吗啉 WP 60 g/667 m^2～100 g/667 m^2 兑水喷雾。视病情连喷 2 次～3 次，施药间隔 6 d～7 d	白色疫病	
	蓟马	虫株率 5%	方案一：20%灭蝇胺 SPX 30 g/667 m^2—25%噻虫嗪 WG 4 g/667 m^2 兑水喷雾。视虫情连防 1 次～2 次，施药间隔 6 d～7 d。 方案二：10%吡虫啉 WP 10 g/667 m^2—25%噻虫嗪 WG 4 g/667 m^2 兑水喷雾。视虫情连防 1 次～2 次，施药间隔 6 d～7 d	斑潜蝇	
	地下害虫	—	用 90%敌百虫 SP 0.15 kg 拌豆饼 5 kg，做成毒饵，每 667 m^2 用毒饵 1.5 kg～2.5 kg	—	
假茎形成期	甜菜夜蛾	5 头/百株	方案一：10%氟唑虫清 SC 30 mL/667 m^2—2.5%多杀霉素 SC 70 mL/667 m^2。视虫情防治 1 次～2 次，施药间隔 6 d～7 d。 方案二：5%氟定脲 EC 50 mL/667 m^2—15%茚虫威 SC 20 mL/667 m^2 兑水喷雾。视虫情防治 1 次～2 次，施药间隔 6 d～7 d	棉铃虫、斜纹夜蛾等	
	紫斑病	初见病株	方案一：25%腈嘧菌酯 SC 34 g/667 m^2 兑水喷雾。视病情连喷 2 次～3 次，施药间隔 6 d～7 d。 方案二：75%百菌清 WP 100 g/667 m^2 兑水喷雾。视病情连喷 2 次～3 次，施药间隔 6 d～7 d	霜霉、白色疫病	
	灰霉病	初见病叶	25%腈嘧菌酯 SC 34 g/667 m^2。视病情连喷 2 次～3 次，施药间隔 6 d～7 d	—	

表 B.1(续)

生育期	防治对象	化学防治			安全间隔期
		防治适期	防 治 方 法	兼治对象	
假茎形成期	锈病	初见病叶	方案一:75%百菌清 WP 100 g/667 m^2 兑水喷雾。视病情连喷 2 次~3 次,施药间隔 6 d~7 d。 方案二:50%烯酰吗啉 WP 60 g/667 m^2~100 g/667 m^2—50% 亚胺菌 DF 17 g/667 m^2 兑水喷雾。视病情连喷 2 次~3 次,施药间隔 6 d~7 d	—	腈嘧菌酯:37 d 霜霉威:15 d 烯酰吗啉:25 d 灭蝇胺:30 d 吡虫啉:25 d 噻虫嗪:21 d 敌百虫:35 d 氟唑虫清:21 d 氟定脲:45 d 多杀霉素:7 d 茚虫威:35 d 百菌清:35 d 亚胺菌:24 d 氢氧化铜:3 d
	软腐病	初见病株	发病初期用 77%氢氧化铜 WP 50 g/667 m^2 兑水喷雾。视病情连防 2 次~3 次,施药间隔 7 d~10 d	—	
	霜霉病	初见病株	同幼苗期	白色疫病	

a “—”表示药剂轮换使用。

ICS 65.020.01
B 05

中华人民共和国国家标准化指导性技术文件

GB/Z 26578—2011

大蒜生产技术规范

Production technical practice for garlic

2011-06-16 发布　　　　2011-11-15 实施

中华人民共和国国家质量监督检验检疫总局
中国国家标准化管理委员会　发布

前　言

本指导性技术文件的附录A、附录B为规范性附录。

本指导性技术文件由国家质量监督检验检疫总局提出。

本指导性技术文件由中国标准化研究院归口。

本指导性技术文件起草单位：山东省植物保护总站、国家质量监督检验检疫总局国际检验检疫标准与技术法规研究中心、临沂市植保站、苍山县植保站、成武县植保站。

本指导性技术文件主要起草人：嵇俭、蒲民、李明立、鲁学习、宋姝娥、葛秀亭、张福远、刘会海。

大蒜生产技术规范

1 范围

本指导性技术文件规定了大蒜生产的基本要求，主要包括生产基地的选择和管理、生产投入品管理、栽培管理、有害生物防治、劳动保护、批次管理、档案记录等方面。

本指导性技术文件适用于大蒜的生产。

2 规范性引用文件

下列文件中的条款通过本指导性技术文件的引用而成为本指导性技术文件的条款。凡是注日期的引用文件，其随后所有的修改单(不包括勘误的内容)或修订版均不适用于本指导性技术文件，然而，鼓励根据本指导性技术文件达成协议的各方研究是否可使用这些文件的最新版本。凡是不注日期的引用文件，其最新版本适用于本指导性技术文件。

GB/T 8321(所有部分)　农药合理使用准则

GB/T 18407.1　农产品安全质量　无公害蔬菜产地环境要求

3 生产基地选择和管理

3.1 生产基地选择

生产基地环境条件应符合 GB/T 18407.1 的要求，并填写《生产基地基本情况记载表》(见表 A.1)和《生产基地现存生物种类调查记录表》(见表 A.2)。宜选择地势平坦、排灌方便、土层深厚、土壤疏松肥沃、理化性状良好，前 2 年～3 年未种植洋葱、大蒜等百合科作物的壤土地块。

生产基地应远离污染源。连片面积宜在 3 hm^2 以上。

3.2 生产基地管理

3.2.1 工作室

生产基地应建有工作室。室内配备桌椅、资料橱等，放置有关生产管理记录表册，张贴生产技术规范、病虫害防治安全用药标准一览表、基地管理及投入品管理等有关规章制度。

3.2.2 基地仓库

生产基地应建有专用仓库，单独存放施药器械和未用完的种子(苗)、农药、化肥等。仓库应安全、卫生、通风、避光，内设货架，配备必要的农药配制量具、防护服、急救箱等，并填写《生产基地主要农用设备(工具)登记表》(见表 A.3)。

3.2.3 盥洗室

生产基地应设有盥洗室，室内卫生清洁。

3.2.4 废物与污染物收集设施

生产基地应设有收集垃圾和农药空包装等废物与污染物的设施。

3.2.5 灌溉系统

生产基地应建立排灌分开的管理系统，如储水池、供水渠道、灌溉设备等。

井灌区水井井口应高出地面 30 cm 以上，并配有防护设施，防止雨水倒灌和弃入污染物等。

3.2.6 植保员

生产基地应配备植保员，负责病虫害的防治、农药使用管理与记录等。植保员配备数量应能满足每个基地生产的需要，并填写《生产基地基本情况记载表》(见表 A.1)和《生产基地人员登记表》(见表 A.4)。

植保员应获得国家植保员职业资格证书，并经过有害生物综合治理(IPM)培训。

3.2.7 肥料员

有条件的生产基地宜配备肥料技术人员，负责肥料的施用管理与记录等。填写《生产基地人员登记表》（见表 A.4）。

3.2.8 环境条件监测

新建生产基地应进行环境条件监测。每 2 年～3 年，或环境条件发生变化有可能影响产品质量安全时，应由有资质的监测单位及时进行相关指标的检测，以确定是否继续使用该生产基地。保留检测报告，并填写《生产基地基本情况记载表》（见表 A.1）。

3.2.9 平面图

生产基地应制作平面分布图，用来制定种植规划和田间管理方案等。

3.2.10 标志标示

生产基地有关的位置、场所，应设置醒目的标志、标示。

3.2.11 隔离防护

基地周围应建立隔离网、隔离带等，或具有天然隔离屏障，防止外源污染。

4 生产投入品管理

4.1 农药的采购与贮藏

4.1.1 农药的采购

应从正规渠道采购合格的农药，并索取购药凭证或发票。不应采购下列农药：非法销售点销售的农药、无农药登记证或农药临时登记证的农药、无农药生产许可证或者农药生产批准文件的农药、无产品质量标准及合格证明的农药、无标签或标签内容不完整的农药、超过保质期的农药以及国家禁止使用的农药。

采购的农药应索取农药质量证明资料，必要时进行检验，填写《生产基地投入品出、入库记录表》（见表 A.5）和《生产基地农药质量检测结果记录表》（见表 A.6）。

4.1.2 农药的贮藏

农药应贮藏于厂区专用仓库，由专人负责保管。仓库应符合防火、卫生、防腐、避光、通风等安全条件要求，并配有农药配制量具、急救药箱，出入口处贴有警示标志。

4.1.3 农药包装物处理

农药包装物不应重复使用、乱扔。农药空包装物应清洗 3 次以上，清洗水妥善处理，将清洗后的包装物压坏或刺破，防止重复使用，必要时应贴上标签，以便回收处理。空的农药包装物在处置前应安全存放。

4.2 肥料的采购与贮藏

4.2.1 肥料的采购

应从正规渠道采购合格肥料，并索取购肥凭证或发票。不得采购下列肥料：非法销售点销售的肥料、超过保质期的肥料。

采购的肥料应填写《生产基地投入品出、入库记录表》（见表 A.5）。

4.2.2 肥料的贮藏

肥料应妥善保存，单独放置于清洁、干燥的仓库，由专人负责保管。不得与苗木、农产品存放在一起。

5 栽培管理

5.1 整地施肥

5.1.1 整地

清除前茬作物残留枝叶，带出田外集中处理，降低病（虫）源基数。

深翻土壤 25 cm 以上，整平耙实。宜使用机械耕翻，维持土壤结构。

5.1.2 整畦

平畦栽培：畦宽 1.5 m～2 m，埂宽 30 cm，播种 8 行～12 行。

高畦栽培：畦宽 80 cm～90 cm，畦高 8 cm～12 cm，播种 4 行。

5.1.3 基肥

根据肥力状况，施用腐熟有机肥 4 000 kg/667 m^2～5 000 kg/667 m^2 或棉子饼（豆饼）100 kg/667 m^2，氮肥（N）3 kg/667 m^2～5 kg/667 m^2、磷肥（P_2O_5）6 kg/667 m^2～8 kg/667 m^2、钾肥（K_2O）6 kg/667 m^2～8 kg/667 m^2。不得施用生活垃圾、工业废渣、污泥等。

基肥施用填写《生产基地田间农事活动记录表》（见表 A.7）。

5.2 种苗的选择

5.2.1 品种选择

宜选用抗病、优质、丰产、抗逆性强的品种。

5.2.2 种蒜质量

应选用当年新种子。种子质量要求纯度≥97%，健瓣率≥96%，整齐度≥92%，完整度≥95%，水分≤65%。植物检疫合格。

5.3 播种

5.3.1 种蒜处理

5.3.1.1 种蒜分级

掰瓣时除去茎踵，以利生根出苗。按大、中、小分级，分别播种。

5.3.1.2 药剂处理

见附录 B。填写《生产基地种子/种苗处理记录表》（见表 A.8）。

5.3.2 播种时期

北纬 35°以南地区，适宜秋季播种；北纬 35°～38°之间地区，春、秋均可播种。播种时间为日平均温度稳定在 20 ℃～22 ℃时。

5.3.3 播种方法及播种密度

5.3.3.1 播种方法

条播，开沟深 6 cm～7 cm，在栽种沟内先撒种肥后排种，种蒜定向栽直、栽稳，播种后覆土耧平、浇水。点播，每孔播一枚种蒜瓣，孔深 3 cm～4 cm。

5.3.3.2 种植密度

平畦栽培：行距 16 cm～20 cm，株距 8 cm～10 cm。

高畦、高垄栽培：行距 12 cm～14 cm，株距 8 cm～10 cm。

播种密度 25 000 株/667 m^2～60 000 株/667 m^2。

5.3.3.3 除草和覆膜

栽种后，喷施除草剂（见附录 B）。然后覆透明地膜，膜厚 0.004 mm～0.008 mm。

填写《生产基地田间农事活动记录表》（见表 A.7）。

5.4 田间管理

5.4.1 苗期管理

幼苗长出 3 片叶后，浇一次促苗水，结合浇水追施复合肥 20 kg/667 m^2。未覆膜田浇促苗水后，及时中耕除草。土壤上冻前，浇一次越冬水，并覆草防冻。

翌年蒜苗返青时，撤去盖草，浇返青水。覆膜田结合浇水追施复合肥 30 kg/667 m^2。未覆膜田追施农家肥 2 000 kg/667 m^2，并划锄松土、除草。以后每隔 8 d～10 d 浇一次水。

填写《生产基地田间农事活动记录表》（见表 A.7）。

5.4.2　蒜薹伸长期管理

应根据土壤墒情，每5 d～7 d浇一次水，蒜薹采收前3 d～4 d停止浇水。结合浇水，10 d～15 d追施以磷、钾元素为主的肥料10 kg/667 m^2左右。同时喷施植物生长营养液或生物菌肥，隔7 d一次，连喷3次。填写《生产基地田间农事活动记录表》(见表A.7)。

5.4.3　鳞茎膨大期管理

蒜薹采收后，每5 d～7 d浇一次水，大蒜鳞茎采收前5 d～7 d停止浇水。在蒜薹采收后结合浇水追施一次速效氮肥(折纯氮)2 kg/667 m^2～3 kg/667 m^2、钾肥(K_2O)2 kg/667 m^2～4 kg/667 m^2。

填写《生产基地田间农事活动记录表》(见表A.7)。

5.5　收获及收获后处理

5.5.1　一般要求

采收前，应对产品农药残留、重金属、硝酸盐等有害物质进行检验，保证产品符合相关质量安全要求，并填写《产品农药残留等有害物质检测结果记录表》(见表A.9)。

采收后，填写《产品采收及流向记录表》(见表A.10)。

5.5.2　蒜薹采收

大部分蒜薹抽出约25 cm、刚开始打弯、总苞变白时采收。选择晴天上午10时以后，茎叶略微萎蔫时进行。

蒜薹采收后用软质绳系捆，每捆0.5 kg～1 kg，放置于仓库中，防止雨淋日晒。

5.5.3　大蒜鳞茎采收

采收蒜薹后18 d左右，大多叶片干枯，植株处于柔软状态，假鳞茎已不容易折断时，即可采收。

5.5.4　大蒜鳞茎管理

收获后，用蒜叶盖住大蒜鳞茎，成行排放晾晒。蒜叶半干后扎捆，待蒜秸干后室外垛放，大蒜鳞茎朝外，注意防止雨淋。每半月倒垛晾晒一次，晾晒2次～3次后，移到仓库存放。

5.5.5　清洁田园

将残留大蒜植株及其他植物残体清出田外，集中销毁处理。

5.5.6　包装物

包装物应洁净无污染，并妥善存放。再利用的包装物品，应清洗干净，防止有害物质污染。

6　有害生物防治

6.1　防治原则

坚持“预防为主，综合防治”的植保方针，以农业和物理防治为基础，优先采用生物防治技术，辅之化学防治应急控害措施。

6.2　主要防治对象

主要防治对象为：叶枯病、灰霉病、种蝇、刺足根螨、豌豆潜叶蝇、蓟马、杂草等。

6.3　防治措施

6.3.1　农业防治

6.3.1.1　选用抗病品种

宜选用抗病抗逆性强的优质、丰产品种。生产过程中应加强安全栽培管理，预防病害发生。

6.3.1.2　轮作

每2年～3年宜与非百合科作物进行一次轮作。

6.3.2　物理防治

6.3.2.1　蓝板

设置涂有粘着剂的蓝板诱杀蓟马和蚜虫等。蓝板规格30 cm×20 cm为宜，悬挂于植株上方10 cm～15 cm处，30块/667 m^2～40块/667 m^2。

6.3.2.2 电子杀虫灯

诱杀地老虎、金龟子、蝼蛄等害虫，每 2 hm^2～3 hm^2 悬挂 1 盏电子杀虫灯(220 V,15 W)，离地高度 1.2 m～1.5 m。

6.3.3 化学防治

6.3.3.1 基本要求

应符合 GB/T 8321(所有部分)的要求。

6.3.3.2 防治方案

见附录 B。防治后填写《生产基地有害生物防治记录表》(见表 A.11)。

6.3.3.3 施药器械

施药前应确保施药器械洁净并校准。施药器械使用后应清洗干净放置。

6.3.3.4 轮换用药

为避免或减缓有害生物抗药性的产生，宜轮换使用化学防治农药。

6.3.3.5 剩余药液处理

应按照需要准确配制，少量剩余药液(粉)进行无害化处理，或喷洒到法规允许的休耕地中，并填写《剩余药液或清洗废液处理记录表》(见表 A.12)。

7 劳动保护

7.1 培训

凡使用、处理农药、化肥的人员，以及所有操作危险或复杂设备的人员都应经过培训，并填写《生产基地人员登记表》(见表 A.4)。

7.2 施药保护

施药时，操作者应穿着防护服，不得吸烟、吃东西，施药后应立即用肥皂清洗皮肤裸露部位，换洗衣服。

7.3 警示

施药后，现场应立即设置警示标志。其他工作现场和危险场所附近亦应设置警示标志。潜在危险区的警示标志设于入口处。

8 批次管理

同一地块或同一大棚采用同一种植管理模式在同一天采收的同一品种为 1 个生产批。以 1 年为 1 个流水周期编号，共 3 位数。产品批次号为采收日期(yymmdd)＋流水号＋产品名称拼音首字母＋基地所在省(市、区)行政区划代码(6 位)＋基地名称拼音首字母。填写《产品采收及流向记录表》(见表 A.10)。

9 档案记录

每个生产地块(棚室)应建立独立、完整的生产记录档案(见附录 A)，保留生产过程中各个环节的有效记录，以证实所有的农事操作遵循本指导性技术文件规定。记录应当保留两年以上。

附 录 A
（规范性附录）
生产记录表格

表 A.1 生产基地基本情况记载表

基地名称					
基地地址			基地面积		
基地负责人		电话		基地建成时间	
植保员姓名			资格证书号		
灌溉水源					
周围环境情况					
前茬栽培主要作物					
拟种植的主要作物					
土壤检测报告编号		报告日期		评定结论	
水质检测报告编号		报告日期		评定结论	
空气检测报告编号		报告日期		评定结论	
备 注					

制表人：　　　　　　　　制表日期：

表 A.2　生产基地现存生物种类调查记录表

调查单位：　　　　　　　　调查负责人：　　　　　　　　调查时间：

生物名称	学　　名	分类地位	密度

制表人：　　　　　　　　　　制表日期：

表 A.3　生产基地主要农用设备(工具)登记表

农用设备(工具)名称	型号	生产厂家	数量	购买日期	现况	保管人	备注

制表人：　　　　　　　　　　制表日期：

表 A.4　生产基地人员登记表

姓名	性别	出生日期	学 历	职称/职务	参加工作时间	家庭住址	电话	证书及编号	培训记录

制表人：　　　　　　　制表日期：

表 A.5 生产基地投入品出、入库记录表

日期	入库						出库			库存
	投入品名称	数量	规格	生产企业	产品来源	检测报告编号	数量	领用单位	领用人	

仓库保管：

表 A.6　生产基地农药质量检测结果记录表

农药名称		剂型含量	
生产厂家		登记证号	
农药批号		采购单位	
发票号码		检测日期	
检测单位			
检测执行标准		检测报告编号	
检测结果			
检测项目	标　准　值	检测值	结　　论
备　注			

制表人：　　　　　　制表日期：

表 A.7　生产基地田间农事活动记录表

地块/大棚编号	前茬作物	种植作物	播种时间	播种量 kg/667 m^2	株行距 cm	预计收获时间/数量

田间农事活动记录

日期	活动内容	肥料名称	使用量	使用设备	天气状况	操作人	技术负责人

注：农事操作包括：耕田、起垄、种植、移栽、施肥、浇水、除草、间苗、培土、划锄、收获等；天气状况主要记载温度、湿度、风力、降水等。

制表人：　　　　　　制表日期：

表 A.8 生产基地种子/种苗处理记录表

操作人		电　话	
种子/种苗品种		拟种植地块/大棚编号	
种子/种苗来源			
防治对象			
药剂处理情况记录			
药剂名称与剂型			
生产厂家			
处理方式			
处理剂量			
处理日期			
温水浸种			
水　温		浸种时间	
备　注			
注：每地块/大棚一卡。			

制表人：　　　　　　　　　制表日期：

表 A.9 产品农药残留等有害物质检测结果记录表

产品名称		地块/大棚编号	
检测单位			
样品采集时间		检测执行标准	
报告日期		检测报告编号	
检测结果			
检 测 项 目	标 准 值	检 测 值	结 论
备 注			

制表人：　　　　　　　　　制表日期：

表 A.10 产品采收及流向记录表

批次号	地块/大棚编号	产品名称	采收日期	数/重量	农残检测	供货对象	备注

制表人：　　　　　　　　制表日期：

表 A.11　生产基地有害生物防治记录表

作物名称					地块/大棚编号				
防治措施									
日期	防治对象	农药名称	使用量	使用设备	是否符合标准方案	更改标准方案理由及新方案可行性	天气状况	防治人员	植保员

制表人：　　　　　　制表日期：

表 A.12 剩余药液或清洗废液处理记录表

操作人		电　话	
剩余农药或清洗废液名称		数　量	
处理地点		处理日期	
处理方式			
备　注			

制表人：　　　　　　　　　　制表日期：

附 录 B
（规范性附录）
大蒜主要有害生物防治方案

表 B.1 大蒜主要有害生物防治方案

防治对象	防治适期	防 治 方 法	兼治	安全间隔期
叶枯病	播种前	方案一：40%多菌灵 SC 500 倍浓—[a]50%腐霉利 WP 800 倍液～1 000 倍液浸种 24 h，捞出沥干水分备播。 方案二：50%异菌脲 WP 800 倍液～1 000 倍液浸种 24 h，捞出沥干水分备播	菌核病	多菌灵：52 d 腐霉利：220 d 咯菌腈：30 d 灭蝇胺：217 d 肟硫磷（拌种、灌根）：63 d 二甲戊乐灵：100 d 敌敌畏：21 d 肟硫磷（喷雾）：28 d 溴氰菊酯：14 d 哒螨灵：14 d 代森锰锌：43 d 杀螟丹：27 d 吡虫啉：45 d 噻虫嗪：18 d 异菌脲：200 d
灰霉病	播种前	2.5%咯菌腈 FS 100 g/100 kg 均匀拌种	—	
种蝇	播种前	10%落灭津 SC 100 g/100 kg 种蒜均匀拌种—用 3%肟硫磷 GR 3 kg/667 m^2～5 kg/667 m^2，混细土 10 kg～20 kg，均匀撒入翻种沟内	地下害虫、刺足根螨等	
杂草	覆膜前	喷施 33%二甲戊乐灵 EC 100 mL/667 m^2 喷雾防治	—	
种蝇	成虫盛发期	用 80%敌敌畏 EC 150 g，对水 5 kg 喷拌麦糠 25 kg 均匀撒施熏杀成虫—40%肟硫磷 EC 1 000 倍液喷雾	—	
	幼虫 3 龄期前	方案一：35%肟硫磷 CS 1 000 倍液—40%肟硫磷 EC 1 000 倍液灌根。 方案二：2.5%溴氰菊酯 EC 3 000 倍液灌根	地下害虫	
刺足根螨	虫株率 10%	15%哒螨灵 EC 1 000 倍液～2 000 倍液喷淋蒜株基部。施药间隔 7 d～10 d	—	
叶枯病	发病初期	方案一：40%多菌灵 SC 100 g/667 m^2 对水喷雾，施药间隔 7 d。 方案二：80%代森锰锌 WP 120 g/667 m^2～180 g/667 m^2 喷雾，施药间隔 7 d	灰霉病、菌核病、蒜薹黄斑病、蒜薹紫斑病	
豌豆潜叶蝇	始见虫道	方案一：10%落灭津 SC 30 g/667 m^2 对水喷雾，施药间隔 7 d。 方案二：98%杀螟丹 SPX 30 g/667 m^2，对水喷雾，施药间隔 5 d～7 d	蓟马	
蓟马	单株 2 头～3 头	方案一：10%灭蝇胺 SC 30 g/667 m^2—2.5%溴氰菊酯 EC 1 500 倍液喷雾；施药间隔 7 d。 方案二：10%吡虫啉 WP 30 g/667 m^2～35 g/667 m^2，对水喷雾，施药间隔 7 d～10 d。 方案三：25%噻虫嗪 WC 3 g/667 m^2，对水喷雾，施药间隔 7 d～10 d	蚜虫、豌豆潜叶蝇	

[a] “—”表示药剂轮换使用。

ICS 65.020.01
B 05

GB

中华人民共和国国家标准化指导性技术文件

GB/Z 26579—2011

冬枣生产技术规范

Production technical practice for Chinese winter jujube

2011-06-16 发布　　2011-11-15 实施

中华人民共和国国家质量监督检验检疫总局
中国国家标准化管理委员会　发布

前　言

本指导性技术文件的附录A及附录B为规范性附录。

本指导性技术文件由国家质量监督检验检疫总局提出。

本指导性技术文件由中国标准化研究院归口。

本指导性技术文件起草单位：滨州市植保站、山东省植物保护总站、中华人民共和国山东出入境检验检疫局、东营河口区植保站、无棣县植保站。

本指导性技术文件主要起草人：刘俊展、李明立、章红兵、刘会海、宋姝娥、孙洁、张秀安、刘京涛。

冬枣生产技术规范

1 范围

本指导性技术文件规定了冬枣生产的基本要求，主要包括生产基地的选择和管理、生产投入品管理、栽培管理、有害生物防治、劳动保护、批次管理、档案记录等方面。

本指导性技术文件适用于冬枣的生产。

2 规范性引用文件

下列文件中的条款通过本指导性技术文件的引用而成为本指导性技术文件的条款。凡是注日期的引用文件，其随后所有的修改单(不包括勘误的内容)或修订版均不适用于本指导性技术文件，然而，鼓励根据本指导性技术文件达成协议的各方研究是否可使用这些文件的最新版本。凡是不注日期的引用文件，其最新版本适用于本指导性技术文件。

GB/T 8321(所有部分)　农药合理使用准则

GB/T 18407.2　农产品安全质量　无公害水果产地环境要求

3 术语和定义

下列术语和定义适用于本指导性技术文件。

3.1

枣头　vegetative shoot

形成树冠骨架的生长性枝条。

3.2

枣吊　bearing branch

着生枣树花、果的枝条。

3.3

枣股　bearing base shoot

着生枣吊的短缩枝。

3.4

结果基枝　secondary tress

着生枣股的枝条。

3.5

环剥　band girdle

环状切除树干或主枝上适当宽度的树皮、韧皮部。

4 生产基地选择和管理

4.1 生产基地选择

生产基地环境条件符合 GB/T 18407.2 的要求，并填写《生产基地基本情况记载表》(见表 A.1)和《生产基地现存生物种类调查记录表》(见表 A.2)。宜选择地势平坦、排灌方便、土层深厚、土壤疏松肥沃、理化性状良好的壤土地块。

生产基地应远离污染源。连片面积宜在 3 hm^2 以上。

4.2 生产基地管理

4.2.1 工作室

生产基地应建有工作室。室内配备桌椅、资料橱等，放置有关生产管理记录表册，张贴生产技术规范、病虫害防治安全用药标准一览表、基地管理及投入品管理等有关规章制度。

4.2.2 基地仓库

生产基地应建有专用仓库，单独存放施药器械和未用完的种子(苗)、农药、化肥等。仓库应安全、卫生、通风、避光，内设货架，配备必要的农药配制量具、防护服、急救箱等，并填写《生产基地主要农用设备(工具)登记表》(见表 A.3)。

4.2.3 盥洗室

生产基地应设有盥洗室，室内卫生清洁。

4.2.4 废物与污染物收集设施

生产基地应设有收集垃圾和农药空包装等废物与污染物的设施。

4.2.5 灌溉系统

生产基地应建立排灌分开的管理系统，如储水池、供水渠道、灌溉设备等。

井灌区水井井口应高出地面 30 cm 以上，并配有防护设施，防止雨水倒灌和弃入污染物等。

4.2.6 植保员

生产基地应配备植保员，负责病虫害的防治、农药使用管理与记录等。植保员配备数量应能满足每个基地生产的需要，并填写《生产基地基本情况记载表》(见表 A.1)和《生产基地人员登记表》(见表 A.4)。

植保员应获得国家植保员职业资格证书，并经过有害生物综合治理(IPM)培训。

4.2.7 肥料员

有条件的生产基地宜配备肥料技术人员，负责肥料的施用管理与记录等。填写《生产基地人员登记表》(见表 A.4)。

4.2.8 环境条件监测

新建生产基地应进行环境条件监测。每 2 年～3 年，或环境条件发生变化有可能影响产品质量安全时，应由有资质的监测单位及时进行相关指标的检测，以确定是否继续使用该生产基地。保留检测报告，并填写《生产基地基本情况记载表》(见表 A.1)。

4.2.9 平面图

生产基地应制作平面分布图，用来制定种植规划和田间管理方案等。

4.2.10 标志标示

生产基地有关的位置、场所，应设置醒目的标志、标示。

4.2.11 隔离防护

基地周围应建立隔离网、隔离带等，或具有天然隔离屏障，防止外源污染。

5 生产投入品管理

5.1 农药的采购与贮藏

5.1.1 农药的采购

应从正规渠道采购合格的农药，并索取购药凭证或发票。不应采购下列农药：非法销售点销售的农药、无农药登记证或农药临时登记证的农药、无农药生产许可证或者农药生产批准文件的农药、无产品质量标准及合格证明的农药、无标签或标签内容不完整的农药、超过保质期的农药以及国家禁止使用的农药。

采购的农药应索取农药质量证明资料，必要时进行检验，填写《生产基地投入品出、入库记录表》(见表 A.5)和《生产基地农药质量检测结果记录表》(见表 A.6)。

5.1.2 农药的贮藏

农药应贮藏于厂区专用仓库，由专人负责保管。仓库应符合防火、卫生、防腐、避光、通风等安全条件要求，并配有农药配制量具、急救药箱，出入口处贴有警示标志。

5.1.3 农药包装物处理

农药包装物不应重复使用、乱扔。农药空包装物应清洗3次以上，清洗水妥善处理，将清洗后的包装物压坏或刺破，防止重复使用，必要时应贴上标签，以便回收处理。空的农药包装物在处置前应安全存放。

5.2 肥料的采购与贮藏

5.2.1 肥料的采购

应从正规渠道采购合格肥料，并索取购肥凭证或发票。不得采购下列肥料：非法销售点销售的肥料、超过保质期的肥料。

采购的肥料应填写《生产基地投入品出、入库记录表》(见表A.5)。

5.2.2 肥料的贮藏

肥料应妥善保存，单独放置于清洁、干燥的仓库，由专人负责保管。不得与苗木、农产品存放在一起。

6 栽培管理

6.1 栽植

6.1.1 挖穴施肥

根据栽植密度要求，开挖树穴。穴径80 cm～100 cm，深60 cm。熟(表)土与生土分开堆放。穴底部先铺易腐烂的秸草2 kg～3 kg，然后每穴施优质圈肥或堆肥20 kg～30 kg，磷酸二铵0.5 kg，也可拌入适量的生物菌肥。将肥料与表土掺合后填入穴内，稍踏实，使穴底部略高于四周，呈丘状。基肥施用填写《生产基地田间农事活动记录表》(见表A.7)。

6.1.2 树苗处理

剪去树苗死伤及过长的树根、结果基枝，用清水浸泡24 h～48 h，使树苗吸足水分，备栽。

填写《生产基地种子/种苗处理记录表》(见表A.8)。

6.1.3 栽植时间

春、秋两季均可栽植。春栽宜在土壤解冻后至树苗萌芽前进行。秋栽宜于树苗落叶后至土壤封冻前进行。长江以南气候温暖地区宜秋栽，而秋季干旱、冬季寒冷多风的长江以北地区宜春栽。

苗木起出后应尽快栽植，否则应进行假植，随栽随取。

6.1.4 栽植密度

普通枣园：行距4 m～5 m，株距3 m，44株/667 m^2～55株/667 m^2；

密植枣园：行距2 m～3 m，株距1 m～2 m，111株/667 m^2～333株/667 m^2；

栽植以南北行向为宜。

6.1.5 栽植方法

树苗扶正，使根系向四周自然舒展，边填土边轻轻提动树苗，让熟土灌满根际，生土回培在上层，分层踏实。栽植深度与其在苗圃时的深度基本相同。然后，将剩余的生土围成穴堰，浇足水，使土沉实，充分与苗根密接。待水下渗、划锄后，穴面铺盖地膜，保墒保湿。

填写《生产基地田间农事活动记录表》(见表A.7)。

6.2 修剪

6.2.1 修剪时间

冬季修剪：从落叶到发芽前进行。北方地区以萌动期为宜。

夏季修剪：从抽枝展叶期到幼果速长期进行。

6.2.2 幼树修剪

以整形为主。该期抽生枣头数量少，单枝生长量大，修剪时要少疏多留。

6.2.2.1 截干

适于密植园冬枣树形的修剪。树干直径 3 cm 左右，发芽前，从定干高度以上 4 节～5 节处剪除树梢，并从基部剪掉剪口下的第 1 个结果基枝，以刺激主干抽生枣头培养中心干。然后选 3 个～4 个方位适宜的结果基枝，各剪留 1 个～2 个枣股，促其主芽萌发枣头，培养第 1 层主枝。其他枝条全部剪除。修剪后填写《生产基地田间农事活动记录表》(见表 A.7)。

6.2.2.2 清干

适于普通园和间作园冬枣树形的修剪。逐年自下而上清除树干上的结果基枝和不能用做主枝的枣头。按选择的树形，留出所需要的树干高度，选留主枝。清干高度不超过树高的 1/3～1/2，3 年～5 年完成清干。

6.2.2.3 主枝培养

按所整树形，在中心干的适当部位选留健壮的枣头，用撑、拉、别等方法，调整其延伸方向和开张角度，将其培养为主枝。

6.2.2.4 刻芽补枝

春季树液流动后到萌芽期，在缺枝部位选择较饱满的芽，剪除其近旁的结果基枝，在芽上方 1 cm 处横切树皮，深达木质部，刀口长超过芽侧各 0.5 cm，宽 0.3 cm。刻芽枝条直径应在 2.5 cm 以上，细枝刻芽效果不佳。填写《生产基地田间农事活动记录表》(见表 A.7)。

6.2.2.5 重截枣头

超过 1 m～1.5 m 长的主、侧枝条，冬剪时在其 1 年生枣头中部饱满芽处重截或回缩到多年生枝的适当部位，疏除剪口下的结果基枝或留 1 节～2 节，以促使剪口芽和重截的结果基枝春季抽发新枝，培养成侧枝和枣吊组。填写《生产基地田间农事活动记录表》(见表 A.7)。

6.2.2.6 摘心疏枝

夏季(7 月～8 月)枣头生长后期，对主、侧枝延长枝需要分生侧生骨干枝或枣吊组的部位摘心或短截。冬季修剪时，剪去剪口下的 2 个～3 个结果基枝，促使 2 个侧芽春季萌发成新的延长枝和侧生分枝。夏季摘心不宜过重过早，以免剪口芽当年萌发，长成弱枝，达不到预期目的。填写《生产基地田间农事活动记录表》(见表 A.7)。

6.2.2.7 培养枣吊组

选留主、侧枝两侧和斜上方，以及主干四周适当部位的枣头，采用摘心、短截等措施控制其长势，使其转化成理想的枣吊组。

培养枣吊组内膛一般以小枝组为主，中部以大枝组为主，外部以中小枝组为主。主、侧枝上的枣吊组同侧间距 0.6 m 左右，相邻枣吊组的基枝互不连接，全树枣股平均 90 个/m^3～120 个/m^3 为宜。

6.2.3 结果树修剪

6.2.3.1 疏枝

从枝条基部剪除交叉枝、重叠枝、病虫枝、过密枝，改善通风透光条件，集中营养增强树势。

6.2.3.2 短截

主要截短枣头延长枝，以刺激主芽萌发形成新枣头，促进侧枝生长，扩大结果面积。

6.2.3.3 回缩

剪除多年生的细弱枝、冗长枝、下垂枝，使其更新复壮。

6.2.3.4 抹芽

枣树萌芽后，对不做延长枝和枣吊组培养的新生枣头及早抹掉，随生随抹。

6.2.3.5 摘心

主干或主、侧枝延长用的枣头，长到适当节位后，停止生长前摘除 1 节～2 节嫩梢，使枝条发育充实;用于培养枣吊组的枣头及当年结果的枣吊从初花期开始,根据生长发育状况分2次~3次摘除1节~2节嫩梢,以提高座果率。

6.2.3.6 拉枝

按树形要求,通过绳拉或棍撑等方式改变直立枝条的角度,调整树冠,均衡树势,促进花芽分化。

填写《生产基地田间农事活动记录表》(见表A.7)。

6.2.4 衰老树修剪

6.2.4.1 疏截枣吊组

冬季修剪时,全部重截回缩衰老的枣吊组,以培养新的枣吊组。

6.2.4.2 回缩更新骨干枝

按主、侧枝层次,回缩骨干枝系。回缩长度为原枝长的1/3~1/2。

6.2.4.3 停甲养树

长势较弱的枣树,应停止环剥1年~2年,以增加树体营养,恢复树势。

6.2.4.4 调整新枝

从更新修剪的第二年起,选择部位好、长势强的枣头,作为骨干枝新的延长枝培养,疏除细弱枝,配置好枣吊组。用摘心、截顶和撑、拉等方法,调整、控制各个新枝的长势和角度。

填写《生产基地田间农事活动记录表》(见表A.7)。

6.3 施肥

6.3.1 施肥数量

施肥数量宜因树而异,需肥量随树龄增长而逐年增加。

6.3.1.1 幼树需肥量

1年~4年树需腐熟有机肥25 kg/株~60 kg/株,尿素0.2 kg/株~0.4 kg/株,过磷酸钙0.5 kg/株~1.0 kg/株,硫酸钾0.2 kg/株~0.6 kg/株。

6.3.1.2 结果树需肥量

5年以上树需腐熟有机肥60 kg/株~150 kg/株,尿素0.4 kg/株~1.0 kg/株,过磷酸钙1.0 kg/株~2.0 kg/株,硫酸钾0.6 kg/株~1.2 kg/株。

6.3.2 施肥时间和方法

6.3.2.1 基肥

春、秋两季均可施用。基肥以腐熟有机肥为主,化肥少量,其中腐熟有机肥占全年需肥量的50%~70%,化肥占全年用量的10%左右。

施肥部位。基肥宜沟施,在树冠投影范围内距主干0.5 m处,按放射状挖沟6条~8条,或绕树挖一环状沟,或按东西方向挖沟2条(第二年调整为南北方向),深20 cm~40 cm,宽30 cm~50 cm。放射状挖沟,近树干处渐浅渐窄,尽量少伤根系,将肥料掺土拌匀后施入,加土覆盖。也可将肥料全园撒施,深翻树盘20 cm~30 cm。

6.3.2.2 追肥

幼树,初栽幼树待缓苗后追肥一次。追肥方法:在树根周围挖穴3个~4个,深5 cm~8 cm。每穴施尿素或复合肥40 g~60 g,施后浇水培穴。其后每年枣头旺长期追肥1次~2次。每次追施尿素0.1 kg/株~0.5 kg/株,缺磷的土壤,改用0.15 kg/株~0.5 kg/株的磷酸二铵。也可叶面喷施0.2%~0.3%尿素或0.2%磷酸二氢钾,隔7 d~10 d,喷2次~3次。

结果树每年宜追肥3次~4次。第一次在萌芽期,肥料以充分腐熟的人粪尿或氮素化肥为主,施肥量占全年速效肥用量的20%左右。第二次在花前期,以速效氮肥为主,配施少量磷、钾肥,施肥量占全年速效肥用量的30%左右。第三次在幼果期,氮、磷、钾配合,适当增施磷、钾肥(沤熟的饼肥或复混肥、灰肥等),施肥量占全年速效肥用量的25%左右。第四次在果实生长期,以磷、钾肥为主,施肥量占全年速效肥用量的15%左右,其余10%与基肥混施。

追肥宜穴施或沟施。穴、沟深5 cm～10 cm，肥、土混匀后施入。追肥后如遇干旱土壤墒情差时，应及时浇水。

施肥后填写《生产基地田间农事活动记录表》(见表A.7)。

6.4 浇水

初栽幼树，栽后宜每月浇透水一次，直到进入雨季，旱情结束为止。

结果树应根据墒情确定浇水时间和次数。

每年宜浇水4次，即催芽水、花前水、促果水和越冬水。

浇水宜配合施肥进行，追肥后如遇干旱土壤墒情差时，应及时浇水。

宜采取滴灌或分区浇灌，一般2行～3行树为一个小区。不具备滴灌或分区灌溉条件的，可采取树盘浇水或穴浇。

浇水后及时松土保墒，清除杂草。

多雨季节，应及时排水防涝。

浇水后填写《生产基地田间农事活动记录表》(见表A.7)。

6.5 促花保果

6.5.1 环剥

选树干平整光滑处环剥。先刮掉一圈老树皮露出活树皮，宽1 cm～2 cm，然后环切，深达木质部，但不伤木质部，剔除韧皮组织。环剥刀口应不留残皮、毛茬。填写《生产基地田间农事活动记录表》(见表A.7)。

6.5.2 环割

用刀在枝、干或枣头下部切断形成层1圈～2圈，不伤木质部。环割适于幼树或弱树。填写《生产基地田间农事活动记录表》(见表A.7)。

6.5.3 绞缢

用铁丝在干、枝或枣头下部拧紧勒伤韧皮部1圈，20 d后解除。绞缢适于幼树或弱树。填写《生产基地田间农事活动记录表》(见表A.7)。

6.5.4 叶面喷水

在及时追肥、浇水的基础上，从盛花初期开始，每2 d～3 d喷一次水，连喷3次～5次，可结合叶面施肥或喷药进行喷水。填写《生产基地田间农事活动记录表》(见表A.7)。

6.5.5 叶面施肥

开花前喷0.3%～0.5%尿素。开花、坐果、幼果期喷0.3%～0.4%尿素和98%磷酸二氢钾的混合液各1次，能明显减少落花落果。

6.5.6 化学调控

花前枣吊长出8叶～9叶时，喷一次2 000 mg/kg～2 500 mg/kg的多效唑，然后于盛花初期喷一次10 mg/kg～15 mg/kg赤霉素和0.3%稀土混合液，或在盛花初期喷施0.002 mg/kg～0.003 mg/kg芸薹素内酯或10 mg/kg维生素C，能提高坐果率。

6.5.7 疏果

第一次生理落果高峰后1周～2周进行人工疏果。平均留果量：强树每个枣吊留1果，中庸树2个枣吊留1果，弱树3个枣吊留1果。宜留枣吊中部果。

调控后填写《生产基地田间农事活动记录表》(见表A.7)。

6.6 收获及收获后处理

6.6.1 采摘

6.6.1.1 采摘时期

应按照客商的要求适时采摘。客商无要求的，应在果实着色后的脆熟期分批采摘，成熟一批，采摘一批。

采摘前，应对产品农药残留、重金属、硝酸盐等有害物质进行检验，保证产品符合相关质量安全要求，并填写《产品农药残留等有害物质检测结果记录表》（见表A.9）；采收后，填写《产品采收及流向记录表》（见表A.10）。

6.6.1.2 采摘方法

人工采摘。一手抓好枣吊，一手拿稳枣果向上用力抬起枣果，将枣果带柄摘下；或一手托牢枣果，一手用蔬果剪从枣柄与枣吊连接处剪断。采下的果实要轻轻放入有软衬垫的包装物内，防止果实受伤。不得用杆震落后捡拾。

6.6.2 分选

首先捡除病残果，然后按等级标准分选。分捡时应带棉织手套。

6.6.3 包装物

包装物应洁净无污染，并妥善存放。再利用的包装物品，应清洗干净，防止有害物质污染。

7 有害生物防治

7.1 防治原则

坚持“预防为主，综合防治”的植保方针，以农业和物理防治为基础，优先采用生物防治技术，辅之化学防治应急控害措施。

7.2 主要防治对象

主要防治对象为：枣瘿蚊、绿盲蝽、灰暗斑螟、红蜘蛛、疱斑病、叶枯病、溃疡病、枣锈病、黑斑病、轮纹病等。

7.3 防治措施

7.3.1 农业防治

冬耕冬灌，耕翻树盘20 cm以下，捡拾越冬虫、蛹，封冻前浇足越冬水；

及时清园，清除田间杂草、枯枝、落叶、落果、树上残留枣吊和僵果；

刮除主干及主枝基部的老树皮至木栓层；

结合修剪，去除病枝、虫枝、枯死枝和衰弱枝，堵树洞，破虫茧，摘蓑囊，刨除病死株；

生长期及时去除病残体，集中清烧毁、深埋等；

中耕除草，降雨或灌水后及时中耕除草，中耕深度5 cm～10 cm；

植草或覆草，在枣树行间种植紫花苜蓿、三叶草等豆科植物，适时耕翻埋于土壤中做绿肥，或于枣树株、行间覆盖杂草、秸秆，厚度15 cm～20 cm，上面盖一层土。树干周围20 cm内不覆草。

7.3.2 物理防治

7.3.2.1 地膜

春季干旱的盐碱地区，在解冻后或发芽前灌水造墒后覆盖地膜，地温达35 ℃时，膜上再加盖一层2 cm～3 cm厚的细土，防止土壤越冬害虫出土危害。

7.3.2.2 粘虫胶

树干涂抹粘虫胶防止红蜘蛛、绿盲蝽等害虫上树危害。冬枣萌动期，刮除树干翘皮后，在分枝下5cm左右缠绕宽度2 cm～3 cm的胶带，上面涂一层均匀的粘虫胶，或直接将粘虫胶涂抹于光滑的树干上。粘虫胶环应对接严密，不留空隙，并撤掉树体的支架、拉绳等与地面连接的物体。风尘天气应及时刷除胶带上的尘土、飞絮和虫体等。3个月左右，再涂抹1次粘虫胶。

7.3.2.3 电子杀虫灯

诱杀金龟子、桃小食心虫等害虫，每2 hm^2～3 hm^2悬挂1盏电子杀虫灯，杀虫灯应高出树冠0.2 m左右。

7.3.3 生物防治

盛花初期，雨后树盘内撒白僵菌，杀死出土的桃小食心虫。

盛花初期，释放赤眼蜂(4 d～5 d 释放一次，共 3 次～4 次，每次放 8 万头/667 m^2～10 万头/667 m^2)，防虫，促进授粉。

利用昆虫性外激素诱杀或干扰成虫交配。

填写《生产基地有害生物防治记录表》(见表 A.11)。

7.3.4 化学防治

7.3.4.1 一般要求

应符合 GB/T 8321(所有部分)的要求。

7.3.4.2 防治方案

见附录 B。防治后填写《生产基地有害生物防治记录表》(见表 A.11)。

7.3.4.3 施药器械

施药前应确保施药器械洁净并校准。施药器械使用后应清洗干净放置。

7.3.4.4 轮换用药

为避免或减缓有害生物抗药性的产生，宜轮换使用化学防治农药。

7.3.4.5 剩余药液处理

应按照需要准确配制，少量剩余药液(粉)进行无害化处理，或喷洒到法规允许的休耕地中，并填写《剩余药液或清洗废液处理记录表》(见表 A.12)。

8 劳动保护

8.1 培训

凡使用、处理农药、化肥的人员，以及所有操作危险或复杂设备的人员都应经过培训，并填写《生产基地人员登记表》(见表 A.4)。

8.2 施药保护

施药时，操作者应穿着防护服，不得吸烟、吃东西，施药后应立即用肥皂清洗皮肤裸露部位，换洗衣服。

8.3 警示

施药后，现场应立即设置警示标志。其他工作现场和危险场所附近亦应设置警示标志。潜在危险区的警示标志设于入口处。

9 批次管理

同一地块或同一大棚采用同一种植管理模式在同一天采收的同一品种为 1 个生产批。以 1 年为 1 个流水周期编号，共 3 位数。产品批次号为采收日期(yymmdd)＋流水号＋产品名称拼音首字母＋基地所在省(市、区)行政区划代码(6 位)＋基地名称拼音首字母。填写《产品采收及流向记录表》(见表 A.10)。

10 档案记录

每个生产地块应建立独立、完整的生产记录档案(见附录 A)，保留生产过程中各个环节的有效记录，以证实所有的农事操作遵循本指导性技术文件规定。记录应当保留两年以上。

附　录　A
（规范性附录）
生产记录表格

表 A.1　生产基地基本情况记载表

<table>
<tr><td>基地名称</td><td colspan="6"></td></tr>
<tr><td>基地地址</td><td colspan="2"></td><td>基地面积</td><td colspan="3"></td></tr>
<tr><td>基地负责人</td><td></td><td>电话</td><td></td><td colspan="2">基地建成时间</td><td></td></tr>
<tr><td rowspan="3">植保员姓名</td><td colspan="2"></td><td rowspan="3">资格证书号</td><td colspan="3"></td></tr>
<tr><td colspan="2"></td><td colspan="3"></td></tr>
<tr><td colspan="2"></td><td colspan="3"></td></tr>
<tr><td>灌溉水源</td><td colspan="6"></td></tr>
<tr><td>周围环境情况</td><td colspan="6"></td></tr>
<tr><td>前茬栽培
主要作物</td><td colspan="6"></td></tr>
<tr><td>拟种植的
主要作物</td><td colspan="6"></td></tr>
<tr><td>土壤检测报告编号</td><td></td><td>报告日期</td><td></td><td>评定结论</td><td colspan="2"></td></tr>
<tr><td>水质检测报告编号</td><td></td><td>报告日期</td><td></td><td>评定结论</td><td colspan="2"></td></tr>
<tr><td>空气检测报告编号</td><td></td><td>报告日期</td><td></td><td>评定结论</td><td colspan="2"></td></tr>
<tr><td>备　注</td><td colspan="6"></td></tr>
</table>

制表人：　　　　　　　　　　制表日期：

表 A.2　生产基地现存生物种类调查记录表

调查单位：　　　　　　　调查负责人：　　　　　　调查时间：

生物名称	学　　名	分类地位	密　　度

制表人：　　　　　　　　制表日期：

表 A.3　主要农用设备(工具)登记表

农用设备(工具)名称	型号	生产厂家	数量	购买日期	现况	保管人	备注

制表人：　　　　　　　　　　制表日期：

表 A.4　生产基地人员登记表

姓名	性别	出生日期	学历	职称/职务	参加工作时间	家庭住址	电话	证书及编号	培训记录

制表人：　　　　　　　　　　制表日期：

表 A.5　生产基地投入品出、入库记录表

日期	入　　库						出　　库			库存
	投入品名称	数量	规格	生产企业	产品来源	检测报告编号	数量	领用单位	领用人	

仓库保管：

表 A.6　生产基地农药质量检测结果记录表

农药名称		剂型含量	
生产厂家		登记证号	
农药批号		采购单位	
发票号码		检测日期	
检测单位			
检测执行标准		检测报告编号	
检测结果			
检测项目	标准值	检测值	结论
备　注			

制表人：　　　　制表日期：

表 A.7　生产基地田间农事活动记录表

地块编号							
田间农事活动记录							
日期	活动内容	肥料名称	使用量	使用设备	天气状况	操作人	技术负责人
注：农事操作包括：耕田、种植、移栽、施肥、浇水、除草、修剪、整枝、培土、划锄、疏花、疏果、采摘等；天气状况主要记载温度、湿度、风力、降水等。							

制表人：　　　　　　　　　　制表日期：

表 A.8 生产基地种子/种苗处理记录表

操作人		电　话	
种子/种苗品种		地块/大棚编号	
种子/种苗来源			
防治对象			
药剂处理情况记录			
药剂名称与剂型			
生产厂家			
处理方式			
处理剂量			
处理日期			
温水浸种			
水　温		浸种时间	
备　注			
注：每地块/大棚一卡。			

制表人：　　　　　　　　　　　制表日期：

表 A.9　产品农药残留等有害物质检测结果记录表

产品名称		地块编号		
检测单位				
样品采集时间		检测执行标准		
报告日期		检测报告编号		
检测结果				
检测项目	标准值	检测值	结论	
备　注				

制表人：　　　　　　　　　　制表日期：

表 A.10 产品采收及流向记录表

批次号	地块/大棚编号	产品名称	采收日期	数/重量	农残检测	供货对象	备注

制表人：　　　　　　　　　　　　制表日期：

表 A.11 生产基地有害生物防治记录表

作物名称				地块编号					
防治措施									
日期	防治对象	农药名称	使用量	使用设备	是否符合标准方案	更改标准方案理由及新方案可行性	天气状况	防治人员	植保员
注：天气状况主要记载温度、湿度、风力、降水等。									

制表人：　　　　　　　　制表日期：

表 A.12 剩余药液或清洗废液处理记录表

操作人		电　话	
剩余农药或 清洗废液名称		数　量	
处理地点		处理日期	
处理方式			
备　注			

制表人：　　　　　　　　　　　制表日期：

附　录　B
（规范性附录）
冬枣主要有害生物防治方案

表 B.1　冬枣主要有害生物防治方案

冬枣生育期	防治对象	防治适期	化学防治方法	兼治对象	安全间隔期
萌动期	预防病虫害	发芽前	树冠及地表淋洗式喷一遍 3°Bé～5°Bé 石硫合剂。 喷液量 75 kg/667 m^2～100 kg/667 m^2	—	柴油:7 d 度石硫合剂:7 d 吡虫啉:45 d 阿维菌素:40 d 氟定脲:45 d 噻螨酮:45 d 噻虫嗪:25 d 苯醚甲环唑:21 d 氯氟氰菊酯:48 d 多抗霉素:45 d 腈嘧菌酯:41 d 亚胺菌:26 d 氢氧化铜:7 d 三唑酮:17 d
萌芽期	绿蟒象	若虫初孵期	方案一:1.8%阿维菌素 EC 4 000 倍液—25%噻虫嗪 WG 6 000 倍液喷雾,施药间隔 7 d～10 d 防治一次,连续防治 2 次～3 次。 方案二:5%噻螨酮 EC 1 000 倍～1 500 倍液—5%氟定脲 EC 2 000 倍液均匀喷雾,施药间隔 7 d～10 d,防治 2 次～3 次	红蜘蛛、枣芽象甲、枣尺蠖等	
	枣瘿蚊	虫叶率 1%			
	疱斑病	初见病斑	10%苯醚甲环唑 WG 2 000 倍液兑水喷雾,防治一次	轮纹病	
抽枝展叶期	绿盲蝽	百株有虫 20 头	25%噻虫嗪 WG 6 000 倍液—2.5%氯氟氰菊酯 WE 1 500 倍液均匀喷雾,施药间隔 7 d～10 d,防治 2 次～3 次	枣黏虫、红蜘蛛、枣锈壁虱、	
	叶枯病	初见病叶	77%氢氧化铜 WP 600 倍液～800 倍液兑水喷雾,防治 1 次～2 次	溃疡病、嫩梢焦枯病等	
花果期	绿盲蝽	百株有虫 20 头	方案一:10%吡虫啉 WP 1 500 倍液—3%多抗霉素 WP 1 000 倍液＋77%氢氧化铜 WP 3 000 倍液均匀喷雾,施药间隔 7 d～10 d,防治 2 次～3 次。 方案二:2.5%氯氟氰菊酯 WE 1 500 倍液＋25%腈嘧菌酯 SC 1500 倍液＋77%氢氧化铜 WP 3 000 倍液均匀喷雾,施药间隔 7 d～10 d,防治 2 次～3 次	棉铃虫、枣尺蠖、炭疽病、轮纹病、黑斑病、叶枯病、金龟甲、桃小食心虫等	
	溃疡病	初见病斑			
	枣锈病	初见病叶			
	灰暗斑螟	环剥后 7 d	2.5%氯氟氰菊酯 WE 1 000 倍液涂抹甲口,施药间隔 7 d 涂抹一次,连续防治 2 次～3 次		

表 B.1（续）

冬枣生育期	防治对象	防治适期	化学防治方法	兼治对象	安全间隔期
果实膨大期	黑斑病	病果率 1%	方案一：20%三唑酮 EC 1 000 倍液—77%氢氧化铜 WP 3 000 倍液均匀喷雾，施药间隔 7 d～10 d，连续防治 3 次～4 次。 方案二：喷 50%亚胺菌 DF 1500 倍液—25%腈嘧菌酯 SC 1 500 倍液均匀喷雾，施药间隔 7 d～10 d，连续防治 3 次～4 次	浆果病、缩果病、锈壁虱、炭疽病	柴油：7 d 度石硫合剂：7 d 吡虫啉：45 d 阿维菌素：40 d 氟定脲：45 d 噻螨酮：45 d 噻虫嗪：25 d 苯醚甲环唑：21 d 氯氟氰菊酯：48 d 多抗霉素：45 d 腈嘧菌酯：41 d 亚胺菌：26 d 氢氧化铜：7 d 三唑酮：17 d
	枣锈病	初见病叶			
	轮纹病	初见病果			
	红蜘蛛	百叶有活动螨 50 头	2.5%氯氟氰菊酯 WE 2 000 倍液+5%噻螨酮 EC 1 500 倍液均匀喷雾，视虫情防治 1 次～2 次	枣刺蛾等	
果实白熟期	轮纹病 枣锈病	发病初期	方案一：50%亚胺菌 DF 1 500 倍液均匀喷雾，视病情防治 2 次～3 次。 方案二：25%腈嘧菌酯 SC 1 500 倍液均匀喷雾，视病情防治 2 次～3 次	炭疽病、缩果病、疱斑病、日灼病、裂果病	
果实着色、采收期（9 月下旬至 10 月下旬）	枣锈病 轮纹病	发病初期	果实采摘后，用 20%三唑酮 EC 800 倍液～1 000 倍液，全园喷洒一遍	炭疽病、缩果病	

注：方案中的“+”，表示“+”两边的药剂混用；方案中的“—”，表示“—”两边的药剂轮换使用。

ICS 65.020.01
B 05

中华人民共和国国家标准化指导性技术文件

GB/Z 26580—2011

柑橘生产技术规范

Production technical practice for mandarin

2011-06-16 发布　　2011-11-15 实施

中华人民共和国国家质量监督检验检疫总局
中国国家标准化管理委员会　发布

前　言

本指导性技术文件的附录A及附录B为规范性附录。

本指导性技术文件由国家质量监督检验检疫总局提出。

本指导性技术文件由中国标准化研究院归口。

本指导性技术文件起草单位:浙江省标准化研究院、国家质量监督检验检疫总局国际检验检疫标准与技术法规研究中心、浙江省植物保护检疫局、浙江省柑橘研究所。

本指导性技术文件主要起草人:刘璇、李宁、崔路、姚晗珺、吴岩、孙彩霞、陈国庆、许渭根、应珊婷、章强华。

柑橘生产技术规范

1 范围

本指导性技术文件规定了柑橘生产的基本要求，包括基地选择和管理、投入品管理、生产技术管理、有害生物综合防治、劳动保护、档案记录等方面。

本指导性技术文件适用于温州蜜柑的种植生产。

2 规范性引用文件

下列文件中的条款通过本指导性技术文件的引用而成为本指导性技术文件的条款。凡是注日期的引用文件，其随后所有的修改单(不包括勘误的内容)或修订版均不适用于本指导性技术文件，然而，鼓励根据本指导性技术文件达成协议的各方研究是否可使用这些文件的最新版本。凡是不注日期的引用文件，其最新版本适用于本指导性技术文件。

GB 4285 农药安全使用标准

GB/T 8321(所有部分) 农药合理使用准则

GB/T 9659 柑橘嫁接苗

GB/T 18407.2 农产品安全质量 无公害水果产地环境要求

3 基地选择和管理

3.1 基地选择

3.1.1 气候条件：年平均温度 16 ℃～22 ℃，绝对最低温度≥－7 ℃，1 月平均温度≥4 ℃，≥10 ℃的年积温 5 000 ℃以上。

3.1.2 土壤条件：土壤质地良好，疏松肥沃，有机质含量宜在 1.5%以上，土层深厚，活土层宜在 60 cm 以上，地下水位 1 m 以下。

3.1.3 灌溉水质：要求灌溉水无污染。

3.1.4 其他环境条件应符合 GB/T 18407.2 的要求。

3.1.5 修筑必要的道路、排灌、蓄水和附属建筑等设施，涂地橘园应营造防护林。防护林选择速生树种，并与柑橘没有共生性病虫害。平地及坡度在 6°以下的缓坡地，栽植行为南北向。宜采用长方形栽植。坡度在 6°～20°的山地、丘陵地，栽植行的行向与梯地走向相同。宜采用等高栽植。梯地水平走向应有 3‰～5‰的比降。

3.1.6 生产基地连片面积宜在 3 hm^2 以上。

3.1.7 填写《生产基地基本情况记载表》(见表 A.1)和《生产基地现存生物种类调查记录表》(见表 A.2)。

3.2 基地管理

3.2.1 工作室

基地应建有工作室，用于生产办公。室内桌椅、资料橱等配备齐全；放置有关生产管理记录表册；张贴生产技术规范、有害生物防治安全用药标准一览表、基地管理、投入品管理等有关规章制度。

3.2.2 基地仓库

基地应建有专用仓库，单独存放农药、肥料和施药器械等物品。仓库应符合安全、卫生、通风、避光等要求，内设货架，配备必要的农药配制量具、防护服、急救箱等。应填写《生产基地主要农用设备(工具)登记表》(见表 A.3)。

3.2.3 盥洗室

基地应设有盥洗室，并保持盥洗室的清洁卫生。

3.2.4 废物与污染物收集设施

生产基地应分别设有收集粪便、垃圾和农药空包装等废物与污染物的设施。

3.2.5 灌溉系统

柑橘基地应建有灌溉系统，如储水池、雨水收集、供水管道、灌溉设备维护等，应排灌分渠。

3.2.6 植保员

3.2.6.1 生产基地应配备植保员，负责有害生物的防治、农药使用管理指导与记录等。植保员配备数量应能满足每个基地生产的需要，并填写《生产基地基本情况记载表》(见表 A.1)和《生产基地人员登记表》(见表 A.4)。

3.2.6.2 植保员应获得国家农作物植保员职业资格证书，并经过病虫害综合治理(IPM)培训。

3.2.7 肥料员

有条件的生产基地宜配备肥料技术人员，负责肥料的施用管理与记录等。填写《生产基地人员登记表》(见表 A.4)。

3.2.8 风险评估

新建基地应进行风险评估。评估内容包括土壤类型、侵蚀、地下水的质量、水资源的可持续性、相邻土地的影响等。评估确定存在危害人体健康和环境的不可控制风险时，该土地不应用于农业活动。

3.2.9 环境条件监测

新建基地应进行环境条件监测。以后每 2 年～3 年，或环境条件发生变化有可能影响产品质量安全时，应由有资质的监测单位及时进行相关指标的检测，以确定是否继续使用该基地。并填写《生产基地基本情况记载表》(见表 A.1)。

3.2.10 隔离防护

基地周围应建立隔离网、隔离带或者有天然隔离等有效隔离措施，防止外源污染。

3.2.11 标志标示

基地有关的位置、场所，应设置醒目的平面图、标志、标示。

4 投入品管理

4.1 农药

4.1.1 农药的采购

4.1.1.1 应从正规渠道采购合格的农药。不应采购下列农药：非法销售点销售的农药、无农药登记证或农药临时登记证的农药、无农药生产许可证或者农药生产批准文件的农药、无产品质量标准及合格证明的农药、无标签或标签内容不完整的农药、超过保质期的农药和禁止使用的农药。

4.1.1.2 采购的农药应索取农药质量证明，必要时进行检验，并填写《生产基地投入品出、入库记录表》(见表 A.5)和《生产基地农药质量检测结果表》(见表 A.6)。

4.1.2 农药的储藏

农药应储藏于厂区专用仓库。由专人负责保管。仓库应符合防火、卫生、防腐、避光、通风等安全条件要求，并配有农药配制量具、急救药箱，出入口处应贴有警示标志。

4.1.3 剩余农药的处理

4.1.3.1 未用完农药制剂

应保存在其原包装中，并密封贮存于上锁的地方，不得用其他容器盛装，不应用空饮料瓶分装剩余农药。

4.1.3.2 未喷完药液(粉)

在该农药标签许可的情况，可再将剩余药液用完。对于少量的剩余药液，应妥善处理。并填写《剩余农药或清洗废液处理记录表》(见表 A.7)。

4.1.4 农药包装物处理

农药包装物不应重复使用、乱扔。农药空包装物应清洗 3 次以上，将其压坏或刺破，防止重复使用，必要时应贴上标签，以便回收处理。空的农药包装物在处置前应安全存放。

4.2 肥料

4.2.1 肥料采购

应从正规渠道采购合格肥料。不应采购下列肥料：非法销售点销售的肥料、超过保质期的肥料。

4.2.2 肥料的储存

肥料应妥善储存。将其存放于清洁、干燥的地方，与农药隔开存放。不应与苗木、农产品存放在一起。

4.3 基地投入品记录

填写《生产基地投入品出、入库记录表》(见表 A.5)。

5 生产技术管理

5.1 品种和砧木的选择

5.1.1 应选择有较强抗病性、抗逆性的品种，苗木质量按 GB/T 9659 执行。适宜于柑橘的砧木有：枳、枳橙、香橙、枸头橙、红橘、朱橘、酸柚、酸橘等。

5.1.2 填写《生产基地种子/种苗处理记录表》(见表 A.8)。

5.2 土肥水管理

5.2.1 土壤管理

通过深翻扩穴、间作或覆盖、培土和中耕等措施来改善土壤的质地。

5.2.2 施肥

应充分满足柑橘对各种营养元素的需求，推荐多施有机肥，合理施用无机肥。

5.2.3 水分管理

柑橘树在春梢萌动及开花期(3 月～5 月)和果实膨大期(7 月～9 月)对水分敏感。此期若发生干旱应及时灌溉。同时也应及时清淤，疏通排灌系统。

5.3 整形修剪

因地制宜，对果树进行科学修剪，达到通风透光、立体结果、省力增效的目的。

5.4 花果管理

通过控花疏果、人工疏果和果实套袋提高果实的品质。

5.5 植物生长调节剂应用

允许有限度地使用植物生长调节剂。

5.6 采收

5.6.1 鲜销果在果实正常成熟、表现出本品种固有的品质特征(色泽、香味、风味和口感等)时采收。贮藏果比鲜销果宜早 7 d～10 d 采收。用圆头剪采果，要求一果两剪，果蒂平齐。

5.6.2 采收后的柑橘应进行农药残留、重金属、硝酸盐等有害物质进行检验，保证产品符合相关质量安全要求，并填写《产品采收及流向记录表》(见表 A.9)及《产品农药残留等有害物质检测结果表》(见表 A.10)。

6 柑橘有害生物综合防治

6.1 有害生物的监测和风险评估

对橘园中的有害生进行监测和风险评估。

6.2 主要病虫害

疮痂病、黑点病、炭疽病、黄斑病、脚腐病、溃疡病、黑斑病、青霉病、绿霉病；红蜘蛛、锈壁虱、蚧壳虫、粉虱、蚜虫、木虱、潜叶蛾、花蕾蛆、叶甲、尺蠖、吸果夜蛾（嘴壶夜蛾和鸟嘴壶夜蛾）、卷叶蛾、天牛、凤蝶、一年生杂草等。

6.3 防治原则

遵循“预防为主，综合防治”植保方针。以农业防治、物理防治为基础，优先采用生物防治，辅之化学防治。

6.4 植物检疫

禁止检疫性病虫害从疫区传入保护区，保护区不得从疫区调运苗木、接穗、果实和种子，一经发现立即销毁。

6.5 农业防治

6.5.1 品种选择

应选用优良株系和抗病虫较强的砧木。

6.5.2 保健栽培

加强橘园培育管理，适时深翻土壤，合理施肥、及时修剪、更新、间伐和排灌水，确保树势健壮，提高自身抗病能力。

6.5.3 人工放梢

应抹除夏梢和零星早秋梢，统一放秋梢，特别是中心虫株要人工摘除夏梢和早秋梢，以降低害虫基数，减少橘园用药次数。

6.6 物理防治

6.6.1 应用灯光防治害虫

利用害虫的趋光性，在蛾类、金龟子成虫发生期，橘园外，每隔 100 m～200 m 左右悬挂 1 盏紫外灯或频振式杀虫灯。

6.6.2 应用趋化性防治害虫

大实蝇、拟小黄卷叶蛾等害虫对糖、酒、醋液有趋性，可利用其特性，在糖、酒、醋液中加入农药诱杀。如可用饴糖 2 份，甜米酒 1 份，烂橘子汁或米醋 1 份，90%晶体敌百虫 1 份加水 20 份充分搅匀后，置于钵内，每 667 m^2 放置 4 个～5 个钵，呈梅花形摆布，高度与树冠顶部相近，每天清晨捞出死蛾，隔 4 d～5 d 换药 1 次。

6.6.3 人工捕捉害虫

对天牛、蚱蝉、金龟子、卷叶蛾、蜗牛等害虫可采用人工捕杀方法，如对天牛可在见树干上有虫粪排除时用吸铁石钩钩杀幼虫；在卷叶蛾第一代出现中心株时应及时摘除卵块和振动树冠捕杀幼虫，效果较好。

6.6.4 寄主诱杀

嘴壶夜蛾发生严重的地方，橘园外围可种植中间寄主木防己，引诱夜蛾成虫在其上产卵，然后用药剂杀灭幼虫。

6.6.5 套袋

可在果实膨大后期套上水果专用袋，免受病虫危害和减少裂果。

6.7 生物防治

6.7.1 人工引移、饲放天敌

有条件地区可引进天敌并饲育释放，如引进用尼氏钝绥螨来控制螨类；用日本方头甲、红点唇瓢虫和黄金蚜小蜂等控制矢尖蚧；用松毛虫赤眼蜂等来防治卷叶蛾，各地可因地制宜地采用。

6.7.2 放鸡鸭啄食

对蜗牛等害虫，可在蜗牛发生前在柑橘园内放养鸡鸭啄食。

6.7.3 保护天敌

积极保护和利用橘园中猎蝽、螳螂、蜘蛛、蜻蜓和寄主蜂等天敌来防治病虫害。

6.8 化学防治

6.8.1 对主要病虫害防治,宜在适宜时期施药。应符合 GB 4285 和 GB/T 8321(所有部分)的要求,防治时期严格控制农药安全间隔期、施药量和施药次数,注意不同作用机理的农药交替使用和合理混用,避免产生抗药性。

6.8.2 柑橘主要病虫害防治用药方案见附录 B。

6.8.3 填写《生产基地有害生物防治记录表》(见表 A.11)。

7 劳动保护

7.1 施药保护

施药时,操作者应穿着防护服。

7.2 警示标志

施药后,现场应立即设立警示标志。其他工作现场和危险场所附近亦应设立警示标志。潜在危险区的警示标志应设于入口处。

8 批次管理

同一地块采用同一种植管理模式在同一天采收的同一品种为 1 个生产批。以 1 年为 1 个流水周期编号,共 3 位数。产品批次号为采收日期(yymmdd)+流水号+产品名称拼音首字母+基地所在省(市、区)行政区划代码(6 位)+基地名称拼音首字母。填写《产品采收及流向记录表》(见表 A.9)。

9 档案记录

每个生产地块(棚室)应当建立独立、完整的生产记录档案,保留生产过程中各个环节的有效记录。填写《生产基地田间农事活动记录》(见表 A.12),记录应当保留两年以上。

附　录　A
（规范性附录）
生产记录表格

表 A.1　生产基地基本情况记载表

<table>
<tr><td>基地名称</td><td colspan="7"></td></tr>
<tr><td>基地地址</td><td colspan="2"></td><td colspan="2">基地面积</td><td colspan="3"></td></tr>
<tr><td>基地负责人</td><td></td><td>电话</td><td colspan="2"></td><td colspan="2">基地建成时间</td><td></td></tr>
<tr><td rowspan="3">植保员姓名</td><td colspan="2"></td><td colspan="2" rowspan="3">资格证书号</td><td colspan="3"></td></tr>
<tr><td colspan="2"></td><td colspan="3"></td></tr>
<tr><td colspan="2"></td><td colspan="3"></td></tr>
<tr><td>灌溉水源</td><td colspan="7"></td></tr>
<tr><td>周围环境情况</td><td colspan="7"></td></tr>
<tr><td>拟种植的
主要品种</td><td colspan="7"></td></tr>
<tr><td>土壤检测报告编号</td><td colspan="3"></td><td colspan="2">评定</td><td colspan="2"></td></tr>
<tr><td>水质检测报告编号</td><td colspan="3"></td><td colspan="2">评定</td><td colspan="2"></td></tr>
<tr><td>空气检测报告编号</td><td colspan="3"></td><td colspan="2">评定</td><td colspan="2"></td></tr>
<tr><td>备　注</td><td colspan="7"></td></tr>
</table>

制表人：　　　　　　　　　　　　制表日期：

表 A.2 生产基地现存生物种类调查记录表

调查单位： 调查负责人： 调查时间：

生物名称	学名	分类地位	密度

制表人： 制表日期：

表 A.3　生产基地主要农用设备(工具)登记表

农用设备(工具)名称	型号	生产厂家	数量	购买日期	现况	保管人	备注

制表人：　　　　　　　　　　　制表日期：

表 A.4　生产基地人员登记表

姓名	性别	出生日期	学历	职称/职务	参加工作时间	家庭住址	电话	证书及编号	培训记录

制表人：　　　　　　　　制表日期：

表 A.5　生产基地投入品出、入库记录表

日期	入库						出库			库存
	投入品名称	数量	规格	生产企业	产品来源	检测报告编号	数量	领用单位	领用人	

制表人：　　　　制表日期：

表 A.6　生产基地农药质量检测结果表

农药名称		剂型含量	
生产厂家		登记证号	
农药批号		采购单位	
发票号码		检测日期	
检测单位			
检测执行标准		检测报告编号	
检测结果			
检测项目	标准值	检测值	结　论
备　注			

制表人：　　　　　　　　　　　　制表日期：

表 A.7 剩余农药或清洗废液处理记录表

操作人		电　话	
剩余农药或清洗废液名称		数　量	
处理地点		处理日期	
处理方式			
备　注			

制表人：　　　　　　制表日期：

表 A.8　生产基地种子/种苗处理记录表

基地名称		基地编号	
基地负责人		电　话	
作物品种		操作人	
防治对象			
药剂处理情况记录			
药剂名称与剂型			
生产厂家			
处理方式		处理剂量	
处理日期		操作人	
温水浸种			
水　温		浸种时间	
备　注			

制表人：　　　　　　　　　制表日期：

表 A.9　产品采收及流向记录表

批次号	地块/大棚编号	产品名称	采收日期	数/重量	农残检测	供货对象	备注

制表人：　　　　　　　　　　　制表日期：

表 A.10　产品农药残留等有害物质检测结果表

产品名称		地块/大棚编号	
检测单位			
样品采集时间		报告日期	
检测执行标准		检测报告编号	
检测结果			
检测项目	标准值	检测值	结　论
备　注			

制表人：　　　　　　　　　　制表日期：

表 A.11　生产基地有害生物防治记录表

作物名称		种植地块/大棚			
田间调查					
日期	害虫名称	平均数头/株	病害名称	发病率%	调查人

化学防治措施								
日期	防治对象	用药方案	兼治	是否符合标准方案	更改标准方案理由及新方案可行性	防治人员	植保员	备注

制表人：　　　　　　　　　　制表日期：

表 A.12 生产基地田间农事活动记录表

地块/大棚编号	前茬作物	种植作物	播种时间			播种量 kg/667 m^2	株行距 cm	预计收获时间/ 数量
日期	活动内容	面积	田间农事活动时使用农药化肥					技术负责人
			农药/肥料名称	使用量	使用设备	天气状况	操作人	

注：农事操作包括：耕田、起垄、种植、移栽、施肥、浇水、除草、间苗、培土、划锄、疏花、疏果、采摘等；天气状况主要记载温度、湿度、风力、降水等。

制表人：　　　　　　　　　制表日期：

附 录 B
（规范性附录）
柑橘主要有害生物防治方案

表 B.1 柑橘主要有害生物防治方案

防治对象	防治适期	用药方案	兼治	安全间隔期及每季最多使用次数
疮痂病	春梢长 2 mm～3 mm；花谢 2/3 时；幼果期	方案一：50%多菌灵可湿性粉剂 500 倍液～1 000 倍液喷雾； 方案二：30%王铜悬浮剂 600 倍液～800 倍液喷雾； 方案三：等量式波尔多液 0.5%等量式喷雾	黑斑病	多菌灵：14 d，1 次 石硫合剂：15 d，1 次 王铜：21 d，2 次 波尔多液：21 d，2 次 甲霜灵：40 d，1 次 甲基硫菌灵：14 d，1 次 氢氧化铜：30 d，3 次 咪鲜胺：7 d，1 次 敌敌畏：7 d，2 次 乐果：15 d，3 次 溴氰菊酯：30 d，2 次 双甲脒：21 d，2 次 氯氟氰菊酯：21 d，2 次 矿物油：100 d，1 次 噻螨酮：30 d，2 次 溴螨酯：14 d，3 次 四螨嗪：30 d，1 次 吡虫啉：30 d，2 次 啶虫脒：14 d，1 次 草甘膦：1 次 稀禾定：1 次
炭疽病	新梢抽发期；花谢 2/3 时，果实生长期遭大风暴雨后；果实成熟前期 黑斑病：花谢后 1 个半月的施药	方案一：50%多菌灵可湿性粉剂 500 倍液～1 000 倍液喷雾； 方案二：30%王铜悬浮剂 600 倍液～800 倍液喷雾； 方案三：等量式波尔多液 0.5%等量式喷雾	黑斑病、疮痂病	
脚腐病（裙腐病）	4 月～9 月	方案一：25%甲霜灵可湿性粉剂 200 倍液～400 倍液涂抹刮净后的病斑； 方案二：70%甲基硫菌灵可湿性粉剂 100 倍液～200 倍液喷雾	炭疽病、疮痂病	
溃疡病	在春、夏、秋梢萌发后 20 d～30 d，花谢后 10 天、30 天、50 天	方案一：77%氢氧化铜可湿性粉剂 400 倍液～600 倍液喷雾； 方案二：等量式波尔多液 0.5%等量式喷雾	炭疽病、疮痂病	
青霉病和绿霉病	果实采摘后立即用药液浸果，要集中处理的，也应当天进行	25%咪鲜胺乳油 500 倍液～1 000 倍液浸果	—	
黑刺粉虱	黑刺粉虱：春梢萌芽前；第一代若虫盛末期，第二代若虫盛发期；第三代若虫盛发期	方案一：80%敌敌畏乳油 1 200 倍液喷雾； 方案二：40%乐果乳油 1 200 倍液喷雾	花蕾蛆、蚜虫	
花蕾蛆	花蕾开始露白时；花蕾中后期	方案一：80%敌敌畏乳油 1 200 倍液喷雾； 方案二：40%乐果乳油 1 200 倍液喷雾	黑刺粉虱、蚜虫	
蚜虫	春嫩梢期； 秋嫩梢期	方案一：2.5%溴氰菊酯乳油 2 500 倍液～5 000 倍液喷雾； 方案二：40%乐果乳油 1 200 倍液喷雾。 方案三：10%吡虫啉可湿性粉剂 3 000 倍液～5 000 倍液喷雾	潜叶蛾	
介壳虫	春梢萌芽前； 第 2 代若虫盛发期； 第 3 代若虫盛发期	方案一：20%双甲脒乳油 1 000 倍液～1 500 倍液喷雾； 方案二：2.5%氯氟氰菊酯乳油 4 000 倍液～6 000 倍液喷雾	蚜虫、潜叶蛾、橘全爪螨	
橘全爪螨	春芽萌发前	方案一：95%机油乳剂 60 倍液～100 倍液喷雾； 方案二：0.8°Bé～1°Bé 石硫合剂 8 倍液～10 倍液喷雾	蚜虫、柑橘木虱	

表 B.1（续）

防治对象	防治适期	用 药 方 案	兼治	安全间隔期及每季最多使用次数
橘全爪螨	春芽至谢花前	方案一：5%噻螨酮乳油 1 000 倍液～1 500 倍液喷雾； 方案二：50%溴螨酯乳油 1 500 倍液～2 000 倍液喷雾； 方案三：20%四螨嗪胶悬剂 1 500 倍液～2 000 倍液喷雾	—	多菌灵：14 d，1 次 石硫合剂：15 d，1 次 王铜：21 d，2 次 波尔多液：21 d，2 次 甲霜灵：40 d，1 次 甲基硫菌灵：14 d，1 次 氢氧化铜：30 d，3 次 咪鲜胺：7 d，1 次 敌敌畏：7 d，2 次 乐果：15 d，3 次 溴氰菊酯：30 d，2 次 双甲脒：21 d，2 次 氯氟氰菊酯：21 d，2 次 矿物油：100 d，1 次 噻螨酮：30 d，2 次 溴螨酯：14 d，3 次 四螨嗪：30 d，1 次 吡虫啉：30 d，2 次 啶虫脒：14 d，1 次 草甘膦：1 次 稀禾定：1 次
潜叶蛾	夏秋梢抽发期	方案一：2.5%溴氰菊酯乳油 2 500 倍液～5 000 倍液喷雾； 方案二：2.5%氯氟氰菊酯乳油 4 000 倍液～6 000 倍液	蚜虫、介壳虫	
尺蠖	尺蠖：夏秋梢抽发期； 凤蝶：夏秋梢抽发期	方案一：10%吡虫啉可湿性粉剂 2 000 倍液～3 000 倍液喷雾； 方案二：80%敌敌畏乳油 800 倍液喷雾； 方案三：3%啶虫脒乳油 1 000 倍液～2 000 倍液喷雾	凤蝶、木虱	
天牛	5 月～10 月	方案一：80%敌敌畏原液的棉花塞住洞口，外封黏泥； 方案二：40%乐果原液的棉花塞住洞口，外封黏泥	—	
一年生杂草	—	方案一：10%草甘膦水剂 750 mL/667 m^2～1 000 mL/667 m^2 喷雾； 方案二：20%稀禾定乳油 80 mL/667 m^2～200 mL/667 m^2 喷雾	—	

ICS 65.020.01
B 05

中华人民共和国国家标准化指导性技术文件

GB/Z 26581—2011

黄瓜生产技术规范

Production technical practice for cucumber

2011-06-16 发布　　2011-11-15 实施

中华人民共和国国家质量监督检验检疫总局
中国国家标准化管理委员会　发布

前　言

本指导性技术文件的附录 A 及附录 B 为规范性附录。

本指导性技术文件由国家质量监督检验检疫总局提出。

本指导性技术文件由中国标准化研究院归口。

本指导性技术文件起草单位:国家质量监督检验检疫总局国际检验检疫标准与技术法规研究中心、浙江省标准化研究院、浙江省农业科学院、中华人民共和国山东出入境检验检疫局。

本指导性技术文件主要起草人:李建军、李宁、苏保乐、王汉荣、孙彩霞、姚晗珺、应珊婷、章强华。

黄瓜生产技术规范

1 范围

本指导性技术文件规定了黄瓜生产的基本要求,主要包括生产基地的选择和管理、投入品管理、栽培管理、有害生物防治、劳动保护、档案记录等方面。

本指导性技术文件适用于黄瓜(包括保鲜和用作腌制的小黄瓜)的种植生产。

2 规范性引用文件

下列文件中的条款通过本指导性技术文件的引用而成为本指导性技术文件的条款。凡是注日期的引用文件,其随后所有的修改单(不包括勘误的内容)或修订版均不适用于本指导性技术文件,然而,鼓励根据本指导性技术文件达成协议的各方研究是否可使用这些文件的最新版本。凡是不注日期的引用文件,其最新版本适用于本指导性技术文件。

GB 4285 农药安全使用标准

GB/T 8321(所有部分) 农药合理使用准则

GB/T 18407.1 农产品安全质量 无公害蔬菜产地环境要求

3 生产基地的选择和管理

3.1 生产基地选择

3.1.1 生产基地环境条件应符合 GB/T 18407.1 的要求。基地应远离污染源。宜选择地势平坦、地下水位低、排灌方便、土层深厚、肥力较高、疏松、理化性状良好的壤土地种植。

3.1.2 生产基地连片面积宜在 3 hm^2 以上。

3.1.3 填写《生产基地基本情况记载表》(见表 A.1)和《生产基地现存生物种类调查记录表》(见表A.2)。

3.2 基地管理

3.2.1 工作室

基地应建有工作室。室内配备桌椅、资料橱等,放置有关生产管理记录表册,张贴生产技术规范、有害生物防治安全用药标准一览表、基地管理、投入品管理等有关规章制度。

3.2.2 基地仓库

基地应建有专用仓库,单独存放种子、农药、肥料和施药器械等。仓库应安全、卫生、通风、避光,内设货架,配备必要的农药配制量具、防护服、急救箱等,并填写《生产基地主要农用设备(工具)登记表》(见表 A.3)。

3.2.3 盥洗室

基地应设有盥洗室,并保持盥洗室的清洁卫生。

3.2.4 废物与污染物收集设施

生产基地应设分别设有收集粪便、垃圾和农药空包装等废物与污染物的设施。

3.2.5 灌溉系统

应建有灌溉系统,如储水池、雨水收集、供水管道、灌溉设备维护等,应做到排灌分渠。有条件的,可建立滴灌或喷灌等灌溉设施。

3.2.6 植保员

3.2.6.1 生产基地应配备植保员,负责有害生物的防治、农药使用管理指导与记录等。植保员配备数量应能满足每个基地生产的需要，并填写《生产基地基本情况记载表》(见表A.1)和《生产基地人员登记表》(见表A.4)。

3.2.6.2 植保员应获得国家农作物植保员职业资格证书，并经过病虫害综合治理(IPM)培训。

3.2.7 肥料员

有条件的生产基地宜配备肥料技术人员，负责肥料的施用管理与记录等。填写《生产基地人员登记表》(见表A.4)。

3.2.8 环境条件监测

新建基地应进行环境条件监测。每2年～3年，或环境条件发生变化有可能影响产品质量安全时，应由有资质的监测单位及时进行相关指标的检测，以确定是否继续使用该基地，并填写《生产基地基本情况记载表》(见表A.1)。

3.2.9 标志标示

基地有关的位置、场所，应设置醒目的平面图、标志、标示。

3.2.10 隔离防护

基地周围应建立隔离网、隔离带或者有天然隔离等有效隔离措施，以防止外源污染。

4 投入品管理

4.1 农药

4.1.1 农药的采购

4.1.1.1 应从正规渠道采购合格的农药。不应采购下列农药：非法销售点销售的农药、无农药登记证或农药临时登记证的农药、无农药生产许可证或者农药生产批准文件的农药、无产品质量标准及合格证明的农药、无标签或标签内容不完整的农药、超过保质期的农药和禁止使用的农药。

4.1.1.2 采购的农药应索取农药质量证明，必要时进行检验，并填写《生产基地投入品出、入库记录表》(见表A.5)和《生产基地农药质量检测结果表》(见表A.6)。

4.1.2 农药的储藏

农药应储藏于厂区专用仓库，由专人负责保管。仓库应符合防火、卫生、防腐、避光、通风等安全条件要求，并配有农药配制量具、急救药箱，出入口处应贴有警示标志。

4.1.3 剩余农药的处理

4.1.3.1 未用完农药制剂

应保存在原包装中，并密封贮存于上锁的地方，不应用其他容器盛装，不应用空饮料瓶分装剩余农药。

4.1.3.2 未施用完药液(粉)

在该农药标签许可的情况，可再将剩余药液用完。对于少量的剩余药液，应妥善处理。并填写《剩余农药或清洗废液处理记录表》(见表A.7)。

4.1.4 农药包装物处理

农药包装物不应重复使用、乱扔。农药空包装物应清洗3次以上，将其压坏或刺破，防止重复使用，必要时应贴上标签，以便回收处理。空的农药包装物在处置前应安全存放。

4.2 肥料

4.2.1 肥料采购

应从正规渠道采购合格肥料。不应采购下列肥料：非法销售点销售的肥料、超过保质期的肥料。

4.2.2 肥料的储存

肥料应妥善储存。将其存放于清洁、干燥的地方，与农药隔开存放。不应与种苗、农产品存放在一起。

4.3 基地投入品记录

填写《生产基地投入品出、入库记录表》(见表 A.5)。

5 栽培管理

5.1 保护设施

包括日光温室、塑料棚、连栋温室、改良阳畦、温床等。

5.2 多层保温

棚室内外增设的两层以上覆盖保温措施。

5.3 栽培季节的划分

5.3.1 早春栽培

深冬定植、早春上市。

5.3.2 秋冬栽培

秋季定植、初冬上市。

5.3.3 冬春栽培

秋未定植,春节前上市。

5.3.4 春提早栽培

终霜前 30 d 左右定植,初夏上市。

5.3.5 秋延后栽培

夏末初秋定植,9 月末 10 月初上市。

5.3.6 长季节栽培

采收期 8 个月以上。

5.3.7 春夏栽培

晚霜结束后定植,夏季上市。

5.3.8 夏秋栽培

夏季育苗定植,秋季上市。

5.4 品种选择

应选择抗病、优质、高产、商品性好、适应市场需求的品种。冬春、早春、春提早栽培应选择耐低温弱光、对病害多抗的品种;春夏、夏秋、秋冬、秋延后栽培应选择高抗病毒病、耐热的品种;长季节栽培选择应高抗、多抗病害,抗逆性好,连续结果能力强的品种。

5.5 管理措施

5.5.1 根据季节不同选用温室、塑料棚、阳畦、温床等育苗设施,夏秋季育苗应配有防虫、遮阳设施。有条件的可采用穴盘育苗和工厂化育苗,使用时应对育苗设施进行消毒处理,创造适合秧苗生长发育的环境条件。

5.5.2 播种前种子进行适当的处理,并填写《生产基地种子/种苗处理记录表》(见表 A.8)。

5.5.3 根据生产技术条件,可采取嫁接等管理措施。

5.5.4 按照平衡施肥要求施肥,适时追施氮肥和钾肥。同时,应有针对性地喷施微量元素肥料,根据需要可喷施叶面肥防早衰。

5.6 采收

5.6.1 适时早采摘根瓜,防止坠秧。及时分批采收,减轻植株负担。

5.6.2 黄瓜采收后应进行农药残留、重金属、硝酸盐等有害物质进行检验,保证产品符合相关质量安全要求,并填写《产品采收及流向记录表》(见表 A.9)及《产品农药残留等有害物质检测结果表》(见表A.10)。

6 有害生物防治

6.1 防治原则

遵循“预防为主，综合防治”植保方针。以农业防治、物理防治为基础，优先采用生物防治，辅之化学防治。

6.2 主要防治对象

6.2.1 苗期主要病虫害：猝倒病、立枯病、瓜蚜等。

6.2.2 田间主要病虫害：霜霉病、细菌性角斑病、炭疽病、黄瓜白粉病、疫病、枯萎病、蔓枯病、灰霉病、菌核病、病毒病、根结线虫病、瓜蚜、棕榈蓟马、烟粉虱、茶黄螨、朱砂叶螨、潜叶蝇、瓜绢螟等。

6.3 农业防治

6.3.1 抗病品种：针对当地主要病虫控制对象，选用高抗及多抗的品种。

6.3.2 创造适宜的生长环境条件：培育适龄壮苗，提高抗逆性；控制好温度和空气湿度，适宜的肥水，充足的光照和二氧化碳，通过放风和辅助加温，调节不同生育时期的适宜温度，避免低温和高温障害；深沟高畦，严防积水，清洁田园，做到有利于植株生长发育，避免侵染性病害发生。

6.3.3 耕作改制：与非瓜类作物轮作三年以上。有条件的地区实行水旱轮作。

6.3.4 科学施肥：测土平衡施肥，增施充分腐熟的有机肥，少施化肥，防止土壤盐渍化。

6.4 生物防治

积极保护和利用天敌，防治病虫害。

6.5 物理防治

6.5.1 设施防护：在放风口用防虫网封闭，夏季覆盖塑料薄膜、防虫网和遮阳网，进行避雨、遮阳、防虫栽培，减轻病虫害的发生。

6.5.2 黄板诱杀：设施内悬挂涂抹机油等黏着剂的黄板诱杀蚜虫等害虫。黄板规格 25 cm×40 cm，每 667 m^2 悬挂 30 块～40 块。

6.5.3 银灰膜驱避蚜虫：铺银灰色地膜或张挂银灰膜膜条避蚜。

6.5.4 高温消毒：棚室在夏季宜利用太阳能进行土壤高温消毒处理。

6.5.5 高温闷棚防治黄瓜霜霉病：可选晴天上午，浇一次大水后封闭棚室，将棚温提高到 42 ℃左右，持续 2 h，然后从顶部慢慢加大放风口，缓缓使室温下降。以后如需要每隔 15 d 闷棚一次。闷棚后加强肥水管理。

6.5.6 温汤浸种：主要是杀灭黄瓜种子表面的病原菌和炭疽病、细菌性角斑病、枯萎病等病菌，先将种子筛选整理干净，投入 55 ℃～60 ℃的热水中烫种，不停地搅拌种子，当水温下降时，再加入热水，使水温始终保持在 55 ℃左右。10 min～15 min 后把种子从水中捞出，置入 30 ℃温水中再浸泡 4 h～6 h，保证种子吸足水分。热水量大约是种子量的 4 倍～5 倍。浸种时可以在容器内放置一个温度计，随时观察水温变化情况。

6.5.7 杀虫灯诱杀害虫：利用频振式杀虫灯、高压汞灯、双波灯等诱杀害虫。

6.6 化学防治

6.6.1 防治措施

6.6.1.1 应符合 GB 4285 和 GB/T 8321（所有部分）的要求。注意轮换用药，严格控制农药安全间隔期和施药次数。

6.6.1.2 填写《生产基地有害生物防治记录表》（见表 A.11）。

6.6.1.3 黄瓜有害生物防治用药方案见附录 B。

6.6.2 施药器

6.6.2.1 施药器械应专用。施药前应确保施药器械洁净并校准。对进口国要求残留限量严格的农药，施药器械应专用。

6.6.2.2 施药器械用完后应清洗干净放置。

6.6.3 **轮换用药**

为避免或减缓有害生物抗药性的产生，制定交替使用农药品种。

7 劳动保护

7.1 施药人员

施药时，操作者应穿着防护服。

7.2 警示

施药后，现场应立即设立警示标志。其他工作现场和危险场所附近亦应设立警示标志。潜在危险区的警示标志应设于入口处。

8 批次管理

同一地块或同一大棚采用同一种植管理模式在同一天采收的同一品种为1个生产批。以1年为1个流水周期编号，共3位数。产品批次号为采收日期(yymmdd)＋流水号＋产品名称拼音首字母＋基地所在省(市、区)行政区划代码(6位)＋基地名称拼音首字母。并填写《产品采收及流向记录表》(见表A.9)。

9 档案记录

每个生产地块(棚室)应建立独立、完整的生产记录档案，保留生产过程中各个环节的有效记录，以证实所有的农事操作遵循本指导性技术文件规定。填写《生产基地田间农事活动记录》(见表A.12)，记录应当保留两年以上。

附　录　A
（规范性附录）
生产记录表格

表 A.1　生产基地基本情况记载表

<table>
<tr><td>基地名称</td><td colspan="5"></td></tr>
<tr><td>基地地址</td><td colspan="2"></td><td>基地面积</td><td colspan="2"></td></tr>
<tr><td>基地负责人</td><td></td><td>电话</td><td></td><td>基地建成时间</td><td></td></tr>
<tr><td rowspan="3">植保员姓名</td><td colspan="2"></td><td rowspan="3">资格证书号</td><td colspan="2"></td></tr>
<tr><td colspan="2"></td><td colspan="2"></td></tr>
<tr><td colspan="2"></td><td colspan="2"></td></tr>
<tr><td>灌溉水源</td><td colspan="5"></td></tr>
<tr><td>周围环境情况</td><td colspan="5"></td></tr>
<tr><td>前茬栽培主要作物</td><td colspan="5"></td></tr>
<tr><td>拟种植的主要品种</td><td colspan="5"></td></tr>
<tr><td>土壤检测报告编号</td><td colspan="2"></td><td>评定</td><td colspan="2"></td></tr>
<tr><td>水质检测报告编号</td><td colspan="2"></td><td>评定</td><td colspan="2"></td></tr>
<tr><td>空气检测报告编号</td><td colspan="2"></td><td>评定</td><td colspan="2"></td></tr>
<tr><td>备　注</td><td colspan="5"></td></tr>
</table>

制表人：　　　　　　　　制表日期：

表 A.2　生产基地现存生物种类调查记录表

调查单位：　　　　　　　　调查负责人：　　　　　　　　调查时间：

生物名称	学　　名	分类地位	密度

制表人：　　　　　　　　制表日期：

表 A.3　生产基地主要农用设备(工具)登记表

农用设备(工具)名称	型号	生产厂家	数量	购买日期	现况	保管人	备注

制表人：　　　　　　　　　制表日期：

表 A.4　生产基地人员登记表

姓名	性 别	出生日期	学 历	职称/职务	参加工作时间	家庭住址	电 话	证书及编号	培训记录

制表人：　　　　　　制表日期：

表 A.5 生产基地投入品出、入库记录表

日期	入库						出库			库存
	投入品名称	数量	规格	生产企业	产品来源	检测报告编号	数量	领用单位	领用人	

制表人：　　　　制表日期：

表 A.6 生产基地农药质量检测结果表

农药名称		剂型含量	
生产厂家		登记证号	
农药批号		采购单位	
发票号码		检测日期	
检测单位			
检测执行标准		检测报告编号	
检 测 结 果			
检测项目	标 准 值	检测值	结 论
备 注			

制表人：　　　　制表日期：

表 A.7 剩余农药或清洗废液处理记录表

操作人		电话	
剩余农药或清洗废液名称		数量	
处理地点		处理日期	
处理方式			
备注			

制表人： 制表日期：

表 A.8　生产基地种子/种苗处理记录表

基地名称		基地编号	
基地负责人		电　话	
作物品种		操作人	
防治对象			
药剂处理情况记录			
药剂名称与剂型			
生产厂家			
处理方式		处理剂量	
处理日期		操作人	
温 水 浸 种			
水　温		浸种时间	
备　注			

制表人：　　　　　　　　制表日期：

表 A.9　产品采收及流向记录表

批次号	地块/大棚编号	产品名称	采收日期	数/重量	农残检测	供货对象	备注

制表人：　　　　　　制表日期：

表 A.10　产品农药残留等有害物质检测结果表

产品名称		地块/大棚编号	
检测单位			
样品采集时间		报告日期	
检测执行标准		检测报告编号	
检 测 结 果			
检 测 项 目	标　准　值	检　测　值	结　　论
备　注			

制表人：　　　　　　　　制表日期：

表 A.11 生产基地有害生物防治记录表

作物名称			种植地块/大棚					
田间调查								
日期	害虫名称	平均数 头/株或头/叶	病害名称	发病率 %	调查人			
化学防治措施								
日期	防治对象	用药方案	兼治	是否符合 标准方案	更改标准方案理由 及新方案可行性	防治人员	植保员	备注

制表人：　　　　　　　　　制表日期：

表 A.12　生产基地田间农事活动记录表

地块/大棚编号	前茬作物	种植作物	播种时间	播种量 kg/667 m^2	株行距 cm	预计收获时间/数量

日期	活动内容	面积	田间农事活动时使用农药化肥					技术负责人
			农药/肥料名称	使用量	使用设备	天气状况	操作人	

注：农事操作包括：耕田、起垄、种植、移栽、施肥、浇水、除草、间苗、培土、划锄、疏花、疏果、采摘等；天气状况主要记载温度、湿度、风力、降水等。

制表人：　　　　　　　　　　制表日期：

附 录 B
（规范性附录）
黄瓜主要有害生物防治方案

表 B.1 黄瓜主要有害生物防治方案

防治对象	防治适期	用药方案	兼治	安全间隔期及每茬最多使用次数
霜霉病	发病前预防	方案一：80％代森锰锌可湿性粉剂 600 倍液喷雾 方案二：56％氧化亚铜可湿性粉剂 600 倍液喷雾 方案三：45％百菌清烟熏剂 110 g/667 m^2～180 g/667 m^2 烟熏，适用于大棚和温室	炭疽病、蔓枯病、黄瓜疫病	代森锰锌：20 d，3 次 氧化亚铜：21 d，2 次 百菌清：10 d，3 次 烯酰吗啉：10 d，2 次 甲霜灵：14 d，2 次 琥胶肥酸铜：21 d，1 次 氢氧化铜：3 d，2 次 多菌灵：15 d，2 次 腐霉利：13 d，2 次 甲基硫菌灵：15 d，2 次 三唑酮：14 d，2 次 氟菌唑：14 d，2 次 噻虫嗪：30 d，1 次 多杀菌素：14 d，1 次 嘧霉胺：7 d，2 次 茚虫威：14 d，2 次 甲氧虫酰肼：15 d，2 次 氟虫脲：28 d，1 次 氟氯氰菊酯：7 d，2 次 吡虫啉：30 d，2 次 溴氰菊酯：3 d，2 次
	发病初期	方案一：50％烯酰吗啉可湿性粉剂 2 500 倍液喷雾 方案二：25％甲霜灵可湿性粉剂 1 000 倍液喷雾		
细菌性角斑病	发病初期	方案一：77％氢氧化铜可湿性粉剂 800 倍液喷雾 方案二：30％琥胶肥酸铜可湿性粉剂 500 倍液喷雾	细菌性缘枯病	
炭疽病	发病初期	方案一：50％多菌灵可湿性粉剂 600 倍液喷雾	菌核病	
		方案二：75％百菌清可湿性粉剂 600 倍液～800 倍液喷雾，结瓜前使用	蔓枯病	
灰霉病	发病初期	方案一：40％嘧霉胺悬浮剂 800 倍液～1 000 倍液喷雾 方案二：50％腐霉利可湿性粉剂 1 500 倍液喷雾	菌核病	
黄瓜白粉病	—	方案一：70％甲基硫菌灵 800 倍液喷雾 方案二：15％三唑酮可湿性粉剂 600 倍液喷雾 方案三：30％氟菌唑可湿性粉剂 1 500 倍液喷雾	霜霉病、菌核病、炭疽病	
棕榈蓟马	每株虫口达 3 头～5 头时	方案一：25％噻虫嗪水分散剂 8 000 倍液喷雾 方案二：5％多杀菌素 1 000 倍液～1 500 倍液喷雾	瓜蚜、瓜绢螟、蛔蛔、白粉虱	
瓜绢螟	2 龄幼虫盛发期	方案一：15％茚虫威悬浮剂 3 500 倍液喷雾 方案二：24％甲氧虫酰肼悬浮剂 1 500 倍液～2 000 倍液喷雾	—	

表 B.1（续）

防治对象	防治适期	用药方案	兼治	安全间隔期及每茬最多使用次数
美洲斑潜蝇	幼虫2龄前	方案一:5%氟虫脲可分散浓缩液2 000倍液喷雾	朱砂叶螨	代森锰锌:20 d,3次 氧化亚铜:21 d,2次 百菌清:10 d,3次 烯酰吗啉:10 d,2次 甲霜灵:14 d,2次 琥胶肥酸铜:21 d,1次 氢氧化铜:3 d,2次 多菌灵:15 d,2次 腐霉利:13 d,2次 甲基硫菌灵:15 d,2次 三唑酮:14 d,2次 氟菌唑:14 d,2次 噻虫嗪:30 d,1次 多杀菌素:14 d,1次 嘧霉胺:7 d,2次 茚虫威:14 d,2次 甲氧虫酰肼:15 d,2次 氟虫脲:28 d,1次 氟氯氰菊酯:7 d,2次 吡虫啉:30 d,2次 溴氰菊酯:3 d,2次
		方案二:5.7%氟氯氰菊酯乳油1 500倍液喷雾	瓜蚜、黄足黄守瓜、黄足黑守瓜	
		方案三:70%吡虫啉水分散粒剂25 000倍液～30 000倍液喷雾	瓜蚜、白粉虱	
瓜蚜	瓜蚜点片发生期	方案一:2.5%溴氰菊酯乳油3 000倍液喷雾 方案二:10%吡虫啉可湿性粉剂2 500倍液喷雾	黄足黄守瓜、黄足黑守瓜	

ICS 65.020.01
B 05

GB

中华人民共和国国家标准化指导性技术文件

GB/Z 26582—2011

结球甘蓝生产技术规范

Production technical practice for cabbage

2011-06-16 发布　　　　2011-11-15 实施

中华人民共和国国家质量监督检验检疫总局
中国国家标准化管理委员会　发布

前　言

本指导性技术文件的附录A及附录B为规范性附录。

本指导性技术文件由国家质量监督检验检疫总局提出。

本指导性技术文件由中国标准化研究院归口。

本指导性技术文件起草单位：山东省植物保护总站、国家质量监督检验检疫总局国际检验检疫标准与技术法规研究中心、郓城县植保站、博兴县植保站。

本指导性技术文件主要起草人：宋姝娥、李建军、李明立、赵平厚、于光利、刘会海、嵇俭。

结球甘蓝生产技术规范

1 范围

本指导性技术文件规定了结球甘蓝生产的基本要求，主要包括生产基地的选择和管理、生产投入品管理、栽培管理、有害生物防治、劳动保护、批次管理、档案记录等方面。

本指导性技术文件适用于结球甘蓝的生产。

2 规范性引用文件

下列文件中的条款通过本指导性技术文件的引用而成为本指导性技术文件的条款。凡是注日期的引用文件，其随后所有的修改单(不包括勘误的内容)或修订版均不适用于本指导性技术文件，然而，鼓励根据本指导性技术文件达成协议的各方研究是否可使用这些文件的最新版本。凡是不注日期的引用文件，其最新版本适用于本指导性技术文件。

GB/T 8321(所有部分) 农药合理使用准则

GB 16715.4 瓜菜作物种子 第4部分：甘蓝类

GB/T 18407.1 农产品安全质量 无公害蔬菜产地环境要求

3 生产基地选择和管理

3.1 生产基地选择

生产基地环境条件应符合GB/T 18407.1的要求，并填写《生产基地基本情况记载表》(见表A.1)和《生产基地现存生物种类调查记录表》(见表A.2)。宜选择地势平坦、排灌方便、土层深厚、土壤疏松肥沃、理化性状良好，前2年～3年未种植大白菜、西兰花、甘蓝等十字花科作物的壤土地块。

生产基地应远离污染源。连片面积宜在3 hm^2 以上。

3.2 生产基地管理

3.2.1 工作室

生产基地应建有工作室。室内配备桌椅、资料橱等，放置有关生产管理记录表册，张贴生产技术规范、病虫害防治安全用药标准一览表、基地管理及投入品管理等有关规章制度。

3.2.2 基地仓库

生产基地应建有专用仓库，单独存放施药器械和未用完的种子(苗)、农药、化肥等。仓库应安全、卫生、通风、避光，内设货架，配备必要的农药配制量具、防护服、急救箱等，并填写《生产基地主要农用设备(工具)登记表》(见表A.3)。

3.2.3 盥洗室

生产基地应设有盥洗室，室内卫生清洁。

3.2.4 废物与污染物收集设施

生产基地应设有收集垃圾和农药空包装等废物与污染物的设施。

3.2.5 灌溉系统

生产基地应建立排灌分开的管理系统，如储水池、供水渠道、灌溉设备等。

井灌区水井井口应高出地面30 cm以上，并配有防护设施，防止雨水倒灌和弃入污染物等。

3.2.6 植保员

生产基地应配备植保员，负责病虫害的防治、农药使用管理与记录等。植保员配备数量应能满足每个基地生产的需要，并填写《生产基地基本情况记载表》(见表A.1)和《生产基地人员登记表》(见表A.4)。

植保员应获得国家植保员职业资格证书，并经过有害生物综合治理（IPM）培训。

3.2.7 肥料员

有条件的生产基地宜配备肥料技术人员，负责肥料的施用管理与记录等。填写《生产基地人员登记表》（见表 A.4）。

3.2.8 环境条件监测

新建生产基地应进行环境条件监测。每 2 年～3 年，或环境条件发生变化有可能影响产品质量安全时，应由有资质的监测单位及时进行相关指标的检测，以确定是否继续使用该生产基地。保留检测报告，并填写《生产基地基本情况记载表》（见表 A.1）。

3.2.9 平面图

基地应制作平面分布图，用来制定种植规划和田间管理方案等。

3.2.10 标志标示

生产基地有关的位置、场所，应设置醒目的标志、标示。

3.2.11 隔离防护

基地周围应建立隔离网、隔离带等，或具有天然隔离屏障，防止外源污染。

4 生产投入品管理

4.1 农药的采购与贮藏

4.1.1 农药的采购

应从正规渠道采购合格的农药，并索取购药凭证或发票。不应采购下列农药：非法销售点销售的农药、无农药登记证或农药临时登记证的农药、无农药生产许可证或者农药生产批准文件的农药、无产品质量标准及合格证明的农药、无标签或标签内容不完整的农药、超过保质期的农药以及国家禁止使用的农药。

采购的农药应索取农药质量证明资料，必要时进行检验，填写《生产基地投入品出、入库记录表》（见表 A.5）和《生产基地农药质量检测结果记录表》（见表 A.6）。

4.1.2 农药的贮藏

农药应贮藏于厂区专用仓库，由专人负责保管。仓库应符合防火、卫生、防腐、避光、通风等安全条件要求，并配有农药配制量具、急救药箱，出入口处贴有警示标志。

4.1.3 农药包装物处理

农药包装物不应重复使用、乱扔。农药空包装物应清洗 3 次以上，清洗水妥善处理，将清洗后的包装物压坏或刺破，防止重复使用，必要时应贴上标签，以便回收。空的农药包装物在处置前应安全存放。

4.2 肥料的采购与贮藏

4.2.1 肥料的采购

应从正规渠道采购合格肥料，并索取购肥凭证或发票。不得采购下列肥料：非法销售点销售的肥料、超过保质期的肥料。

采购的肥料应填写《生产基地投入品出、入库记录表》（见表 A.5）。

4.2.2 肥料的贮藏

肥料应贮藏于厂区专用仓库，由专人负责保管。不得与苗木、农产品存放在一起。

5 栽培管理

5.1 整地施肥

5.1.1 清洁田园

清除前茬作物残留枝叶，带出田外集中处理，降低病（虫）源基数。

5.1.2 整地

深翻土壤 25 cm～30 cm，整平耙实。宜使用机械耕翻，维持土壤结构。

5.1.3 基肥

撒施腐熟农家有机肥 4 000 kg/667 m^2～5 000 kg/667 m^2，复合肥 50 kg/667 m^2，耕地时翻入土中。不得施用生活垃圾、工业废渣、污泥等。

基肥施用填写《生产基地田间农事活动记录表》(见表 A.7)。

5.2 播种

5.2.1 品种选择

宜选用抗病、优质、丰产、抗逆性强的品种。

5.2.2 种子质量

符合 GB 16715.4 的要求；植物检疫合格。

5.2.3 苗床准备

5.2.3.1 床土配制

选用近 3 年未种植十字花科蔬菜的肥沃园土 2 份与充分腐熟的过筛圈肥 1 份配合，按三元复合肥($N:P_2O_5:K_2O$ 为 15：15：15)1 kg/m^3 或相应养分的单质肥料混合均匀备用。将床土铺入苗床，厚度约 10 cm，填写《生产基地田间农事活动记录表》(见表 A.7)。

5.2.3.2 床土消毒

50%多菌灵 WP 与 50%福美双 WP 1：1 比例混合，按 8 g/m^2～10 g/m^2 与 4 kg～5 kg 过筛细土混合，播种时 2/3 铺于床面，1/3 覆盖在种子上。填写《生产基地种子/种苗处理记录表》(见表 A.8)。

5.2.4 播种时期

春结球甘蓝(夏收获)：宜在 12 月下旬至 1 月上旬播种。

秋结球甘蓝(秋、冬收获)：宜在 7 月上中旬播种。

冬结球甘蓝(冬、春收获)：宜在 8 月中下旬播种。

5.2.5 播种方法及播种量

5.2.5.1 播种方法

播前浇足底水，待水渗后覆一层细土，将种子均匀撒入，覆盖细土 0.5 cm～1 cm。春结球甘蓝阳畦育苗、露地夏秋育苗使用小拱棚或平棚，覆盖遮阳网或薄膜遮阳防雨。

5.2.5.2 播种量

用种量 4 g/m^2～5 g/m^2 或每个营养钵 2 粒～3 粒。

播种后填写《生产基地田间农事活动记录表》(见表 A.7)。

5.3 田间管理

5.3.1 育苗期管理

5.3.1.1 出苗

早春育苗宜增温保温，白天温度控制在 20 ℃～25 ℃，夜间 6 ℃～15 ℃；露地夏秋育苗，宜采取遮阳、保湿。

5.3.1.2 分苗

春结球甘蓝齐苗至分苗期，白天温度控制在 18 ℃～23 ℃，夜间 15 ℃～13 ℃，幼苗 1 片～2 片真叶时，分苗于营养钵内，摆入苗床，浇小水或淋水缓苗，缓苗后划锄 2 次～3 次，宜浇小水或喷水；露地夏秋育苗，分苗后要用遮阳网防暴雨，宜扣 22 目防虫网。同时防止床土过干，又要避免苗床积水。填写《生产基地田间农事活动记录表》(见表 A.7)。

5.3.1.3 定植

5.3.1.3.1 定植时期

幼苗 6 片～8 片真叶时定植。春结球甘蓝在土壤化冻、重霜过后(3 月下旬)定植；秋结球甘蓝在

8月下旬;冬结球甘蓝在10月初定植。

5.3.1.3.2 定植方法

宜大小行定植。定植前7 d浇透水,1 d～2 d后起囤苗,并进行低温炼苗。起苗时带土移植,定植以不埋住第1片真叶为宜,栽后浇水。春结球甘蓝宜覆膜后挖穴移植。浇水后填写《生产基地田间农事活动记录表》(见表A.7)。

5.3.1.3.3 定植密度

早熟品种宜4 000株/667 m^2～6 000株/667 m^2;中熟品种2 200株/667 m^2～3 000株/667 m^2;晚熟品种1 800株/667 m^2～2 200株/667 m^2。

5.3.2 缓苗期管理

定植后4 d～5 d浇水缓苗,并及时中耕培土1次～2次,提温保墒,促进根系恢复和生长。温度宜控制在白天20 ℃～22 ℃,夜间10 ℃～12 ℃。浇水后填写《生产基地田间农事活动记录表》(见表A.7)。

5.3.3 莲座期管理

控制浇水蹲苗,早熟品种6 d～8 d;中晚熟品种10 d～15 d。蹲苗结束后,结合浇水追肥,早熟品种追施氮肥(N)3 kg/667 m^2～5 kg/667 m^2,中晚熟品种2 kg/667 m^2～4 kg/667 m^2,同时叶面喷施0.2%的硼砂溶液1次～2次。棚室温度控制在白天15 ℃～20 ℃,夜间8 ℃～10 ℃,填写《生产基地田间农事活动记录表》(见表A.7)。

5.3.4 结球期管理

保持土壤湿润。中晚熟品种,开始包心时追施第二次肥,施氮肥(N)2 kg/667 m^2～4 kg/667 m^2、钾肥(K_2O)1 kg/667 m^2～3 kg/667 m^2,同时叶面喷施0.2%的磷酸二氢钾溶液1次～2次。结球前期大量浇水,促进叶球膨大紧密。结球后期逐渐减少浇水次数,叶球抱紧后停止浇水。收获前20 d不得追施无机氮肥。

施肥后填写《生产基地田间农事活动记录表》(见表A.7)。

5.4 收获及收获后处理

5.4.1 收获

采收前,应对产品农药残留、重金属、硝酸盐等有害物质进行检验,保证产品相关质量安全要求,并填写《产品农药残留等有害物质检测结果记录表》(见表A.9);采收后,填写《产品采收及流向记录表》(见表A.10)。

5.4.2 包装物

包装物应洁净无污染,并妥善存放。再利用的包装物品,应清洗干净,防止有害物质污染。

5.4.3 清洁田园

将残留结球结球甘蓝植株及其他植物残体清出田外,集中销毁处理。

6 有害生物防治

6.1 防治原则

坚持"预防为主,综合防治"的植保方针,以农业和物理防治为基础,优先采用生物防治技术,辅之化学防治应急控害措施。

6.2 主要防治对象

主要防治对象为:菌核病、霜霉病、黑腐病、软腐病、病毒病、灰霉病、猝倒病、潜叶蝇、菜蚜、蝼蛄、甜菜夜蛾、小菜蛾、斜纹夜蛾、菜青虫、烟粉虱等。

6.3 防治措施

6.3.1 农业防治

6.3.1.1 健身栽培

选用抗病品种,清洁田园,加强肥水管理,高畦栽培,忌大水漫灌,提高植株抗病力。

6.3.1.2 轮作

每2年～3年宜与非十字花科植物进行一次轮作。

6.3.2 生物防治

6.3.2.1 利用性信息素技术控制甜菜夜蛾、斜纹夜蛾，每300 m^2 放置1只专用诱捕器，每只诱捕器安装诱芯1枚，每15 d更换1次诱芯，诱捕器的诱虫孔离地1.0 m。

6.3.2.2 防治菜蚜，3%除虫菊素CS 30 g/667 m^2，兑水30 kg～40 kg喷雾，防治次数视发生情况而定，用药间隔7 d～10 d。填写《生产基地有害生物防治记录表》(见表A.11)。

6.3.3 物理防治

6.3.3.1 防虫网

阻止蚜虫、粉虱、潜叶蝇等害虫进入棚室危害，宜选用22目～30目、孔径0.18 cm的银灰色防虫网，直接罩在大棚骨架上，或搭水平棚架覆盖。

6.3.3.2 黄板

棚室内设置涂有粘着剂的黄板诱杀蚜虫、粉虱、潜叶蝇等。黄板规格30 cm×20 cm为宜，悬挂于植株上方10 cm～15 cm处，30块/667 m^2～40块/667 m^2。

6.3.3.3 银灰膜

驱避蚜虫、粉虱等害虫，棚内悬挂银灰膜；露地栽培宜选择银灰色地膜覆盖。

6.3.3.4 电子杀虫灯

诱杀甜菜夜蛾、小菜蛾、菜螟等害虫，每2 hm^2～3 hm^2 悬挂1盏电子杀虫灯(220 V，15 W)，离地高度1.2 m～1.5 m。

6.3.4 化学防治

6.3.4.1 一般要求

应符合GB/T 8321(所有部分)的要求。

6.3.4.2 防治方案

见附录B。防治后填写《生产基地有害生物防治记录表》(见表A.11)。

6.3.4.3 施药器械

施药前应确保施药器械洁净并校准。施药器械使用后应清洗干净放置。

6.3.4.4 轮换用药

为避免或减缓有害生物抗药性的产生，宜轮换使用化学防治农药。

6.3.4.5 剩余药液处理

应按照需要准确配制，少量剩余药液(粉)进行无害化处理，或喷洒到法规允许的休耕地中，并填写《剩余药液或清洗废液处理记录表》(见表A.12)。

7 劳动保护

7.1 培训

凡使用、处理农药、化肥的人员，以及所有操作危险或复杂设备的人员都应经过培训，并填写《生产基地人员登记表》(见表A.4)。

7.2 施药保护

施药时，操作者应穿着防护服，不得吸烟、吃东西，施药后应立即用肥皂清洗皮肤裸露部位，换洗衣服。

7.3 警示

施药后，现场应立即设置警示标志。其他工作现场和危险场所附近亦应设置警示标志。潜在危险区的警示标志设于入口处。

8 批次管理

同一地块或同一大棚采用同一种植管理模式在同一天采收的同一品种为1个生产批。以1年为1个流水周期编号，共3位数。产品批次号为采收日期(yymmdd)＋流水号＋产品名称拼音首字母＋基地所在省(市、区)行政区划代码(6位)＋基地名称拼音首字母。填写《产品采收及流向记录表》(见表A.10)。

9 档案记录

每个生产地块(棚室)应建立独立、完整的生产记录档案(见附录A)，保留生产过程中各个环节的有效记录，以证实所有的农事操作遵循本指导性技术文件规定。记录应当保留两年以上。

附　录　A
（规范性附录）
生产记录表格

表 A.1　生产基地基本情况记载表

基地名称					
基地地址			基地面积		
基地负责人		电话		基地建成时间	
植保员姓名			资格证书号		
灌溉水源					
周围环境情况					
前茬栽培主要作物					
拟种植的主要作物					
土壤检测报告编号		报告日期		评定结论	
水质检测报告编号		报告日期		评定结论	
空气检测报告编号		报告日期		评定结论	
备　注					

制表人：　　　　　　　　　制表日期：

表 A.2　生产基地现存生物种类调查记录表

调查单位：　　　　　　调查负责人：　　　　　　调查时间：

生物名称	学　名	分类地位	密　度

制表人：　　　　　　制表日期：

表 A.3 生产基地主要农用设备(工具)登记表

农用设备(工具)名称	型号	生产厂家	数量	购买日期	现况	保管人	备注

制表人：　　　　　　　　制表日期：

表 A.4　生产基地人员登记表

姓名	性别	出生日期	学历	职称/职务	参加工作时间	家庭住址	电话	证书及编号	培训记录

制表人：　　　　　　制表日期：

表 A.5 生产基地投入品出、入库记录表

日期	入库						出库			库存
	投入品名称	数量	规格	生产企业	产品来源	检测报告编号	数量	领用单位	领用人	

仓库保管：

表 A.6　生产基地农药质量检测结果记录表

农药名称		剂型含量	
生产厂家		登记证号	
农药批号		采购单位	
发票号码		检测日期	
检测单位			
检测执行标准		检测报告编号	
检测结果			
检测项目	标准值	检测值	结论
备　注			

制表人：　　　　　　　　　　制表日期：

表 A.7 生产基地田间农事活动记录表

地块/大棚编号	前茬作物	种植作物	播种时间	播种量 kg/667 m^2	株行距 cm	预计收获时间/数量

田间农事活动记录

日期	活动内容	肥料名称	使用量	使用设备	天气状况	操作人	技术负责人

注：农事操作包括：耕田、起垄、种植、移栽、施肥、浇水、除草、间苗、培土、划锄、收获等；天气状况主要记载温度、湿度、风力、降水等。

制表人：　　　　　　　　制表日期：

表 A.8 生产基地种子/种苗处理记录表

操作人		电　话	
种子/种苗品种		地块/大棚编号	
种子/种苗来源			
防治对象			
药剂处理情况记录			
药剂名称与剂型			
生产厂家			
处理方式			
处理剂量			
处理日期			
温水浸种			
水　温		浸种时间	
备　注			
注：每地块/大棚一卡。			

制表人：　　　　　　　　制表日期：

表 A.9　产品农药残留等有害物质检测结果记录表

产品名称		地块/大棚编号	
检测单位			
样品采集时间		报告日期	
检测执行标准		检测报告编号	
检测结果			
检测项目	标准值	检测值	结论
备注			

制表人：　　　　　　　　制表日期：

表 A.10　产品采收及流向记录表

批次号	地块/大棚编号	产品名称	采收日期	数/重量	农残检测	供货对象	备注

制表人：　　　　　　　　制表日期：

表 A.11 生产基地有害生物防治记录表

作物名称					地块/大棚编号				
防治措施									
日期	防治对象	农药名称	使用量	使用设备	是否符合标准方案	更改标准方案理由及新方案可行性	天气状况	防治人员	植保员
注：天气状况主要记载温度、湿度、风力、降水等。									

制表人：　　　　　　　　制表日期：

表 A.12 剩余药液或清洗废液处理记录表

操作人		电　话	
剩余农药或清洗废液名称		数　量	
处理地点		处理日期	
处理方式			
备　注			

制表人：　　　　　　　　制表日期：

附 录 B
（规范性附录）
结球甘蓝主要有害生物防治方案

表 B.1 结球甘蓝主要有害生物防治方案

生育期	防治对象	防治适期	防治方法	兼治对象	安全间隔期
播种期	菌核病、霜霉病、黑腐病、潜叶蝇	播种前	10%的盐水漂洗，除去混杂的菌核，再用清水冲洗，晒干后播种	软腐病	
生长期	菜蚜	百株 1 000 头	20%啶虫脒 SPX 10 g/667 m^2～15 g/667 m^2，兑水 30 kg 喷雾，施药间隔 7 d～10 d，防治 2 次～3 次	烟粉虱、病毒病	除虫菊素：21 d 啶虫脒：15 d 亚胺菌：23 d 敌百虫：28 d 甲氧虫酰肼：30 d 茚虫威：21 d 多杀霉素：8 d 腈嘧菌酯：28 d 烯酰吗啉：28 d 氢氧化铜：7 d
	蝼蛄	0.3 头/m^2	毒饵诱杀。将饵料(麦麸、豆饼、玉米碎粒)5 kg 炒香，用 90%敌百虫 SP 150 g，适量加水搅匀，拌潮为度，1.5 kg/667 m^2～2.5 kg/667 m^2，在无风傍晚撒施	蛞蝓 蜗牛	
	甜菜夜蛾、小菜蛾、斜纹夜蛾	百株低龄幼虫 40 头	方案一：24%甲氧虫酰肼 SC 30 mL/667 m^2～40 mL/667 m^2—15%茚虫威 SC 30 mL/667 m^2，兑水 40 kg～50 kg 均匀喷雾，防治 2 次～3 次，施药间隔 7 d。 方案二：15%茚虫威 SC 30 mL/667 m^2—2.5%多杀霉素 SC 50 mL/667 m^2，兑水 40 kg～50 kg 均匀喷雾，防治 2 次～3 次，施药间隔 7 d	银纹夜蛾、菜青虫、菜螟、黄曲条跳甲、短额负蝗	
	霜霉病	病株率 3%	25%腈嘧菌酯 SC 34 g/667 m^2—70%烯酰吗啉 WP 30 g/667 m^2，兑水 40 kg～50 kg 均匀喷雾，防治 2 次～3 次，施药间隔 7 d～10 d	黑胫病、炭疽病、灰霉病	
	软腐病	病株率 2%	53.8%氢氧化铜 DF 70 g/667 m^2，兑水 50 kg～60 kg 喷雾，重点喷施植株基部，施药间隔 7 d～10 d	黑腐病	
注："—"表示药剂轮换使用。					

ICS 65.020.01
B 05

中华人民共和国国家标准化指导性技术文件

GB/Z 26583—2011

辣椒生产技术规范

Production technical practice for chili pepper

2011-06-16 发布　　2011-11-15 实施

中华人民共和国国家质量监督检验检疫总局
中国国家标准化管理委员会 发布

前　言

本指导性技术文件的附录 A、附录 B 为规范性附录。

本指导性技术文件由国家质量监督检验检疫总局提出。

本指导性技术文件由中国标准化研究院归口。

本指导性技术文件起草单位：山东省植物保护总站、国家质量监督检验检疫总局进出口食品安全局、滨州市植保站、青岛市植保站、淄博临淄区植保站、潍坊寒亭区植保站。

本指导性技术文件主要起草人：李明立、刘俊展、熊先军、曹长余、宋姝娥、王学武、曹虎春、王连刚。

辣椒生产技术规范

1 范围

本指导性技术文件规定了辣椒生产的基本要求，主要包括生产基地的选择和管理、生产投入品管理、栽培管理、有害生物防治、劳动保护、批次管理、档案记录等方面。

本指导性技术文件适用于辣椒的生产。

2 规范性引用文件

下列文件中的条款通过本指导性技术文件的引用而成为本指导性技术文件的条款。凡是注日期的引用文件，其随后所有的修改单(不包括勘误的内容)或修订版均不适用于本指导性技术文件，然而，鼓励根据本指导性技术文件达成协议的各方研究是否可使用这些文件的最新版本。凡是不注日期的引用文件，其最新版本适用于本指导性技术文件。

GB/T 8321(所有部分) 农药合理使用准则

GB 16715.3 瓜菜作物种子 第3部分:茄果类

GB/T 18407.1 农产品安全质量 无公害蔬菜产地环境要求

3 生产基地选择和管理

3.1 生产基地选择

生产基地环境条件应符合GB/T 18407.1的要求，并填写《生产基地基本情况记载表》(见表A.1)和《生产基地现存生物种类调查记录表》(见表A.2)。宜选择地势平坦、排灌方便、土层深厚、土壤疏松肥沃、理化性状良好，前2年～3年未种植番茄、辣椒等茄科作物的壤土地块。

生产基地应远离污染源。连片面积宜在3 hm^2 以上。

3.2 生产基地管理

3.2.1 工作室

生产基地应建有工作室。室内配备桌椅、资料橱等，放置有关生产管理记录表册，张贴生产技术规范、病虫害防治安全用药标准一览表、基地管理及投入品管理等有关规章制度。

3.2.2 基地仓库

生产基地应建有专用仓库，单独存放施药器械和未用完的种子(苗)、农药、化肥等。仓库应安全、卫生、通风、避光，内设货架，配备必要的农药配制量具、防护服、急救箱等，并填写《主要农用设备(工具)登记表》(见表A.3)。

3.2.3 盥洗室

生产基地应设有盥洗室，室内卫生清洁。

3.2.4 废物与污染物收集设施

生产基地应设有分别收集垃圾和农药空包装等废物与污染物的设施。

3.2.5 灌溉系统

生产基地应建立排灌分开的管理系统，如储水池、供水渠道、灌溉设备等。

井灌区水井井口应高出地面30 cm以上，并配有防护设施，防止雨水倒灌和弃入污染物等。

3.2.6 植保员

生产基地应配备植保员，负责病虫害的防治、农药使用管理与记录等。植保员配备数量应能满足每个基地生产的需要，并填写《生产基地基本情况记载表》(见表A.1)和《生产基地人员登记表》(见表A.4)。

植保员应获得国家植保员职业资格证书，并经过有害生物综合治理(IPM)培训。

3.2.7 肥料员

有条件的生产基地宜配备肥料技术人员，负责肥料的施用管理与记录等。填写《生产基地人员登记表》(见表 A.4)。

3.2.8 环境条件监测

新建生产基地应进行环境条件监测。每 2 年～3 年，或环境条件发生变化有可能影响产品质量安全时，应由有资质的监测单位及时进行相关指标的检测，以确定是否继续使用该生产基地。保留检测报告，并填写《生产基地基本情况记载表》(见表 A.1)。

3.2.9 平面图

生产基地应制作平面分布图，用来制定种植规划和田间管理方案等。

3.2.10 标志、标示

生产基地有关的位置、场所，应设置醒目的标志、标示。

3.2.11 隔离防护

基地周围应建立隔离网、隔离带等，或具有天然隔离屏障，防止外源污染。

4 生产投入品管理

4.1 农药的采购与贮藏

4.1.1 农药的采购

应从正规渠道采购合格的农药，并索取购药凭证或发票。不应采购下列农药：非法销售点销售的农药、无农药登记证或农药临时登记证的农药、无农药生产许可证或者农药生产批准文件的农药、无产品质量标准及合格证明的农药、无标签或标签内容不完整的农药、超过保质期的农药以及国家禁止使用的农药。

采购的农药应索取农药质量证明资料，必要时进行检验，填写《生产基地投入品出、入库记录表》(见表 A.5)和《农药质量检测结果记录表》(见表 A.6)。

4.1.2 农药的贮藏

农药应贮藏于厂区专用仓库，由专人负责保管。仓库应符合防火、卫生、防腐、避光、通风等安全条件要求，并配有农药配制量具、急救药箱，出入口处贴有警示标志。

4.1.3 农药包装物处理

农药包装物不应重复使用、乱扔。农药空包装物应清洗 3 次以上，清洗水妥善处理，将清洗后的包装物压坏或刺破，防止重复使用，必要时应贴上标签，以便回收处理。空的农药包装物在处置前应安全存放。

4.2 肥料的采购与贮藏

4.2.1 肥料的采购

应从正规渠道采购合格肥料，并索取购肥凭证或发票。不得采购下列肥料：非法销售点销售的肥料、超过保质期的肥料。

采购的肥料应填写《生产基地投入品出、入库记录表》(见表 A.5)。

4.2.2 肥料的贮藏

肥料应妥善保存，单独放置于清洁、干燥的仓库，由专人负责保管。不得与苗木、农产品存放在一起。

5 栽培管理

5.1 整地施肥

5.1.1 清洁田园

清除前茬作物的残留枝叶，带出田外深埋或烧毁。

5.1.2 耕翻土壤

深翻土壤 25 cm～30 cm，耙实。宜使用机械耕翻，以维持土壤结构。

5.1.3 基肥

耕地前，撒施腐熟有机肥 3 000 kg/667 m^2～5 000 kg/667 m^2，复合肥 50 kg/667 m^2～60 kg/667 m^2，耕地时翻入土中。不得施用生活垃圾、工业废渣、污泥等。

基肥施用后填写《生产基地田间农事活动记录表》(见表 A.7)。

5.2 播种

5.2.1 品种选择

宜选用优质、抗病、丰产、抗逆力强的品种。

5.2.2 种子质量

符合 GB 16715.3 的要求。植物检疫合格。

5.2.3 播种方法和播种量

5.2.3.1 制作苗床

宜选择背风、向阳，地势高燥，土层深厚，便于灌溉、排水良好，近 3 年未种植茄科作物的地块制作苗床。

苗床宽 1 m～1.2 m。施三元复合肥 200 kg/667 m^2，腐熟有机肥 3 000 kg/667 m^2，深翻 20 cm 以上，并从中留出备用覆土。灌水，使土壤吃足水分。施肥后填写《生产基地田间农事活动记录表》(见表 A.7)。

5.2.3.2 催芽

晒种 2 d～3 d 后，将其放入 50 ℃～55 ℃水中，搅拌 5 min～10 min，待水温降至 30 ℃左右时捞出，反复搓洗并冲洗干净，沥去多余水分后放入纱布内，25 ℃～30 ℃催芽 3 d～6 d，每 4 h～5 h 搅动一次，每 24 h 用温水淘洗一次，60%左右的种子露白后即可播种。填写《生产基地种子/种苗处理记录表》(见表 A.8)。

5.2.3.3 育苗

催芽种子均匀撒播在苗床上；未催芽的种子掺干细沙拌均匀撒播，然后覆过筛细土 0.5 cm～1 cm，扣上薄膜，形成小拱棚。气温低时加盖草苫。

播种量 15 g/m^2～20 g/m^2。

填写《生产基地田间农事活动记录表》(见表 A.7)。

5.3 苗床管理

出苗前，温度控制在 25 ℃～30 ℃。70%出苗时，白天控制在 25 ℃～28 ℃，夜间 16 ℃～18 ℃。夜间低于 10 ℃～12 ℃时，应采取保温措施。

5.4 栽植

5.4.1 椒苗标准

苗高 15 cm～20 cm，茎粗 0.4 cm～0.5 cm，8 片～10 片真叶，叶片大而浓绿，第一花现蕾，根系发达。

5.4.2 栽植密度

根据不同品种的特性，确定适宜栽植密度。

春季栽培密度一般为 5 000 株/667 m^2～7 000 株/667 m^2。大小行种植，大行距 70 cm，小行距 50 cm，株距 20 cm～23 cm。

夏季栽培密度一般为 6 000 株/667 m^2～7 000 株/667 m^2。等行距栽植，行距 50 cm～60 cm，株距 20 cm～25 cm。

栽植后填写《生产基地田间农事活动记录表》(见表 A.7)。

5.5 田间管理

5.5.1 查苗补苗

定植后,死苗处要及时补栽,中耕除草。植株封垄前培土,厚度 6 cm～10 cm。

5.5.2 浇水、排涝

栽后第二天浇缓苗水,5 d～6 d 后再浇一次。缓苗后至始果期前,控制浇水,促进壮苗。开花坐果盛期遇到干旱,应及时浇水,浇水后及时浅中耕。

田间积水时,及时疏沟排水,中耕破除板结。

浇水后填写《生产基地田间农事活动记录表》(见表 A.7)。

5.5.3 追肥

植株封行前、门椒开始膨大时,开浅沟或顺行撒施氮、磷、钾三元素复合肥 20 kg/667 m^2～30 kg/667 m^2,划锄盖土。

缺肥但不宜地下追肥时,可喷施叶面肥、微肥或生物菌肥。每 7 d～10 d 喷一次,连喷 2 次～3 次。

施肥后填写《生产基地田间农事活动记录表》(见表 A.7)。

5.5.4 整枝

应根据品种特性选留结果枝,并及时抹除蘖芽,去除萌蘖枝。

填写《生产基地田间农事活动记录表》(见表 A.7)。

5.6 收获及收获后处理

5.6.1 收获

采收前,应对产品农药残留、重金属、硝酸盐等有害物质进行检验,保证产品符合相关质量安全要求,并填写《农药残留等有害物质检测结果记录表》(见表 A.9);采收后,填写《产品采收及流向记录表》(见表 A.10)。

5.6.2 包装物

包装物应洁净无污染,并妥善存放。再利用的包装物品,应清洗干净,防止有害物质污染。

5.6.3 清洁田园

将残留辣椒植株及其他植物残体清出田外,集中销毁处理。

6 有害生物防治

6.1 防治原则

坚持"预防为主,综合防治"的植保方针,以农业和物理防治为基础,优先采用生物防治技术,辅之化学防治应急控害措施。

6.2 主要防治对象

主要防治对象为:猝倒病、立枯病、疫病、病毒病、早疫病、晚疫病、蚜虫、棉铃虫、甜菜夜蛾、茶黄螨、烟青虫等。

6.3 防治措施

6.3.1 农业防治

6.3.1.1 选用抗病品种

宜选用抗病抗逆性强的优质、丰产品种。生产过程中应加强健身栽培,预防病害发生。

6.3.1.2 轮作

每 2 年～3 年宜与非茄科作物进行一次轮作。

6.3.2 生物防治

利用性信息素技术控制甜菜夜蛾,每 300 m^2 放置 1 只专用诱捕器,每只诱捕器安装诱芯 1 枚,每 15 d 更换 1 次诱芯,诱捕器的诱虫孔离地 1.0 m。

6.3.3 物理防治

6.3.3.1 防虫网

阻止蚜虫、潜叶蝇、甜菜夜蛾等害虫进入棚室危害,宜选用 22 目～30 目、孔径 0.18 cm 的银灰色防虫网，直接罩在大棚骨架上，或搭水平棚架覆盖。

6.3.3.2 黄板

棚室内设置涂有粘着剂的黄板诱蚜虫和潜叶蝇等。黄板规格 30 cm×20 cm 为宜，悬挂于植株上方 10 cm～15 cm 处，30 块/667 m^2～40 块/667 m^2。

6.3.3.3 银灰膜

驱避蚜虫、飞虱等害虫，棚内悬挂银灰膜；露地栽培宜选择银灰色地膜覆盖。

6.3.3.4 电子杀虫灯

诱杀甜菜夜蛾、小菜蛾、菜螟等害虫，每 2 hm^2～3 hm^2 悬挂 1 盏电子杀虫灯（220 V，15 W），离地高度 1.2 m～1.5 m。

6.3.4 化学防治

6.3.4.1 一般要求

应符合 GB/T 8321（所有部分）的要求。

6.3.4.2 防治方案

见附录 B。防治后填写《有害生物防治记录表》（见表 A.11）。

6.3.4.3 施药器械

施药前应确保施药器械洁净并校准。施药器械使用后应清洗干净放置。

6.3.4.4 轮换用药

为避免或减缓有害生物抗药性的产生，宜轮换使用化学防治农药。

6.3.4.5 剩余药液处理

应按照需要准确配制，少量剩余药液（粉）进行无害化处理，或喷洒到法规允许的休耕地中，并填写《剩余药液或清洗废液处理记录表》（见表 A.12）。

7 劳动保护

7.1 培训

凡使用、处理农药、化肥的人员，以及所有操作危险或复杂设备的人员都应经过培训，并填写《生产基地人员登记表》（见表 A.4）。

7.2 施药保护

施药时，操作者应穿着防护服，不得吸烟、吃东西，施药后应立即用肥皂清洗皮肤裸露部位，换洗衣服。

7.3 警示

施药后，现场应立即设置警示标志。其他工作现场和危险场所附近亦应设置警示标志。潜在危险区的警示标志设于入口处。

8 批次管理

同一地块或同一大棚采用同一种植管理模式在同一天采收的同一品种为 1 个生产批。以 1 年为 1 个流水周期编号，共 3 位数。产品批次号为采收日期（yymmdd）＋流水号＋产品名称拼音首字母＋基地所在省（市、区）行政区划代码（6 位）＋基地名称拼音首字母。填写《产品采收及流向记录表》（见表 A.10）。

9 档案记录

每个生产地块（棚室）应建立独立、完整的生产记录档案（见附录 A），保留生产过程中各个环节的有效记录，以证实所有的农事操作遵循本指导性技术文件规定。记录应当保留两年以上。

附　录　A
（规范性附录）
生产记录表格

表 A.1　生产基地基本情况记载表

<table>
<tr><td>基地名称</td><td colspan="5"></td></tr>
<tr><td>基地地址</td><td colspan="2"></td><td>基地面积</td><td colspan="2"></td></tr>
<tr><td>基地负责人</td><td></td><td>电话</td><td></td><td>基地建成时间</td><td></td></tr>
<tr><td rowspan="3">植保员姓名</td><td colspan="2"></td><td rowspan="3">资格证书号</td><td colspan="2"></td></tr>
<tr><td colspan="2"></td><td colspan="2"></td></tr>
<tr><td colspan="2"></td><td colspan="2"></td></tr>
<tr><td>灌溉水源</td><td colspan="5"></td></tr>
<tr><td>周围环境情况</td><td colspan="5"></td></tr>
<tr><td>前茬栽培主要作物</td><td colspan="5"></td></tr>
<tr><td>拟种植的主要作物</td><td colspan="5"></td></tr>
<tr><td>土壤检测报告编号</td><td></td><td>报告日期</td><td></td><td>评定结论</td><td></td></tr>
<tr><td>水质检测报告编号</td><td></td><td>报告日期</td><td></td><td>评定结论</td><td></td></tr>
<tr><td>空气检测报告编号</td><td></td><td>报告日期</td><td></td><td>评定结论</td><td></td></tr>
<tr><td>备　注</td><td colspan="5"></td></tr>
</table>

制表人：　　　　　　　　　制表日期：

表 A.2　生产基地现存生物种类调查记录表

调查单位：　　　　　　　调查负责人：　　　　　　　调查时间：

生物名称	学　　名	分类地位	密度

制表人：　　　　　　　　制表日期：

表 A.3 主要农用设备(工具)登记表

农用设备(工具)名称	型号	生产厂家	数量	购买日期	现况	保管人	备注

制表人： 制表日期：

表 A.4 生产基地人员登记表

姓名	性别	出生日期	学历	职称/职务	参加工作时间	家庭住址	电话	证书及编号	培训记录

制表人：　　　　　　　　制表日期：

表 A.5　生产基地投入品出、入库记录表

日期	入库						出库			库存
	投入品名称	数量	规格	生产企业	产品来源	检测报告编号	数量	领用单位	领用人	

仓库保管：

表 A.6 农药质量检测结果记录表

农药名称		剂型含量	
生产厂家		登记证号	
农药批号		采购单位	
发票号码		检测日期	
检测单位			
检测执行标准		检测报告编号	
检测结果			
检测项目	标 准 值	检测值	结论
备 注			

制表人： 制表日期：

表 A.7 生产基地田间农事活动记录表

地块/大棚编号	前茬作物	种植作物	播种时间	播种量 kg/667 m²	株行距 cm	预计收获时间/数量

田间农事活动记录

日期	活动内容	肥料名称	使用量	使用设备	天气状况	操作人	技术负责人

注：农事操作包括：耕田、起垄、种植、移栽、施肥、浇水、除草、间苗、培土、划锄、收获等；天气状况主要记载温度、湿度、风力、降水等。

制表人：　　　　　　制表日期：

表 A.8　生产基地种子/种苗处理记录表

操作人		电　话	
种子/种苗品种		地块/大棚编号	
种子/种苗来源			
防治对象			
药剂处理情况记录			
药剂名称与剂型			
生产厂家			
处理方式			
处理剂量			
处理日期			
温水浸种			
水　温		浸种时间	
备　注			
注：每地块/大棚一卡。			

制表人：　　　　　　　　　制表日期：

表 A.9 农药残留等有害物质检测结果记录表

产品名称		地块/大棚编号	
检测单位			
样品采集时间		检测执行标准	
报告日期		检测报告编号	
检测结果			
检 测 项 目	标 准 值	检 测 值	结 论
备 注			

制表人： 制表日期：

表 A.10　产品采收及流向记录表

批次号	地块/大棚编号	产品名称	采收日期	数/重量	农残检测	供货对象	备注

制表人：　　　　　　　　制表日期：

表 A.11 有害生物防治记录表

作物名称						地块/大棚编号			
防治措施									
日期	防治对象	农药名称	使用量	使用设备	是否符合标准方案	更改标准方案理由及新方案可行性	天气状况	防治人员	植保员
注：天气状况主要记载温度、湿度、风力、降水等。									

制表人：　　　　　　制表日期：

表 A.12　剩余药液或清洗废液处理记录表

操作人		电　话	
剩余农药或清洗废液名称		数　量	
处理地点		处理日期	
处理方式			
备　注			

制表人：　　　　　　　　制表日期：

附 录 B
（规范性附录）
辣椒主要有害生物防治方案

表 B.1 辣椒主要有害生物防治方案

生育期	防治对象	化学防治			安全间隔期
		防治指标	防治方法	兼治	
播种期	猝倒病、立枯病		方案一：72.2%霜霉威 AS 70 mL/667 m^2～80 mL/667 m^2 兑水30 kg～50 kg 喷雾，防治 2 次～3 次，施药间隔7 d～10 d。 方案二：50%烯酰吗啉 WP 50g/667 m^2～60 g/667 m^2 兑水 30 kg～50 kg 喷雾，防治 2 次～3 次，施药间隔7 d～10 d	绵腐病、菌核病、根腐病	啶虫脒：9 d 霜霉威：10 d 烯酰吗啉：11 d 噻虫嗪：18 d 吡虫啉：7 d 腈嘧菌酯：25 d 霜脲氰：17 d 噁唑菌酮：17 d 甲氧虫酰肼：7 d 多杀霉素：8 d 茚虫威：10 d 哒螨灵：14 d 噻螨酮：21 d 氟唑虫清：21 d
生长期	蚜虫	8 头/株～10 头/株	方案一：25%噻虫嗪 WG 3 g/667 m^2～4 g/667 m^2 兑水 30 kg～50 kg 喷雾，防治次数视发生情况而定，施药间隔 7 d～10 d。 方案二：10%吡虫啉 WP 20 g/667 m^2～30 g/667 m^2 兑水 30 kg～50 kg 喷雾，防治次数视发生情况而定，施药间隔 7 d～10 d	病毒病、蓟马、粉虱、斑潜蝇	
	早疫病、晚疫病	初见病叶	方案一：72.2%霜霉威 AS 80 mL/667 m^2～100 mL/667 m^2—25%腈嘧菌酯 SC 35 mL/667 m^2～48 mL/667 m^2—52.5%霜脲氰＋噁唑菌酮 WJ 35 g/667 m^2～40 g/667 m^2，兑水 30 kg～50 kg 喷雾，施药间隔 7 d～10 d，交替防治 2 次～3 次。 方案二：72.2%霜霉威 AS 80 mL/667 m^2～100 mL/667 m^2—25%腈嘧菌酯 SC 35 mL/667 m^2～48 mL/667 m^2—50%烯酰吗啉 WP 40 g/667 m^2～60 g/667 m^2，兑水 30 kg～50 kg 喷雾，施药间隔 7 d～10 d，交替防治 2 次～3 次	褐腐病、炭疽病	
	棉铃虫 烟青虫	卵盛期	方案一：24%甲氧虫酰肼 SC 20 mL/667 m^2～30 mL/667 m^2—2.5%多杀霉素 SC 50 mL/667 m^2—15%茚虫威 SC 30 mL/667 m^2 兑水 30 kg～50 kg 喷雾，防治 2 次～3 次，施药间隔 7 d～10 d。 方案二：24%甲氧虫酰肼 SC 40 mL/667 m^2～60 mL/667 m^2—10%氟唑虫清 SC 35 mL/667 m^2～50 mL/667 m^2，兑水 30 kg～50 kg 喷雾，防治 2 次～3 次，施药间隔7 d～10 d	斜纹夜蛾、菜螟、小菜蛾、造桥虫、甜菜夜蛾	

表 B.1（续）

生育期	防治对象	化学防治			安全间隔期
		防治指标	防治方法	兼治	
生长期	茶黄螨	虫株率 5%	方案一：15% 哒螨灵 EC 15 mL/667 m^2～20 mL/667 m^2—5%噻螨酮 EC 30 mL/667 m^2，兑水 30 kg～50 kg 喷雾，视害虫发生情况防治 2 次～3 次。施药间隔 10 d～15 d。 方案二：15% 哒螨灵 EC 15 mL/667 m^2～20 mL/667 m^2—5% 啶虫脒 EC 25 g/667m^2～30 g/667 m^2 兑水 30 kg～50 kg 喷雾，视害虫发生情况防治2 次～3 次。施药间隔 10 d～15 d	蚜虫、粉虱、斑潜蝇	啶虫脒：9 d 霜霉威：10 d 烯酰吗啉：11 d 噻虫嗪：18 d 吡虫啉：7 d 腈嘧菌酯：25 d 霜脲氰：17 d 嗯唑菌酮：17 d 甲氧虫酰肼：7 d 多杀霉素：8 d 茚虫威：10 d 哒螨灵：14 d 噻螨酮：21 d 氟唑虫清：21 d
注：“—”表示药剂轮换使用。					

ICS 65.020.01
B 05

GB

中华人民共和国国家标准化指导性技术文件

GB/Z 26584—2011

生姜生产技术规范

Production technical practice for ginger

2011-06-16 发布　　2011-11-15 实施

中华人民共和国国家质量监督检验检疫总局
中国国家标准化管理委员会　发布

前　言

本指导性技术文件的附录A、附录B为规范性附录。

本指导性技术文件由国家质量监督检验检疫总局提出。

本指导性技术文件由中国标准化研究院归口。

本指导性技术文件起草单位：莱芜万兴果菜食品加工有限公司、莱芜市植保站、国家质量监督检验检疫总局进出口食品安全局、山东省植物保护总站、安丘市植保站。

本指导性技术文件主要起草人：柳建增、吕华、汤德良、李明立、宋姝娥、辛增英、陶务瑞。

生姜生产技术规范

1 范围

本指导性技术文件规定了生姜生产的基本要求，主要包括生产基地的选择和管理、生产投入品管理、栽培管理、有害生物防治、劳动保护、批次管理、档案记录等方面。

本指导性技术文件适用于生姜的生产。

2 规范性引用文件

下列文件中的条款通过本指导性技术文件的引用而成为本指导性技术文件的条款。凡是注日期的引用文件，其随后所有的修改单(不包括勘误的内容)或修订版均不适用于本指导性技术文件，然而，鼓励根据本指导性技术文件达成协议的各方研究是否可使用这些文件的最新版本。凡是不注日期的引用文件，其最新版本适用于本指导性技术文件。

GB/T 8321(所有部分) 农药合理使用准则

GB/T 18407.1 农产品安全质量 无公害蔬菜产地环境要求

3 生产基地选择和管理

3.1 生产基地选择

生产基地环境条件应符合 GB/T 18407.1 的要求，并填写《生产基地基本情况记载表》(见表 A.1)和《生产基地现存生物种类调查记录表》(见表 A.2)。宜选择地势平坦、排灌方便、土层深厚、土壤疏松肥沃、理化性状良好，前 2 年～3 年未种植山姜、郁金、生姜等姜科作物的壤土地块。

生产基地应远离污染源。连片面积宜在 3 hm^2 以上。

3.2 生产基地管理

3.2.1 工作室

生产基地应建有工作室。室内配备桌椅、资料橱等，放置有关生产管理记录表册，张贴生产技术规范、病虫害防治安全用药标准一览表、基地管理及投入品管理等有关规章制度。

3.2.2 基地仓库

生产基地应建有专用仓库，单独存放施药器械和未用完的种子(苗)、农药、化肥等。仓库应安全、卫生、通风、避光，内设货架，配备必要的农药配制量具、防护服、急救箱等，并填写《主要农用设备(工具)登记表》(见表 A.3)。

3.2.3 盥洗室

生产基地应设有盥洗室，室内卫生清洁。

3.2.4 废物与污染物收集设施

生产基地应设有收集垃圾和农药空包装等废物与污染物的设施。

3.2.5 灌溉系统

生产基地应建立排灌分开的管理系统，如储水池、供水渠道、灌溉设备等。

井灌区水井井口应高出地面 30 cm 以上，并配有防护设施，防止雨水倒灌和弃入污染物等。

3.2.6 植保员

生产基地应配备植保员，负责病虫害的防治、农药使用管理与记录等。植保员配备数量应能满足每个基地生产的需要，并填写《生产基地基本情况记载表》(见表 A.1)和《生产基地人员登记表》(见表A.4)。

植保员应获得国家植保员职业资格证书，并经过有害生物综合治理(IPM)培训。

3.2.7 肥料员

有条件的生产基地宜配备肥料技术人员，负责肥料的施用管理与记录等。填写《生产基地人员登记表》(见表 A.4)。

3.2.8 环境条件监测

新建生产基地应进行环境条件监测。每2年～3年，或环境条件发生变化有可能影响产品质量安全时，应由有资质的监测单位及时进行相关指标的检测，以确定是否继续使用该生产基地。保留检测报告，并填写《生产基地基本情况记载表》(见表 A.1)。

3.2.9 平面图

生产基地应制作平面分布图，用来制定种植规划和田间管理方案等。

3.2.10 标志标示

生产基地有关的位置、场所，应设置醒目的标志、标示。

3.2.11 隔离防护

基地周围应建立隔离网、隔离带等，或具有天然隔离屏障，防止外源污染。

4 生产投入品管理

4.1 农药的采购与贮藏

4.1.1 农药的采购

应从正规渠道采购合格的农药，并索取购药凭证或发票。不应采购下列农药：非法销售点销售的农药、无农药登记证或农药临时登记证的农药、无农药生产许可证或者农药生产批准文件的农药、无产品质量标准及合格证明的农药、无标签或标签内容不完整的农药、超过保质期的农药以及国家禁止使用的农药。

采购的农药应索取农药质量证明资料，必要时进行检验，填写《生产基地投入品出、入库记录表》(见表 A.5)和《农药质量检测结果记录表》(见表 A.6)。

4.1.2 农药的贮藏

农药应贮藏于厂区专用仓库，由专人负责保管。仓库应符合防火、卫生、防腐、避光、通风等安全条件要求，并配有农药配制量具、急救药箱，出入口处贴有警示标志。

4.1.3 农药包装物处理

农药包装物不应重复使用、乱扔。农药空包装物应清洗3次以上，清洗水妥善处理，将清洗后的包装物压坏或刺破，防止重复使用，必要时应贴上标签，以便回收处理。空的农药包装物在处置前应安全存放。

4.2 肥料的采购与贮藏

4.2.1 肥料的采购

应从正规渠道采购合格肥料，并索取购肥凭证或发票。不得采购下列肥料：非法销售点销售的肥料、超过保质期的肥料。

采购的肥料应填写《生产基地投入品出、入库记录表》(见表 A.5)。

4.2.2 肥料的贮藏

肥料应妥善保存，单独放置于清洁、干燥的仓库，由专人负责保管。不得与苗木、农产品存放在一起。

5 栽培管理

5.1 清洁田园

前茬作物收获后，及时清除田园植株残体，带出田外集中处理。

5.2 土壤消毒

姜瘟病、线虫病发生严重的地块，生姜播种前 30 d 应进行土壤消毒，具体方法见附录 B。处理后填写《有害生物化学防治记录表》(见表 A.11)。

5.3 整地施肥

整地前撒施腐熟有机肥 2 500 kg/667 m^2～5 000 kg/667 m^2，耕地时翻入土壤。应使用机械耕翻土壤，深度 25 cm 以上，耕深耙实。

按 60 cm～65 cm 行距开沟施肥，施入豆饼(大豆)75 kg/667 m^2、生物肥 80 kg/667 m^2、硫酸钾 20 kg/667 m^2、尿素 10 kg/667 m^2～15 kg/667 m^2、硼肥 1 kg/667 m^2、锌肥 2 kg/667 m^2，顺沟撒施，划锄混匀。禁止施用生活垃圾、工业废渣、污泥及污泥肥等。

施肥后填写《生产基地田间农事活动记录表》(见表 A.7)。

5.4 播种

5.4.1 品种选择

应当根据不同的栽培类型选用相应的优质、丰产、抗逆性强的品种。

5.4.2 种姜质量

宜选择姜块肥大、丰满、有光泽、肉色鲜黄、无明显缺陷、未受冻、无病虫危害的姜块作姜种，备姜种 300 kg/667 m^2～500 kg/667 m^2。

姜种应检疫合格。

5.4.3 姜种消毒

催芽前，姜种宜浸种消毒，具体方法见附录 B。填写《生产基地种子/种苗处理记录表》(见表 A.8)。

5.4.4 催芽

姜种浸种消毒晾干后催芽。温度保持在 22 ℃～25 ℃，20 d 后，等姜芽长到 0.5 cm～1 cm 时，按姜芽大小分级备播。

5.4.5 种植密度

高产地块：行距 65 cm，株距 23 cm～25 cm，4 200 株/667 m^2。

中肥水地块：行距 60 cm，株距 20 cm～23 cm，5 000 株/667 m^2。

播种后填写《生产基地田间农事活动记录表》(见表 A.7)。

5.4.6 除草与覆膜

播种后覆土 4 cm～5 cm，浇水 1 次～2 次。覆膜前喷施除草剂(见附录 B)，然后覆盖透明地膜。膜厚 0.004 mm～0.008 mm。除草后填写《有害生物防治记录表》(见表 A.11)。

5.5 田间管理

5.5.1 遮荫

生姜幼苗期适度遮荫。遮荫模式主要有条幅式遮阳网、条幅式打孔膜、高位棚室遮阳网等。生姜封垄后撤除遮荫物。

5.5.2 浇水

出苗率达 70%以上后，根据天气及土壤墒情灵活浇水，保持土壤湿润。苗期不宜浇水过勤。夏季避免中午浇水。立秋前后生姜进入旺盛生长期，需水量增多，4 d～5 d 浇一次水，始终保持土壤湿润。浇水后填写《生产基地田间农事活动记录表》(见表 A.7)。

雨后注意及时排水。

5.5.3 追肥

苗期、发棵初期、姜块膨大期各追肥一次。追施速效性氮肥(折合纯氮)25 kg/667 m^2～30 kg/667 m^2，纯磷 8 kg/667 m^2～10 kg/667 m^2，纯钾 30 kg/667 m^2～35 kg/667 m^2。其中立秋前后撤出遮荫物时开沟追施豆饼(大豆)50 kg/667 m^2。追肥后及时浇水。填写《生产基地田间农事活动记录表》(见表A.7)。

喷施叶面肥。在根茎膨大期喷施生物菌肥，每 7 d 一次，连喷 3 次。填写《生产基地田间农事活动记录表》(见表 A.7)。

5.5.4 培土

立秋前后，结合追肥培第一次土，以后随生长进行培土，姜块不暴露为宜。填写《生产基地田间农事活动记录表》(见表 A.7)。

5.6 收获及收获后处理

5.6.1 收获

露地生姜宜初霜后收获。保护地生姜宜延迟 20 d 收获。

采收前，应对产品农药残留、重金属、硝酸盐等有害物质进行检验，保证产品符合相关质量安全要求要求，并填写《农药残留等有害物质检测结果记录表》(见表 A.9)；采收后，填写《产品采收及流向记录表》(见表 A.10)。

5.6.2 包装物

包装物应洁净无污染，并妥善存放。再利用的包装物品，应清洗干净，防止被有害物质污染。

5.7 储藏

5.7.1 姜窖

宜采用大型生姜保鲜储藏窖储藏。大型生姜保鲜储藏窖适宜沙存，以减少病虫为害，解决烂窖、闷井、排水、排湿及温度调节问题，利于生姜保鲜、外观质量好，便于机械作业。

5.7.2 姜窖卫生

入窖前，要将窖内彻底清扫干净。铺上 5 cm 厚的细砂，洞口用防虫网罩住。

5.7.3 姜窖防虫

见附录 B。防虫后填写《有害生物防治记录表》(见表 A.11)。

6 有害生物防治

6.1 防治原则

坚持“预防为主，综合防治”的植保方针，以农业和物理防治为基础，优先采用生物防治技术，辅之化学防治应急控害措施。

6.2 主要防治对象

主要防治对象为：姜瘟病、斑点病、线虫、地下害虫、姜螟、异型眼蕈蚊、杂草等。

6.3 防治措施

6.3.1 农业防治

选用抗病品种；

整地前清洁田园；

生姜连作 2 年～3 年后应与非姜科、非茄科作物进行一次轮作；

姜瘟病等系统性侵染病害，发病初期及时清除中心病株和根际土壤。

6.3.2 生物防治

6.3.2.1 糖醋液

4 月下旬～5 月下旬，用糖、醋、酒、水、敌百虫晶体按 3∶3∶1∶10∶0.5 的比例配成糖醋液，每 200 m^2 放一盆，每 3 d～5 d 换一次糖醋液，诱杀甜菜夜蛾等成虫。

6.3.2.2 诱捕器

诱杀甜菜夜蛾等害虫，可安装甜菜夜蛾等害虫专用诱捕器。安装密度，应根据不同厂家的产品规格要求设置，高度在生姜冠层上部 20 cm 左右。

6.3.3 物理防治

电子杀虫灯诱杀地老虎、金龟子、蝼蛄、姜螟、甜菜夜蛾等害虫，每 2 hm^2～3 hm^2 悬挂一盏电子杀虫灯(220 V,15 W),离地高度 1.2 m～1.5 m。

6.3.4 化学防治

6.3.4.1 一般要求

应符合 GB/T 8321(所有部分)的要求。

6.3.4.2 防治方案

见附录 B,防治中应严格农药安全间隔期用药,防治后填写《有害生物防治记录表》(见表 A.11)。

6.3.4.3 施药器械

施药前应确保施药器械洁净并校准。施药器械使用后应清洗干净放置。

6.3.4.4 轮换用药

为避免或减缓有害生物抗药性的产生,宜轮换使用化学防治农药。

6.3.4.5 剩余药液处理

应按照需要准确配制,少量剩余药液(粉)进行无害化处理,或喷洒到法规允许的休耕地中,并填写《剩余药液或清洗废液处理记录表》(见表 A.12)。

7 劳动保护

7.1 培训

凡使用、处理农药、化肥的人员,以及所有操作危险或复杂设备的人员都应经过培训,并填写《生产基地人员登记表》(见表 A.4)。

7.2 施药保护

施药时,操作者应穿着防护服,不得吸烟、吃东西,施药后应立即用肥皂清洗皮肤裸露部位,换洗衣服。

7.3 警示

施药后,现场应立即设置警示标志。其他工作现场和危险场所附近亦应设置警示标志。潜在危险区的警示标志设于入口处。

8 批次管理

同一地块或同一大棚采用同一种植管理模式在同一天采收的同一品种为 1 个生产批。以 1 年为 1 个流水周期编号,共 3 位数。产品批次号为采收日期(yymmdd)＋流水号＋产品名称拼音首字母＋基地所在省(市、区)行政区划代码(6 位)＋基地名称拼音首字母。填写《产品采收及流向记录表》(见表 A.10)。

9 档案记录

每个生产地块(棚室)应建立独立、完整的生产记录档案(见附录 A),保留生产过程中各个环节的有效记录,以证实所有的农事操作遵循本指导性技术文件规定。记录应当保留两年以上。

附　录　A
（规范性附录）
生产记录表格

表 A.1　生产基地基本情况记载表

<table>
<tr><td>基地名称</td><td colspan="5"></td></tr>
<tr><td>基地地址</td><td colspan="2"></td><td>基地面积</td><td colspan="2"></td></tr>
<tr><td>基地负责人</td><td></td><td>电话</td><td></td><td>基地建成时间</td><td></td></tr>
<tr><td rowspan="3">植保员姓名</td><td colspan="2"></td><td rowspan="3">资格证书号</td><td colspan="2"></td></tr>
<tr><td colspan="2"></td><td colspan="2"></td></tr>
<tr><td colspan="2"></td><td colspan="2"></td></tr>
<tr><td>灌溉水源</td><td colspan="5"></td></tr>
<tr><td>周围环境情况</td><td colspan="5"></td></tr>
<tr><td>前茬栽培主要作物</td><td colspan="5"></td></tr>
<tr><td>拟种植的主要作物</td><td colspan="5"></td></tr>
<tr><td>土壤检测报告编号</td><td></td><td>报告日期</td><td></td><td>评定结论</td><td></td></tr>
<tr><td>水质检测报告编号</td><td></td><td>报告日期</td><td></td><td>评定结论</td><td></td></tr>
<tr><td>空气检测报告编号</td><td></td><td>报告日期</td><td></td><td>评定结论</td><td></td></tr>
<tr><td>备　注</td><td colspan="5"></td></tr>
</table>

制表人：　　　　　　　　制表日期：

表 A.2 生产基地现存生物种类调查记录表

调查单位：　　　　　　　　调查负责人：　　　　　　　　调查时间：

生物名称	学　　名	分类地位	密　　度

制表人：　　　　　　　　制表日期：

表 A.3 主要农用设备(工具)登记表

农用设备(工具)名称	型号	生产厂家	数量	购买日期	现况	保管人	备注

制表人：　　　　　　　　制表日期：

表 A.4　生产基地人员登记表

姓名	性 别	出生日期	学 历	职称/职务	参加工作时间	家庭住址	电 话	证书及编号	培训记录

制表人：　　　　　　制表日期：

表 A.5 生产基地投入品出、入库记录表

日期	入库						出库			库存
	投入品名称	数量	规格	生产企业	产品来源	检测报告编号	数量	领用单位	领用人	

仓库保管:

表 A.6　农药质量检测结果记录表

农药名称		剂型含量	
生产厂家		登记证号	
农药批号		采购单位	
发票号码		检测日期	
检测单位			
检测执行标准		检测报告编号	
检测结果			
检测项目	标　准　值	检测值	结　　论
备　注			

制表人：　　　　　　制表日期：

表 A.7 生产基地田间农事活动记录表

<table>
<tr><td>地块/大棚编号</td><td>前茬作物</td><td>种植作物</td><td>播种时间</td><td colspan="2">播种量
kg/667 m²</td><td colspan="2">株行距
cm</td><td>预计收获时间/数量</td></tr>
<tr><td></td><td></td><td></td><td></td><td colspan="2"></td><td colspan="2"></td><td></td></tr>
<tr><td colspan="9">田间农事活动记录</td></tr>
<tr><td>日期</td><td>活动内容</td><td>肥料名称</td><td>使用量</td><td>使用设备</td><td colspan="2">天气状况</td><td>操作人</td><td>技术负责人</td></tr>
<tr><td></td><td></td><td></td><td></td><td></td><td colspan="2"></td><td></td><td></td></tr>
<tr><td></td><td></td><td></td><td></td><td></td><td colspan="2"></td><td></td><td></td></tr>
<tr><td></td><td></td><td></td><td></td><td></td><td colspan="2"></td><td></td><td></td></tr>
<tr><td></td><td></td><td></td><td></td><td></td><td colspan="2"></td><td></td><td></td></tr>
<tr><td></td><td></td><td></td><td></td><td></td><td colspan="2"></td><td></td><td></td></tr>
<tr><td></td><td></td><td></td><td></td><td></td><td colspan="2"></td><td></td><td></td></tr>
<tr><td></td><td></td><td></td><td></td><td></td><td colspan="2"></td><td></td><td></td></tr>
<tr><td></td><td></td><td></td><td></td><td></td><td colspan="2"></td><td></td><td></td></tr>
<tr><td></td><td></td><td></td><td></td><td></td><td colspan="2"></td><td></td><td></td></tr>
<tr><td></td><td></td><td></td><td></td><td></td><td colspan="2"></td><td></td><td></td></tr>
<tr><td></td><td></td><td></td><td></td><td></td><td colspan="2"></td><td></td><td></td></tr>
<tr><td></td><td></td><td></td><td></td><td></td><td colspan="2"></td><td></td><td></td></tr>
<tr><td colspan="9">注：农事操作包括：耕田、起垄、种植、移栽、施肥、浇水、除草、间苗、培土、划锄、收获等；天气状况主要记载温度、湿度、风力、降水等。</td></tr>
</table>

制表人：　　　　　　　　制表日期：

表 A.8 生产基地种子/种苗处理记录表

操作人		电话	
种子/种苗品种		地块/大棚编号	
种子/种苗来源			
防治对象			
药剂处理情况记录			
药剂名称与剂型			
生产厂家			
处理方式			
处理剂量			
处理日期			
温 水 浸 种			
水 温		浸种时间	
备 注			
注：每地块/大棚一卡。			

制表人：　　　　　　　　制表日期：

表 A.9　农药残留等有害物质检测结果记录表

<table>
<tr><td>产品名称</td><td colspan="2"></td><td>地块/大棚编号</td><td></td></tr>
<tr><td>检测单位</td><td colspan="4"></td></tr>
<tr><td>样品采集时间</td><td colspan="2"></td><td>检测执行标准</td><td></td></tr>
<tr><td>报告日期</td><td colspan="2"></td><td>检测报告编号</td><td></td></tr>
<tr><td colspan="5">检 测 结 果</td></tr>
<tr><td>检 测 项 目</td><td>标　准　值</td><td colspan="2">检　测　值</td><td>结　　论</td></tr>
<tr><td></td><td></td><td colspan="2"></td><td></td></tr>
<tr><td></td><td></td><td colspan="2"></td><td></td></tr>
<tr><td></td><td></td><td colspan="2"></td><td></td></tr>
<tr><td></td><td></td><td colspan="2"></td><td></td></tr>
<tr><td></td><td></td><td colspan="2"></td><td></td></tr>
<tr><td>备　注</td><td colspan="4"></td></tr>
</table>

制表人：　　　　　　　　　制表日期：

表 A.10　产品采收及流向记录表

批次号	地块/大棚编号	产品名称	采收日期	数量/重量	农残检测	供货对象	备注

制表人：　　　　　　　　制表日期：

表 A.11 有害生物防治记录表

作物名称					地块/大棚编号				
防治措施									
日期	防治对象	农药名称	使用量	使用设备	是否符合标准方案	更改标准方案理由及新方案可行性	天气状况	防治人员	植保员
注：天气状况主要记载温度、湿度、风力、降水等。									

制表人：　　　　　制表日期：

表 A.12　剩余药液或清洗废液处理记录表

操作人		电话	
剩余农药或清洗废液名称		数量	
处理地点		处理日期	
处理方式			
备注			

制表人：　　　　　　　　制表日期：

附　录　B
（规范性附录）
生姜主要有害生物防治方案

表 B.1　生姜主要有害生物防治方案

生育期	防治对象	化学防治			安全间隔期
		防治适期	防治方法	兼治	
播种前	姜瘟病、线虫病等	播种前 30 d	土壤消毒。撒施 50%氰氨化钙 GR 50 kg/667 m²～75 kg/667 m²，用悬耕犁耕翻。起垄覆盖地膜，膜下浇水，15 d～20 d 后揭膜、晾墒，耙地、整畦备播（也可在生姜收获后及时处理）	地下害虫	氰氨化钙：180 d 肟硫磷：105 d 氢氧化铜：30 d 噻菌铜：19 d 二甲戊乐灵：120 d 敌百虫：65 d 杀螟丹：21 d 茚虫威：18 d 氟定脲：28 d 氟唑虫清：60 d 多菌灵：35 d 腈嘧菌酯：37 d 敌敌畏：35 d
	地下害虫	播种前	3%肟硫磷 GR 3 kg/667 m²～5 kg/667 m²，混土沟施以控制地下害虫的发生	—	
播种期	姜瘟病	催芽前	20%噻菌铜 SC 500 倍液浸姜种 15 min～30 min，晾干后上炕催芽	—	
	杂草	覆膜前	33%二甲戊乐灵 EC 100 mL/667 m²～125 mL/667 m²，兑水 50 kg～75 kg 均匀喷雾	—	
生长期	姜瘟病	发病初期	方案一：53.8%氢氧化铜 DF 45 g/667 m²，兑水喷淋或灌根，每株灌药液 400 mL，防治次数视发生情况而定，施药间隔 5 d～7 d。 方案二：20%噻菌铜 SC 300 倍～500 倍液喷淋或灌根，每株灌药液 400 mL，防治次数视发生情况而定，施药间隔 5 d～7 d	—	
	小地老虎	苗期	90%敌百虫 SP 500 g 加水 2.5 kg～5 kg，喷拌菜叶或梧桐树叶 30 kg～35 kg，于傍晚撒在行间苗根附近，隔一定距离撒一小堆。需用鲜毒饵 15 kg/667 m²～20 kg/667 m²	—	
	姜螟	虫株率 1%	方案一：98%杀螟丹 SPX 30 g/667 m²～40 g/667 m²—15%茚虫威 SC 20 mL/667 m²，兑水 30 kg～50 kg 喷雾，喷 1 次～2 次，施药间隔 10 d。 方案二：15%茚虫威 SC 20 mL/667 m²—5%氟定脲 EC 50 mL/667 m²—10%氟唑虫清 SC 40 mL/667 m²，兑水 50 kg～60 kg 喷雾，防治 3 次，施药间隔 7 d～10 d	蓟马、甜菜夜蛾、棉铃虫	
	斑点病	发病初期	方案一：40%多菌灵 WP 80 g/667 m² 兑水 50 kg～60 kg 喷雾，防治 3 次，施药间隔 7 d～10 d。 方案二：25%腈嘧菌酯 SC 35 g/667 m² 兑水 50 kg～60 kg 喷雾，防治 3 次，施药间隔 7 d～10 d	炭疽病	
贮藏期	异型眼蕈蚊（姜蛆）	入窖前	80%敌敌畏 EC 600 倍，对窖体喷雾，密封 3 d 以上，以降低虫源基数	—	
		入窖时	3%肟硫磷 GR，每 1 000 kg 生姜用药 1 kg，与湿沙混匀，放一层姜撒一层药沙。最后上盖 5 cm～10 cm 的湿沙。 贮藏期过长，需要继续防治时，用 80%敌敌畏 EC 原液熏蒸	—	
注："—"表示药剂转换使用。					

ICS 65.020.01
B 05

中华人民共和国国家标准化指导性技术文件

GB/Z 26585—2011

甜豌豆生产技术规范

Production technical practice for sweet pea with pod

2011-06-16 发布 2011-11-15 实施

中华人民共和国国家质量监督检验检疫总局
中国国家标准化管理委员会 发布

前　言

本指导性技术文件的附录A及附录B为规范性附录。

本指导性技术文件由国家质量监督检验检疫总局提出。

本指导性技术文件由中国标准化研究院归口。

本指导性技术文件起草单位：中华人民共和国江门出入境检验检疫局、国家质量监督检验检疫总局国际检验检疫标准与技术法规研究中心、浙江标准化研究院、中华人民共和国云南出入境检验检疫局。

本指导性技术文件主要起草人：杨俊旭、宿忠民、李建军、孟冬、章强华、林从得、彭昆伟。

甜豌豆生产技术规范

1 范围

本指导性技术文件规定了甜豌豆生产的基本要求，主要包括生产基地选择和管理、生产投入品管理、栽培管理、有害生物防治、劳动保护、批次管理、档案记录等方面。

本指导性技术文件适用于甜豌豆的生产。

2 规范性引用文件

下列文件中的条款通过本指导性技术文件的引用而成为本指导性技术文件的条款。凡是注日期的引用文件，其随后所有的修改单（不包括勘误的内容）或修订版均不适用于本指导性技术文件，然而，鼓励根据本指导性技术文件达成协议的各方研究是否可使用这些文件的最新版本。凡是不注日期的引用文件，其最新版本适用于本指导性技术文件。

GB/T 8321（所有部分） 农药合理使用准则

GB/T 18407.1 农产品安全质量 无公害蔬菜产地环境要求

3 生产基地选择和管理

3.1 生产基地选择

3.1.1 生产基地环境条件应符合 GB/T 18407.1 的要求，并填写《生产基地基本情况记录表》（见表 A.1）和《生产基地现存生物种类调查记录表》（见表 A.2）。种植地选择水源方便、地下水位低、排灌良好、土层深厚、土质比较疏松、前 2 年～3 年未种植豆科作物的壤土或中壤土。

3.1.2 生产基地应远离污染源。

3.1.3 连片面积宜在 3 hm^2 以上。

3.2 生产基地管理

3.2.1 工作室

生产基地应建有工作室。室内配备桌椅、资料橱等，放置有关生产管理记录表册，张贴生产技术规范、有害生物防治安全用药标准一览表、基地管理、投入品管理等有关规章制度。

3.2.2 基地仓库

生产基地应建有专用仓库，单独存放种子、农药、化肥和施药器械等。仓库应安全、卫生、通风、避光，内设货架，配备必要的农药配制量具、防护服、急救箱等，并填写《生产基地主要农用设备（工具）登记表》（见表 A.3）。

3.2.3 盥洗室

基地应设有盥洗室，并保持盥洗室的清洁卫生。

3.2.4 废物与污染物收集设施

生产基地应分别设有收集粪便、垃圾和农药空包装等废物与污染物的设施。

3.2.5 灌溉系统

3.2.5.1 生产基地应建立排灌分开的管理系统，如储水池、供水渠道、灌溉设备维护等。

3.2.5.2 井灌区水井井口应高出地面 30 cm 以上，并配有防护设施，防止雨水倒灌和弃入污染物等。

3.2.6 植保员

3.2.6.1 生产基地应配备植保员，负责病虫害的防治、农药使用管理与记录等。植保员配备数量应能满足每个基地生产的需要，并填写《生产基地基本情况记录表》（见表 A.1）和《生产基地人员登记表》（见表 A.4）。

3.2.6.2 植保员应获得国家农作物植保员职业资格证书，并经过病虫害综合治理(IPM)培训。

3.2.7 肥料员

有条件的生产基地宜配备肥料技术人员，负责肥料的施用管理与记录等。填写《生产基地人员登记表》(见表 A.4)。

3.2.8 环境条件监测

新建生产基地应进行环境条件监测。每2年～3年，或环境条件发生变化有可能影响产品质量安全时，应由有资质的监测单位及时进行相关指标的检测，以确定是否继续使用该生产基地。保留检测报告，并填写《生产基地基本情况记录表》(见表 A.1)。

3.2.9 标志标示

生产基地有关的位置、场所，应设置醒目的平面图、标志、标示。

3.2.10 隔离防护

基地周围应建立隔离网、隔离带或者有天然隔离等有效隔离措施，防止外源污染。

4 生产投入品管理

4.1 农药的采购、贮藏及废弃物处理

4.1.1 农药的采购

4.1.1.1 应从正规渠道采购合格的农药，并索取购药凭证或发票。不应采购下列农药：非法销售点销售的农药、无农药登记证或农药临时登记证的农药、无农药生产许可证或者农药生产批准文件的农药、无产品质量标准及合格证明的农药、无标签或标签内容不完整的农药、超过保质期的农药以及国家禁止使用的农药。

4.1.1.2 采购的农药应索取农药质量证明，必要时进行检验，并填写《生产基地投入品出/入库记录表》(见表 A.5)和《生产基地农药质量检测结果记录表》(见表 A.6)。

4.1.2 农药的贮藏

农药应贮藏于厂区专用仓库，由专人负责保管。仓库应符合防火、卫生、防腐、避光、通风等安全条件要求，并配有农药配制量具、急救药箱，出入口处贴有警示标志。

4.1.3 未施用完药液(粉)

在该农药标签许可的情况，可再将剩余药液用完。对于少量的剩余药液，应妥善处理，并填写《剩余药液或清洗废液处理记录表》(见表 A.7)。

4.1.4 农药包装物处理

农药包装物不应重复使用、乱扔。农药空包装物应清洗3次以上，将其压坏或刺破，防止重复使用，必要时应贴上标签，以便回收处理。空的农药包装物在处置前应安全存放。

4.2 肥料的采购与贮藏

4.2.1 肥料的采购

4.2.1.1 应从正规渠道采购合格肥料，并索取购肥凭证或发票。不得采购下列肥料：非法销售点销售的肥料、超过保质期的肥料。

4.2.1.2 采购的肥料应填写《生产基地投入品出/入库记录表》(见表 A.5)。

4.2.2 肥料的贮藏

肥料应妥善保存，单独存放于清洁、干燥的厂区专用仓库，由专人负责保管。不得与种子、农产品存放在一起。

5 栽培管理

5.1 整地施肥

5.1.1 清洁田园

清除上茬作物残留枝叶，带出田外集中处理，降低病(虫)源基数。

5.1.2　土壤耕翻

土壤应深翻至 20 cm～25 cm，整平，精细整地，疏松土壤，宜根据土壤性质适当加厚土层。

5.1.3　整畦

5.1.3.1　一般采用深沟高畦，南北畦向。分单行植或双行植。

5.1.3.2　单行植栽培：畦宽 1.0 m，埂宽 30 cm，畦高 20 cm。

5.1.3.3　双行植栽培：畦宽 1.7 m，埂宽 30 cm，畦高 20 cm。

5.1.4　基肥

5.1.4.1　结合整地，施入基肥，施用基肥宜以有机肥为主，合理施用无机肥。不使用工业废弃物、城市垃圾和污泥。不宜使用未经发酵腐熟、未达无害化指标或重金属超标的有机肥料。基肥用量应占总用肥量的 70%以上。一般每 667 m^2 基肥用量为有机肥 1 000 kg 左右、尿素 8 kg、过磷酸钙 20 kg、氯化钾 15 kg。

5.1.4.2　基肥施用填写《生产基地田间农事活动记录表》(见表 A.8)。

5.2　播种

5.2.1　品种选择

宜选择抗病、抗逆性强，优质、高产、商品性好、符合目标市场消费习惯的品种。

5.2.2　种子要求

植物检疫合格。经处理后，填写《生产基地种子/种苗处理记录表》(见表 A.9)。

5.2.3　播种时间

秋豌豆区一般在 8 月～10 月播种。春豌豆区一般在 2 月下旬至 4 月上旬播种。在幼苗不受霜冻的前提下，推荐适时早播。

5.2.4　播种方法

5.2.4.1　主要有点播或条播。播种深度 2 cm～3 cm。播前浇足水，播后保持土壤湿润。早春播种应覆盖地膜。

5.2.4.2　填写《生产基地田间农事活动记录表》(见表 A.8)。

5.2.5　播种量

根据种植方式、种植密度及发芽率高低确定，一般播种量 3 kg/667 m^2～4 kg/667 m^2。

5.3　田间管理

5.3.1　补苗间苗

5.3.1.1　幼苗出土后，要及时查苗补缺，促进苗全。补苗的方法分为补种和补苗，其中补种以浸种催芽播种为宜。如苗子过多或过密，宜及早间苗，促进苗壮。

5.3.1.2　填写《生产基地田间农事活动记录表》(见表 A.8)。

5.3.2　中耕除草

5.3.2.1　甜豌豆幼苗易受草害，需中耕除草 2 次～3 次。一般在苗高 5 节～7 节时进行第一次中耕；苗高 12 节～15 节时进行第二次中耕，并进行培土；第三次中耕宜根据甜豌豆生长和杂草情况灵活掌握。

5.3.2.2　填写《生产基地田间农事活动记录表》(见表 A.8)。

5.3.3　搭架

5.3.3.1　在蔓生甜豌豆株高 30 cm 始用小竹竿或其他枝椏进行搭架引蔓。

5.3.3.2　填写《生产基地田间农事活动记录表》(见表 A.8)。

5.3.4　追肥灌溉

5.3.4.1　在土质瘦薄、底肥不足，幼苗生长细弱、叶色淡黄的情况下，宜进行追肥。追肥宜在苗高 6 节～8 节时进行，一般施肥量以腐熟的人畜粪尿对水 2 000 kg/667 m^2 为宜。一般不宜追施氮素肥料。播种后如遇干旱宜及时灌水或放跑马水湿润土壤，在生长期间，宜保持土壤湿润。在多雨季节应注意排水防渍。

5.3.4.2 填写《生产基地田间农事活动记录表》(见表 A.8)。

5.4 收获及收获后处理

5.4.1 收获

5.4.1.1 应根据品种特点及合同要求适时采摘。南方一般种植 50 d~60 d 后开始采摘,北方一般种植 60 d~70 d 后开始采摘。

5.4.1.2 采摘前,应对产品农药残留、重金属、硝酸盐等有害物质进行检验,保证产品符合目标市场质量安全要求,并填写《产品农药残留等有害物质检测结果记录表》(见表 A.10);采摘后,填写《产品采收及流向记录表》(见表 A.11)。

5.4.2 包装物

包装物应洁净无污染并妥善存放,存放包装物的场所应干净卫生。重复使用的包装物应清洗干净并消毒,防止有毒有害物质污染。

5.4.3 甜豌豆残体处理

甜豌豆残体应带出田外集中处理,降低病(虫)源基数。

6 有害生物防治

6.1 防治原则

遵循"预防为主,综合防治"植保方针,以农业防治、物理防治和生物防治为基础,优先采用生物防治,辅之以化学防治。

6.2 主要防治对象

6.2.1 主要防治虫害:豆杆蝇、美洲斑潜蝇、花蓟马、斜纹夜蛾、豆荚螟。

6.2.2 主要防治病害:根腐病、白粉病、褐斑病、枯萎病。

6.3 防治措施

6.3.1 农业防治

6.3.1.1 轮作

种植地宜与非豆科作物轮作 2 年~3 年。

6.3.1.2 选用抗病品种

选用抗病、抗逆性强的优质品种。

6.3.1.3 清除病株及其残体

发现个别病株时,及时拔除,收获后彻底清除田间病残体,带出田外深埋或烧毁,并深翻土壤。

6.3.2 生物防治

6.3.2.1 保护和利用害虫天敌

保护和利用瓢虫、小花蝽、赤眼蜂、草蛉、潜蝇姬小蜂等自然天敌,杀灭蚜虫、美洲斑潜蝇等害虫。

6.3.2.2 性诱剂诱杀

推广、应用性诱剂诱杀害虫。对斜纹夜蛾、小菜蛾等有性诱剂的害虫,可选择专用的性诱剂及诱捕器诱杀特定品种的害虫。

6.3.3 物理防治

6.3.3.1 喷高脂膜乳剂

防治白粉病,可用 27%高脂膜乳剂 100 倍液,隔 6 d~7 d 喷一次,连喷 2 次~3 次。

6.3.3.2 防虫网

阻止美洲斑潜蝇、豆荚螟、斜纹夜蛾、豆杆蝇等害虫进入棚室危害,宜选用 22 目~30 目、孔径 0.18 cm 的银灰色防虫网,直接罩在大棚骨架上,或搭水平棚架覆盖。

6.3.3.3 黄板

悬挂涂有粘着剂的黄板诱杀蚜虫和美洲斑潜蝇等害虫。黄板规格以 30 cm×40 cm 为宜,悬挂于植株上方 10 cm～15 cm 处，每 667 m^2 悬挂 30 块～40 块。

6.3.3.4 **白板和蓝板**

悬挂涂有粘着剂的白板或蓝板诱杀花蓟马等害虫。白板或蓝板规格以 30 cm×40 cm 为宜，悬挂在植株顶部 10 cm～15 cm 处，每 667 m^2 悬挂 30 块～40 块。

6.3.3.5 **电子杀虫灯**

诱杀斜纹夜蛾、豆荚螟等害虫。每 2 hm^2～3 hm^2 悬挂 1 盏频振式杀虫灯，离地高度 1.2 m～1.5 m。

6.3.4 **化学防治**

6.3.4.1 **一般要求**

应符合 GB/T 8321(所有部分)的要求。

6.3.4.2 **防治方案**

具体方案见附录 B。防治后填写《生产基地有害生物防治记录表》(见表 A.12)。

6.3.4.3 **施药器械**

施药前应确保施药器械洁净并校准。施药器械使用后应清洗干净并妥善放置。

6.3.4.4 **轮换用药**

为避免或减缓有害生物抗药性的产生，宜轮换使用化学农药。

7 劳动保护

7.1 培训

凡使用、处理农药、化肥的人员，以及所有操作危险或复杂设备的人员都应经过培训，并填写《生产基地人员登记表》(见表 A.4)。

7.2 施药保护

施药时，操作者应穿着防护服，不得吸烟、吃东西，施药后应立即用肥皂清洗皮肤裸露部位，换洗衣服。

7.3 警示

施药后，现场应立即设置警示标志。其他工作现场和危险场所附近亦应设置警示标志。潜在危险区的警示标志设于入口处。

8 批次管理

同一地块或同一大棚采用同一种植管理模式在同一天采收的同一品种为 1 个生产批。以 1 年为 1 个流水周期编号，共 3 位数。产品批次号为采收日期(yymmdd)＋流水号＋产品名称拼音首字母＋基地所在省(市、区)行政区划代码(6 位)＋基地名称拼音首字母。填写《产品采收及流向记录表》(见表 A.11)。

9 档案记录

每个生产地块(棚室)应建立独立、完整的生产记录档案(见附录 A)，保留生产过程中各个环节的有效记录，以证实所有的农事活动遵循本指导性技术文件规定。记录应当保留两年以上。

附 录 A
（规范性附录）
生产记录表格

表 A.1 生产基地基本情况记录表

基地名称					
基地地址			基地面积		
基地负责人		电 话		基地建成时间	
植保员姓名			资格证书号		
灌溉水源					
周围环境情况					
前茬栽培主要作物					
拟种植的主要作物					
土壤检测报告编号		报告日期		评定结论	
水质检测报告编号		报告日期		评定结论	
空气检测报告编号		报告日期		评定结论	
备 注					

制表人： 制表日期：

表 A.2　生产基地现存生物种类调查记录表

调查单位：　　　　　　　　调查负责人：　　　　　　　调查时间：

生物名称	学　　名	分类地位	密　度

制表人：　　　　　　　　　制表日期：

表 A.3　生产基地主要农用设备(工具)登记表

农用设备 (工具)名称	型号	生产厂家	数量	购买 日期	现况	保管人	备注

制表人：　　　　　　　　　制表日期：

表 A.4 生产基地人员登记表

姓名	性别	出生日期	学历	职称/职务	参加工作时间	家庭住址	电话	证书及编号	培训记录

制表人：　　　　　　制表日期：

表 A.5 生产基地投入品出/入库记录表

日期	入库						出库			库存
	投入品名称	数量	规格	生产企业	产品来源	检测报告编号	数量	领用单位	领用人	

仓库保管员：

表 A.6　生产基地农药质量检测结果记录表

农药名称		剂型含量	
生产厂家		登记证号	
农药批号		采购单位	
发票号码		检测日期	
检测单位			
检测执行标准		检测报告编号	
检测结果			
检测项目	标　准　值	检测值	结　论
备　注			

制表人：　　　　　　　　制表日期：

表 A.7　剩余药液或清洗废液处理记录表

操作人		电　话	
乘余农药或清洗废液名称		数　量	
处理地点		处理日期	
处理方式			
备　注			

制表人：　　　　　　制表日期：

表 A.8 生产基地田间农事活动记录表

地块/大棚编号	前茬作物	种植作物	播种时间	播种量 kg/667 m^2	株行距 cm	预计收获时间/数量

田间农事活动记录

日期	活动内容	肥料名称	使用量	使用设备	天气状况	操作人	技术负责人

注：农事操作包括：耕田、起垄、种植、移栽、施肥、浇水、除草、间苗、培土、划锄、采摘等；天气状况主要记载温度、湿度、风力、降水等。

制表人：　　　　制表日期：

表 A.9 生产基地种子/种苗处理记录表

操作人		电　话	
种子/种苗品种		地块/大棚编号	
种子/种苗来源			
防治对象			
药剂处理情况记录			
药剂名称与剂型			
生产厂家			
处理方式			
处理剂量			
处理日期			
温水浸种			
水　温		浸种时间	
备　注			
注：每地块/大棚一卡。			

制表人：　　　　　　　　制表日期：

表 A.10 产品农药残留等有害物质检测结果记录表

产品名称		地块/大棚编号	
检测单位			
样品采集时间		检测执行标准	
报告日期		检测报告编号	
检测结果			
检 测 项 目	标 准 值	检 测 值	结 论
备 注			

制表人： 制表日期：

表 A.11 产品采收及流向记录表

批次号	地块/大棚编号	产品名称	采收日期	数/重量	农残检测	供货对象	备注

制表人：　　　　　　　　制表日期：

表 A.12 生产基地有害生物防治记录表

作物名称					地块/大棚编号				
防治措施									
日期	防治对象	农药名称	使用量	使用设备	是否符合标准方案	更改标准方案理由及新方案可行性	天气状况	防治人员	植保员
注：天气状况主要记载温度、湿度、风力、降水等。									

制表人：　　　　　　制表日期：

附 录 B
（规范性附录）
甜豌豆主要有害生物防治方案

表 B.1 甜豌豆主要有害生物防治方案

防治对象	防治适期	用药方案	兼治	安全间隔期及每茬最多使用次数
豆杆蝇	成虫盛发期～卵盛孵期	方案一：50％灭蝇胺可湿性粉剂 5 000 倍液喷雾。 方案二：50％马拉硫磷乳油 1 000 倍液喷雾	美洲斑潜蝇、小菜蛾	灭蝇胺:21 d,1 次 溴氰菊酯:14 d,1 次 氟虫脲:30 d,1 次 吡虫啉:30 d,2 次 茚虫威:30 d,1 次 马拉硫磷:21 d,1 次 代森锰锌:14 d,3 次 腈菌唑:14 d,1 次 戊菌唑:35 d,1 次 硫磺:1 次 噻虫嗪:30 d,1 次 氟菌唑:14 d,2 次 甲基硫菌灵:30 d,2 次 福美双:1 次
美洲斑潜蝇	始见虫道	方案一：50％灭蝇胺可湿性粉剂 5 000 倍液喷雾。 方案二：5％氟虫脲乳油 1 500 倍～2 000 倍液喷雾	小菜蛾	
花蓟马	若虫盛发期	方案一：10％吡虫啉可湿性粉剂 2 000 倍液喷雾。 方案二：25％噻虫嗪水分散粒剂 7 000 倍～10 000 倍液喷雾	蚜虫	
豆荚螟	成虫盛发期～卵盛孵期	方案一：15％茚虫威悬浮剂 2 000 倍～2 500 倍液喷雾。 方案二：2.5％溴氰菊酯乳油 3 000 倍液喷雾	小菜蛾	
斜纹夜蛾	成虫盛发期～卵盛孵期	方案一：5％氟虫脲可分散液剂 1 000 倍～2 000 倍液喷雾。 方案二：15％茚虫威悬浮剂 2 000 倍～2 500 倍液喷雾	小菜蛾、豆荚螟	
根腐病	发病初期	方案一：50％甲基硫菌灵可湿性粉剂 500 倍液灌根。 方案二：50％的福美双可湿性粉剂 1 000 倍液灌根	立枯病、枯萎病	
白粉病	发病初期	方案一：30％氟菌唑可湿性粉剂 2 000 倍～3 000 倍液喷雾。 方案二：50％硫磺悬浮剂 400 倍～500 倍液喷雾。 方案三：30％戊菌唑可湿性粉剂 4 000 倍液喷雾	褐斑病、霜霉病	
褐斑病	发病初期	方案一：30％氟菌唑可湿性粉剂 2 000 倍～3 000 倍液喷雾。 方案二：12.5％腈菌唑乳油 1 500 倍～2 000 倍液喷雾。 方案三：40％多硫悬浮剂 600 倍液喷雾	白粉病	
枯萎病	发病初期	方案一：50％甲基硫菌灵可湿性粉剂 500 倍液灌根。 方案二：70％代森锰锌可湿性粉剂 500 倍液灌根	根腐病	

ICS 65.020.01
B 05

中华人民共和国国家标准化指导性技术文件

GB/Z 26586—2011

西兰花生产技术规范

Production technical practice for broccoli

2011-06-16 发布　　　　2011-11-15 实施

中华人民共和国国家质量监督检验检疫总局
中国国家标准化管理委员会　发布

前 言

本指导性技术文件的附录 A、附录 B 为规范性附录。

本指导性技术文件由国家质量监督检验检疫总局提出。

本指导性技术文件由中国标准化研究院归口。

本指导性技术文件起草单位：浙江省标准化研究院、国家质量监督检验检疫总局国际检验检疫标准与技术法规研究中心、浙江省临海市农业局。

本指导性技术文件起草人：章强华、赵志强、王力舟、毛远庆、孙彩霞、李维龙、汪恩国、姚晗珺、董国堃。

西兰花生产技术规范

1 范围

本指导性技术文件规定了西兰花生产的基本要求，主要包括生产基地的选择和管理、投入品管理、栽培管理、有害生物综合防治、劳动保护、档案记录等方面。

本指导性技术文件适用于西兰花的种植生产。

2 规范性引用文件

下列文件中的条款通过本指导性技术文件的引用而成为本指导性技术文件的条款。凡是注日期的引用文件，其随后所有的修改单(不包括勘误的内容)或修订版均不适用于本指导性技术文件，然而，鼓励根据本指导性技术文件达成协议的各方研究是否可使用这些文件的最新版本。凡是不注日期的引用文件，其最新版本适用于本指导性技术文件。

GB 4285　农药安全使用标准

GB/T 8321(所有部分)　农药合理使用准则

GB 16715.4　瓜菜作物种子　第4部分：甘蓝类

GB/T 18407.1　农产品安全质量　无公害蔬菜产地环境要求

3 生产基地选择和管理

3.1 生产基地选择

3.1.1　西兰花产地应选择在生态条件良好，远离污染源，并具有可持续生产能力的农业生产区域。生产基地环境条件应符合GB/T 18407.1的要求。

3.1.2　生产基地连片面积宜在3 hm^2 以上。

3.1.3　填写《生产基地基本情况记载表》(见表A.1)和《生产基地现存生物种类调查记录表》(见表A.2)。

3.2 基地管理

3.2.1 工作室

基地应建有工作室，用于生产办公。室内桌椅、资料橱配备齐全；放置有关生产管理记录表册，张贴生产技术规范、有害生物防治安全用药标准一览表、基地管理、投入品管理等有关规章制度。

3.2.2 基地仓库

基地应建有专用仓库，单独存放种子、农药、肥料和施药器械等。仓库应符合安全、卫生、通风、避光等要求；内设货架，配备必要的农药配制量具、防护服、急救箱等，应填写《生产基地主要农用设备(工具)登记表》(见表A.3)。

3.2.3 盥洗室

基地应设有盥洗室，并保持盥洗室的清洁卫生。

3.2.4 废物与污染物收集设施

生产基地应设分别设有收集粪便、垃圾和农药空包装等废物与污染物的设施。

3.2.5 灌溉系统

生产基地应建有灌溉系统，如储水池、雨水收集、供水管道、灌溉设备维护等，应排灌分渠。有条件的，可建立滴灌或喷灌等灌溉设施。

3.2.6 植保员

3.2.6.1 生产基地应配备植保员，负责有害生物的防治、农药使用管理指导与记录等。植保员配备数量应能满足每个基地生产的需要，并填写《生产基地基本情况记载表》(见表 A.1)和《生产基地人员登记表》(见表 A.4)。

3.2.6.2 植保员应获得国家农作物植保员职业资格证书，并经过病虫害综合治理(IPM)培训。

3.2.7 肥料员

有条件的生产基地宜配备肥料技术人员，负责肥料的施用管理与记录等。填写《生产基地人员登记表》(见表 A.4)。

3.2.8 环境条件监测

新建基地应进行环境条件监测。每 2 年～3 年，或环境条件发生变化有可能影响产品质量安全时，应由有资质的监测单位及时进行相关指标的检测，以确定是否继续使用该基地。并填写《生产基地基本情况记载表》(见表 A.1)。

3.2.9 标志标示

基地有关的位置、场所，应设置醒目的平面图、标志、标示。

3.2.10 隔离防护

基地周围应建立隔离网或隔离带或者有天然隔离等有效隔离措施，以防止外源污染。

4 投入品管理

4.1 农药

4.1.1 农药的采购

4.1.1.1 应从正规渠道采购合格的农药。不应采购下列农药：非法销售点销售的农药、无农药登记证或农药临时登记证的农药、无农药生产许可证或者农药生产批准文件的农药、无产品质量标准及合格证明的农药、无标签或标签内容不完整的农药、超过保质期的农药和国家禁止使用的农药。

4.1.1.2 采购的农药应索取农药质量证明，必要时进行检验，并填写《生产基地投入品出、入库记录表》(见表 A.5)和《生产基地农药质量检测结果表》(见表 A.6)。

4.1.2 农药的储藏

农药应储藏于厂区专用仓库，由专人负责保管。仓库应符合防火、卫生、防腐、避光、通风等安全条件要求，并配有农药配制量具、急救药箱，出入口处应贴有警示标志。

4.1.3 剩余农药的处理

4.1.3.1 未用完农药制剂

应保存在原包装中，并密封贮存，不应用其他容器盛装，不应用空饮料瓶分装剩余农药。

4.1.3.2 未喷完药液(粉)

在该农药标签许可的情况，可再将剩余药液用完。对于少量的剩余药液，应妥善处理。并填写《剩余农药或清洗废液处理记录表》(见表 A.7)。

4.1.4 农药包装物处理

农药包装物不应重复使用、乱扔。农药空包装物应清洗 3 次以上，将其压坏或刺破，防止重复使用，必要时应贴上标签，以便回收处理。空的农药包装物在处置前应安全存放。

4.2 肥料

4.2.1 肥料采购

肥料应从正规渠道采购合格肥料。不应采购下列肥料：非法销售点销售的肥料、超过保质期的肥料。

4.2.2 肥料的储存

肥料应存放于清洁、干燥的地方，与农药隔开存放。不应与农产品存放在一起。

4.2.3 基地投入品记录

应填写《生产基地投入品出、入库记录表》(见表 A.5)。

5 栽培管理

5.1 生产技术管理基本要求

种植者应根据基地环境、气候条件等选择合适的西兰花品种,采取适宜的生产技术管理措施。

5.2 播种期管理

5.2.1 苗床应选择地势干燥、排灌方便、土壤通透性和持水性好、上茬未种甘蓝类蔬菜、地下害虫少、质地肥沃的田块。夏秋季播种的还应选择阴凉的位置或加盖遮阳网育苗。

5.2.2 依生产习惯及生产需要可采用苗床撒播、育苗盘和营养钵播种。填写《生产基地种子/种苗处理记录表》(见表 A.8)。

5.3 幼苗期管理

5.3.1 控制适宜的温度以利于西兰花出苗。出苗期应及时间苗,适当控温,通风透光,以防止徒长和倒伏。

5.3.2 假植(分苗)前应通风降温进行炼苗,起苗时尽量减少伤根。

5.3.3 移苗到缓苗前应控温、保湿,以提早缓苗;缓苗到成苗前应改善光照、营养等条件,并在定植前适当进行炼苗,预防徒长和病害,以培育壮苗。寒冷季节应采用小拱棚盖膜增温,夏秋季节应遮阳降温。

5.4 定植期管理

5.4.1 定植前 10 d~15 d 清理田间残茬并进行翻耕,深沟高畦,充分施足基肥。

5.4.2 根据品种、肥力、花球大小确定适宜的栽植密度。

5.5 大田期管理

5.5.1 缓苗期管理

为移植大田后的恢复生长期,主要是提供适宜的温度和水分,以促进早缓苗。夏秋季主要采取早晚各淋水 1 次,以降温、保湿。早春则用地膜保温,控制温度在 22 ℃~25 ℃,保持土壤湿润。

5.5.2 莲座期管理

为营养生长旺盛期,应提供充足的肥水,使茎、叶快速生长在现蕾前形成足够的叶数(16 片~17 片)和肥大的叶片。及时做好中耕除草、培土和施肥,同时根据西兰花生长规律,适时追肥。

5.5.3 结球期管理

5.5.3.1 结球期应适时追肥。花球采收后,特别是早熟品种还需采收侧枝球的,还应再追施侧枝肥。

5.5.3.2 西兰花结球后应控制田间湿度,防止湿度过大引发病害和导致花球霉烂。及时摘除病叶、老叶,以利于通风透光、增强光合作用、促进养分向花球积累。遇酸雨或大雾天气,应及时洒水,冲走雾水及酸雨,以减少花球腐烂。

5.6 采收

5.6.1 西兰花的采收应及时。应在花球充分膨大、花蕾较整齐、表面绿实、平整、无凹凸、颜色一致、不散球,即最佳采收适期时采收。并填写《产品采收及流向记录表》(见表 A.9)。

5.6.2 用不锈钢刀具收割,根据出口要求在茎口加长数厘米,带叶平割,用塑料筐装运,严防机械损伤;采后及时交售,防止发热失水。

5.6.3 采收后的西兰花应进行农药残留、重金属、硝酸盐等有害物质进行检验,保证产品相关质量安全要求,并填写《产品农药残留等有害物质检测结果表》(见表 A.10)。

6 有害生物综合防治

6.1 综合防治原则

遵循"预防为主,综合防治"植保方针。以农业防治、物理防治为基础,优先采用生物防治,辅之化学防治。

6.2 防治对象

6.2.1 常见的病理性病害有:猝倒病、立枯病、病毒病、黑腐病、炭疽病、灰霉病、黑斑病、霜霉病和菌核病等。

6.2.2 主要虫害有:斜纹夜蛾、甜菜夜蛾、小菜蛾、菜青虫、菜蚜、菜螟、黄曲条跳甲、蝗虫和蜗牛等。

6.2.3 主要生理性病害有:缺硼症、缺磷症、缺钙症和缺镁症等。

6.3 农业防治

6.3.1 因地制宜选用抗(耐)病优良品种,种子应符合 GB 16715.4 的要求。

6.3.2 合理布局,实行轮作倒茬,前茬最好是水稻、瓜类、豆类等非十字花科蔬菜作物。

6.3.3 精耕细作、清洁田园,定植前 10 d～15 d 清理田间残茬并进行土壤深翻 30 cm～35 cm。

6.3.4 及时做好中耕除草,培土和施肥。

6.3.5 培育无病虫害壮苗,播种前种子应进行消毒处理。

6.4 物理防治

6.4.1 灯光诱杀

利用害虫的趋光性,在其成虫发生期,田间点灯诱杀,减轻其发生量。有条件的地区每 2 hm^2～4 hm^2范围内设置一台频振式杀虫灯,可有效诱杀鳞翅目为主的害虫。

6.4.2 色板诱杀

设施内悬挂涂抹机油等黏着剂的黄板诱杀蚜虫等害虫。黄板规格 23 cm×29 cm,根据虫害的危害程度,每 667 m^2 悬挂 45 块～90 块。

6.4.3 人工捕杀

对发生较轻、为害中心明显及有假死性的害虫,宜采用人工捕杀,减轻为害。

6.4.4 糖醋液诱杀

用糖醋液诱杀地下害虫。连续数日,诱杀效果较好。糖醋液配方:糖 6 份,醋 3 份,白酒 1 份,水 10 份和 90%晶体敌百虫 1 份。

6.4.5 防虫网覆盖育苗

苗期采用防虫网,可以有效阻止成虫进入产卵和幼虫的直接危害,减少农药使用量。防虫网可与色板诱杀配套使用。

6.5 生物防治

6.5.1 利用天敌

通过农艺措施和采用选择性农药,保护和利用当地主要的有益生物及优势种群、天敌。

6.5.2 性诱剂诱杀

性诱剂诱杀害虫针对性强、效果好,宜大面积推广应用。宜推广的有斜纹夜蛾、甜菜夜蛾、小菜蛾等几种性诱剂品种。如应用性诱剂诱杀小菜蛾具有理想的效果,每 667 m^2 布放 5 个～6 个诱芯。应用性诱剂诱杀斜纹夜蛾、甜菜夜蛾,每 667 m^2 布放 1 个诱芯。每次每个诱芯可持续诱杀 20 d～30 d。用户可因地制宜地选择使用。

6.5.3 植物源和矿物源农药

优先采用苗楝素、矿物油等植物源和矿物源农药。

6.6 主要病虫害化学防治

6.6.1 化学防治应符合 GB 4285 和 GB/T 8321(所有部分)的要求。同时加强病虫害的测报,及时掌握病虫害的发生动态。应掌握防治适期施药、安全间隔期和施药次数,降低农药用量。改进施药技术。提倡低容量喷雾。

6.6.2 病虫害防治用药方案见附录 B。

6.6.3 填写《生产基地有害生物防治记录表》(见表 A.11)。

6.6.4 为避免或减缓有害生物抗药性的产生，应及时更改用药方案，轮换使用不同作用机制的农药品种。

7 劳动保护

7.1 施药人员

施药时，操作者应穿着防护服。

7.2 警示

施药后，现场应立即设立警示标志。其他工作现场和危险场所附近亦应设立警示标志。潜在危险区的警示标志应设于入口处。

8 批次管理

同一地块或同一大棚采用同一种植管理模式在同一天采收的同一品种为1个生产批。以1年为1个流水周期编号，共3位数。产品批次号为采收日期(yymmdd)＋流水号＋产品名称拼音首字母＋基地所在省(市、区)行政区划代码(6位)＋基地名称拼音首字母。填写《产品采收及流向记录表》(见表A.9)。

9 档案记录

每个生产地块(棚室)应建立独立、完整的生产记录档案，保留生产过程中各个环节的有效记录，以证实所有的农事操作遵循本指导性技术文件规定。填写《生产基地田间农事活动记录》(见表A.12)，记录应当保留两年以上。

附 录 A
（规范性附录）
西兰花生产记录表格

表 A.1 生产基地基本情况记载表

<table>
<tr><td>基地名称</td><td colspan="7"></td></tr>
<tr><td>基地地址</td><td colspan="3"></td><td>基地面积</td><td colspan="3"></td></tr>
<tr><td>基地负责人</td><td></td><td colspan="2">电话</td><td></td><td colspan="2">基地建成时间</td><td></td></tr>
<tr><td rowspan="3">植保员姓名</td><td colspan="3"></td><td rowspan="3">资格证书号</td><td colspan="3"></td></tr>
<tr><td colspan="3"></td><td colspan="3"></td></tr>
<tr><td colspan="3"></td><td colspan="3"></td></tr>
<tr><td>灌溉水源</td><td colspan="7"></td></tr>
<tr><td>周围环境情况</td><td colspan="7"></td></tr>
<tr><td>前茬栽培主要作物</td><td colspan="7"></td></tr>
<tr><td>拟种植的主要品种</td><td colspan="7"></td></tr>
<tr><td>土壤检测报告编号</td><td colspan="2"></td><td colspan="2">评定</td><td colspan="3"></td></tr>
<tr><td>水质检测报告编号</td><td colspan="2"></td><td colspan="2">评定</td><td colspan="3"></td></tr>
<tr><td>空气检测报告编号</td><td colspan="2"></td><td colspan="2">评定</td><td colspan="3"></td></tr>
<tr><td>备 注</td><td colspan="7"></td></tr>
</table>

制表人： 制表日期：

表 A.2 生产基地现存生物种类调查记录表

调查单位：　　　　　　　　调查负责人：　　　　　　　调查时间：

生物名称	学　　名	分类地位	密度

制表人：　　　　　　　　制表日期：

表 A.3 生产基地主要农用设备(工具)登记表

农用设备(工具)名称	型号	生产厂家	数量	购买日期	现况	保管人	备注

制表人：　　　　　　　　制表日期：

表 A.4 生产基地人员登记表

姓名	性别	出生日期	学历	职称/职务	参加工作时间	家庭住址	电话	证书及编号	培训记录

制表人：　　　　　　　　制表日期：

表 A.5 生产基地投入品出、入库记录表

日期	入库						出库			库存
	投入品名称	数量	规格	生产企业	产品来源	检测报告编号	数量	领用单位	领用人	

制表人： 制表日期：

表 A.6　生产基地农药质量检测结果表

农药名称		剂型含量	
生产厂家		登记证号	
农药批号		采购单位	
发票号码		检测日期	
检测单位			
检测执行标准		检测报告编号	
检测结果			
检测项目	标　准　值	检测值	结论
备　注			

制表人：　　　　　　　　制表日期：

表 A.7　剩余农药或清洗废液处理记录表

操作人		电　话	
剩余农药或清洗废液名称		数　量	
处理地点		处理日期	
处理方式			
备　注			

制表人：　　　　　　　　　制表日期：

表 A.8　生产基地种子/种苗处理记录表

基地名称		基地编号	
基地负责人		电　话	
作物品种		操作人	
防治对象			
药剂处理情况记录			
药剂名称与剂型			
生产厂家			
处理方式		处理剂量	
处理日期		操作人	
温水浸种			
水　温		浸种时间	
备　注			

制表人：　　　　　　　制表日期：

表 A.9　产品采收及流向记录表

批次号	地块/大棚编号	产品名称	采收日期	数/重量	农残检测	供货对象	备注

制表人：　　　　　　　　制表日期：

表 A.10　产品农药残留等有害物质检测结果表

产品名称		地块/大棚编号	
检测单位			
样品采集时间		报告日期	
检测执行标准		检测报告编号	
检测结果			
检 测 项 目	标 准 值	检 测 值	结　论
备　注			

制表人：　　　　　　　　制表日期：

表 A.11 生产基地有害生物防治记录表

作物名称			种植地块/大棚		
田间调查					
日期	害虫名称	平均数 头/株	病害名称	发病率 %	调查人

化学防治措施								
日期	防治对象	用药方案	兼治	是否符合 标准方案	更改标准方案理由及 新方案可行性	防治人员	植保员	备注

制表人：　　　　　　制表日期：

表 A.12　生产基地田间农事活动记录表

<table>
<tr><td>地块/大棚编号</td><td>前茬作物</td><td>种植作物</td><td colspan="2">播种时间</td><td>播种量
kg/667 m²</td><td colspan="2">株行距
cm</td><td>预计收获时间/数量</td></tr>
<tr><td></td><td></td><td></td><td colspan="2"></td><td></td><td colspan="2"></td><td></td></tr>
<tr><td rowspan="2">日期</td><td rowspan="2">活动内容</td><td rowspan="2">面积</td><td colspan="5">田间农事活动时使用农药化肥</td><td rowspan="2">技术负责人</td></tr>
<tr><td>农药/肥料名称</td><td>使用量</td><td>使用设备</td><td>天气状况</td><td>操作人</td></tr>
<tr><td></td><td></td><td></td><td></td><td></td><td></td><td></td><td></td><td></td></tr>
<tr><td></td><td></td><td></td><td></td><td></td><td></td><td></td><td></td><td></td></tr>
<tr><td></td><td></td><td></td><td></td><td></td><td></td><td></td><td></td><td></td></tr>
<tr><td></td><td></td><td></td><td></td><td></td><td></td><td></td><td></td><td></td></tr>
<tr><td></td><td></td><td></td><td></td><td></td><td></td><td></td><td></td><td></td></tr>
<tr><td></td><td></td><td></td><td></td><td></td><td></td><td></td><td></td><td></td></tr>
<tr><td></td><td></td><td></td><td></td><td></td><td></td><td></td><td></td><td></td></tr>
<tr><td></td><td></td><td></td><td></td><td></td><td></td><td></td><td></td><td></td></tr>
<tr><td></td><td></td><td></td><td></td><td></td><td></td><td></td><td></td><td></td></tr>
<tr><td></td><td></td><td></td><td></td><td></td><td></td><td></td><td></td><td></td></tr>
<tr><td></td><td></td><td></td><td></td><td></td><td></td><td></td><td></td><td></td></tr>
<tr><td colspan="9">注：农事操作包括：耕田、起垄、种植、移栽、施肥、浇水、除草、间苗、培土、划锄、收获等；天气状况主要记载温度、湿度、风力、降水等。</td></tr>
</table>

制表人：　　　　　　　　制表日期：

附　录　B
（规范性附录）
西兰花主要有害生物防治方案

表 B.1　西兰花主要有害生物防治方案

防治对象	防治适期	用药方案	兼治	安全间隔期及每茬最多使用次数
猝倒病	出苗期	72.2%霜霉威水分散粒剂 500 倍喷雾	黑根病	霜霉威:21 d,1 次 多菌灵:21 d,1 次 戊唑醇:42 d,1 次 烯酰吗啉:7 d,1 次 王铜:20 d,3 次 波尔多液:21 d,2 次 异菌脲:19 d,2 次 氟虫脲:28 d,2 次 氟啶脲:14 d,2 次 矿物油:100 d,1 次 甲氧虫酰肼:30 d,2 次 茚虫威:14 d,2 次 吡虫啉:14 d,2 次 氯氰菊酯:21 d,3 次 灭蝇胺:21 d,2 次 四聚乙醛:50 d,1 次
立枯病	2 片～4 片真叶期,发病初期	方案一:50%多菌灵可湿性粉剂 500 克/667 m² 喷雾 方案二:43%戊唑醇悬浮剂 4 000 倍喷雾	猝倒病	
霜霉病	结球前期,发病初期	方案一:50%烯酰吗啉可湿性粉剂 2 000 倍喷雾 方案二:30%王铜悬浮剂 500 倍喷雾 方案三:80%波尔多液可湿性粉剂 600 倍喷雾	黑腐病、软腐病	
菌核病	结球初期	50%异菌脲可湿性粉剂 1 200 倍喷雾	黑斑病、灰霉病	
小菜蛾	卵盛期	方案一:5%氟虫脲可分散液剂 1 200 倍喷雾 方案二:99%矿物油乳油 200 倍喷雾 方案三:5%氟啶脲乳油 1 200 倍喷雾	菜青虫	
甜菜夜蛾	卵盛期	方案一:24%甲氧虫酰肼悬浮剂 2 500 倍喷雾 方案二:15%茚虫威悬浮剂 3 500 倍喷雾	斜纹夜蛾、菜螟	
蚜虫	5 头/株	70%吡虫啉水分散性粒剂 1 500 倍喷雾	蓟马	
跳甲	苗期,苗床播种前	18.1%氯氰菊酯乳油 3 000 倍苗期喷雾、播前苗床浇灌	蚜虫、甜菜夜蛾	
潜叶蝇	移栽前后	50%灭蝇胺可湿性粉剂 3 000 倍移栽前后喷雾	瘿蚊	
蜗牛	苗床期	5%四聚乙醛颗粒剂 300 g/667m² 苗床撒施	蛞蝓	

ICS 65.020.01
B 05

中华人民共和国国家标准化指导性技术文件

GB/Z 26587—2011

香菇生产技术规范

Production technical practice for shiitake mushroom

2011-06-16 发布　　　　2011-11-15 实施

中华人民共和国国家质量监督检验检疫总局
中国国家标准化管理委员会　发布

前　言

本指导性技术文件的附录 A 及附录 B 为规范性附录。

本指导性技术文件由国家质量监督检验检疫总局提出。

本指导性技术文件由中国标准化研究院归口。

本指导性技术文件起草单位：浙江省标准化研究院、国家质量监督检验检疫总局国际检验检疫标准与技术法规研究中心、浙江省庆元县食用菌科研中心。

本指导性技术文件主要起草人：赵志强、刘璇、孟冬、陈俏彪、姚晗珺、孙彩霞、董国堃、章强华。

香菇生产技术规范

1 范围

本指导性技术文件规定了香菇生产的基本要求，主要包括基地选择与管理、投入品管理、生产技术管理、有害生物防治、劳动保护、批次管理、档案记录等方面。

本指导性技术文件适用于袋料香菇的生产。

2 规范性引用文件

下列文件中的条款通过本指导性技术文件的引用而成为本指导性技术文件的条款。凡是注日期的引用文件，其随后所有的修改单(不包括勘误的内容)或修订版均不适用于本指导性技术文件，然而，鼓励根据本指导性技术文件达成协议的各方研究是否可使用这些文件的最新版本。凡是不注日期的引用文件，其最新版本适用于本指导性技术文件。

GB 4285 农药安全使用标准

GB/T 8321(所有部分) 农药合理使用准则

GB/T 18407.1 农产品安全质量 无公害蔬菜产地环境要求

GB 19170 香菇菌种

3 基地选择和管理

3.1 基地选择

香菇产地应选择在生态条件良好，远离污染源，并具有可持续生产能力的农业生产区域。环境质量应符合 GB/T 18407.1 的规定。并应填写《生产基地基本情况记载表》(见表 A.1)和《生产基地现存生物种类调查记录表》(见表 A.2)。

3.2 基地管理

3.2.1 工作室

基地应建有工作室，用于生产办公。室内桌椅、资料橱配备齐全；放置有关生产管理记录表册；张贴生产技术规范、有害生物防治安全用药标准一览表、基地管理、投入品管理等有关规章制度。

3.2.2 基地仓库

基地应建有专用仓库，单独存放农药、培养料和施药器械等。仓库应符合安全、卫生、通风、避光等要求；内设货架，配备必要的农药配制量具、防护服、急救箱等，并填写《生产基地主要农用设备(工具)登记表》(见表 A.3)。

3.2.3 盥洗室

基地应设有盥洗室，并保持盥洗室的清洁卫生。

3.2.4 废物与污染物收集设施

基地应设有收集垃圾、受污染菌包和农药包装等废物与污染物的设施。对废弃菌渣废料应具备可行的无害化处理途径。

3.2.5 灌溉系统

香菇生产应有洁净水源，并建有灌溉系统。

3.2.6 植保员

3.2.6.1 生产基地应配备植保员，负责病虫害的防治、农药使用管理指导与记录等。植保员配备数量应能满足每个基地生产的需要，并填写《生产基地基本情况记载表》(见表 A.1)和《生产基地人员登记表》(见表 A.4)。

3.2.6.2 植保员应获得国家农作物植保员职业资格证书,并经过病虫害综合治理(IPM)培训。

3.2.7 配料员

有条件的生产基地宜配备配料技术人员,负责培养料的营养配比与记录等。填写《生产基地人员登记表》(见表 A.4)。

3.2.8 环境条件监测

新建基地应进行环境条件监测。以后每 2 年～3 年,或环境条件发生变化有可能影响产品质量安全时,应由有资质的监测单位及时进行相关指标的检测,并填写《生产基地基本情况记载表》(见表 A.1)。

3.2.9 标志标示

基地有关的位置、场所,应设置醒目的平面图、标志、标示。

3.2.10 隔离防护

基地周围应建立隔离网或隔离带等,以防止外源污染。

4 投入品管理

4.1 农药

4.1.1 农药的采购

4.1.1.1 应从正规渠道采购合格的农药。不应采购下列农药:非法销售点销售的农药、无农药登记证或农药临时登记证的农药、无农药生产许可证或者农药生产批准文件的农药、无产品质量标准及合格证明的农药、无标签或标签内容不完整的农药、超过保质期的农药和国家禁止使用的农药。

4.1.1.2 采购的农药应索取农药质量证明,必要时进行检验,并填写《生产基地投入品出、入库记录表》(见表 A.5)和《生产基地农药质量检测结果记录表》(见表 A.6)。

4.1.2 农药的储存

农药应储藏于厂区专用仓库,由专人负责保管。仓库应符合防火、卫生、防腐、避光、通风等安全条件要求,并配有农药配制量具、急救药箱,出入口处应贴有警示标志。

4.1.3 剩余农药的处理

4.1.3.1 未用完农药制剂

应保存在原包装中,并密封贮存,不应用其他容器盛装,不应用空饮料瓶分装剩余农药。

4.1.3.2 未喷完药液(粉)

在该农药标签许可的情况,可再将剩余药液用完。对于少量的剩余药液,应妥善处理。并填写《剩余农药或清洗废液处理记录表》(见表 A.7)。

4.1.4 农药包装物处理

农药包装物不应重复使用、乱扔。农药空包装物应清洗 3 次以上,将其压坏或刺破,防止重复使用,必要时应贴上标签,以便回收处理。空的农药包装物在处置前应安全存放。

4.2 培养料

4.2.1 培养料采购

培养料应从正规渠道采购合格培养料。不应采购下列培养料:非法销售点销售的培养料、超过保质期的培养料和香菇进口国禁止使用成分的培养料。

4.2.2 培养料的储存

培养料应存放于清洁、干燥的地方,与农药隔开存放。不应与农产品存放在一起。

4.2.3 基地投入品记录

填写《生产基地投入品出、入库记录表》(见表 A.5)。

5 生产技术管理

5.1 栽培模式

香菇的主要栽培模式以层架栽培、半地下式栽培、露地栽培为主，避免采用可能接触不洁净土壤、水源的栽培模式。

5.2 品种的选择

应选择抗逆性强、易于管理、产量高的香菇品种。

5.3 培养料配方

根据香菇品种，选择适宜的培养料基质。培养料应新鲜、洁净、干燥。无虫、无霉、无异味。

5.4 栽培季节

根据不同的栽培品种选择不同的接种期。

5.5 培菌管理

接种后的菌棒移至清洁、干燥、适温、通风、避光的培养场所进行培菌管理。培菌管理主要是根据菌丝生长和菌棒的变化情况，做好刺孔通气、翻堆及发菌检查、通风降温等工作。

5.6 越夏管理

5.6.1 越夏期以通风降温、防止烂棒为主。越夏场所以室外菇棚为宜，菌棒移至室外菇棚越夏的时间宜为5月份～6月份，菌棒经最后一次刺孔通气后一周左右即可进棚。菌棒进棚前，应全面加厚棚顶部及四周遮荫物，确保无直射阳光进棚，并对各个菇棚环境进行一次全面清扫，做好消毒灭菌杀虫工作。

5.6.2 应通过外棚喷水、内棚灌跑马水等措施调节棚内温度，加强通风，避免棚内温度过高。雨后应及时排除积水，防止菌棒受淹，并加强通风管理。

5.7 出菇期管理

5.7.1 出菇时菌棒适宜的重量因品种而异，如果出菇时偏重，可再进行一次刺孔通气排湿；如果菌棒偏轻，应及时补水。

5.7.2 根据不同品种和不同情况，选择适宜的催蕾措施，如温差刺激法、振动催蕾法、蒸汽催蕾法、叠堆盖膜法等。

5.7.3 菌棒可斜放在畦面上出菇，也可排放在层架上出菇。

5.7.4 脱袋在日最高气温连续3 d降至20 ℃以下，菌棒出现零星菇蕾时进行脱袋，应选择在晴天的早上或阴天进行。

5.8 子实体发生后的管理

5.8.1 控温：主要通过调节遮阴度、盖膜情况、排灌水等措施来控制温度。气温较高时，应防止阳光直射菇棚，加厚遮荫物，并采取揭膜通风降温、棚内灌水喷水降温等措施将棚内温度控制在30 ℃以下。

5.8.2 控湿：棚内湿度应保持80%～90%，采菇前两天不宜喷水。

5.8.3 光照调节：在秋菇管理期内，光照应遵循先弱后强的原则，冬菇管理期间应逐渐增强棚内的光照，进入春菇管理阶段后随着气温回升光照则应由强渐弱。

5.9 适时割袋、合理疏蕾

当菇蕾长至2 cm前进行疏蕾，每15 cm×55 cm标准的菌棒每次留分布合理的花厚菇6只～10只菇蕾，脱袋水菇10只～15只。采收后的香菇应进行农药残留、重金属、硝酸盐等有害物质进行检验，保证产品符合相关质量安全要求，并填写《产品采收及流向记录表》(见表A.8)和《产品农药残留等有害物质检测结果表》(见表A.9)。

5.10 养菌

每潮菇采收后，应将菌棒适当偏干养菌7 d～10 d左右，在采收疤痕处有菌丝再生并开始转色后再进行补水和催蕾，进入下潮菇的管理。

6 有害生物防治

6.1 防治原则

遵循“预防为主，综合防治”方针，优先采用农业防治、物理防治和生物防治，辅之以化学防治。

6.2 主要病虫害

6.2.1 常见杂菌：木霉、曲霉、毛霉、酵母菌、镰孢霉、青霉、脉孢霉、细菌等。

6.2.2 主要虫害：眼蕈蚊、螨虫、蜗牛、线虫、跳虫、蛞蝓等。

6.3 农业防治

6.3.1 采用香菇胶囊菌种应符合 GB 19170 规定的要求。

6.3.2 合理安排生产季节：应根据当地气候条件以及品种特性确定，原则上生产季节的安排应紧凑，在培菌时间充足的前提下，接种时间往后推移。

6.3.3 严把培养料原料质量、配制、灭菌关，规范生产操作程序。

6.4 物理防治

6.4.1 隔离保护：在菇房门口、窗和通气口安装 60 目纱网，阻止害虫入内。

6.4.2 提倡在培菌场所和出菇场所悬挂粘虫板（纸），粘杀菇蚊和菇蝇的成虫，减少着卵量。

6.4.3 诱杀和驱避害虫。

6.5 化学防治

6.5.1 病害以预防为主，掌握好生产防控关键环节，使用药剂按 GB 4285 和 GB/T 8321（所有部分）的要求喷洒无菇菌棒和生产环境。同时加强病虫害的测报，及时掌握病虫害的发生动态。

6.5.2 香菇病虫害防治用药方案见附录 B。

6.5.3 填写《生产基地有害生物防治记录表》（见表 A.10）。

6.5.4 为避免或减缓有害生物抗药性的产生，制定交替使用农药品种。

7 脱水（制干）

7.1 晒干法

先将鲜菇晒至半干，再以热风强制脱水，摊晒场所远离马路、“三废”，脱水空间要求密闭，严防废气进入。

7.2 烘干法

采用烘干箱作为香菇的烘干设备。对采收的鲜菇要及时整理，并在 3 h～4 h 内移入烘箱。据菇体大小厚薄、开伞与不开伞分类上筛，菌褶统一向上或向下均匀整齐排列，把大、湿、厚的香菇放在筛子中间，小菇和薄菇放在上层，质差菇和菇柄放入底层。

8 劳动保护

8.1 施药人员

施药时，操作者应穿着防护服。

8.2 警示

施药后，现场应立即设立警示标志。其他工作现场和危险场所附近亦应设立警示标志。潜在危险区的警示标志应设于入口处。

9 批次管理

同一地块或同一大棚采用同一种植管理模式在同一天采收的同一品种为 1 个生产批。以 1 年为 1 个流水周期编号，共 3 位数。产品批次号为采收日期（yymmdd）＋流水号＋产品名称拼音首字母＋基地所在省（市、区）行政区划代码（6 位）＋基地名称拼音首字母。填写《产品采收及流向记录表》（见表 A.8）。

10 档案记录

每个生产地块(棚室)应建立独立、完整的生产记录档案,保留生产过程中各个环节的有效记录,以证实所有的农事操作遵循本指导性技术文件规定。记录应当保留两年以上。并填写《生产基地田间农事活动记录》(见表A.11)。

附 录 A
（规范性附录）
生产记录表格

表 A.1 生产基地基本情况记载表

基地名称					
基地地址			基地面积		
基地负责人		电话		基地建成时间	
植保员姓名			资格证书号		
灌溉水源					
周围环境情况					
拟种植的主要品种					
土壤检测报告编号			评定		
水质检测报告编号			评定		
空气检测报告编号			评定		
备　注					

制表人：　　　　　　　制表日期：

表 A.2　生产基地现存生物种类调查记录表

调查单位：　　　　　　　　调查负责人：　　　　　　调查时间：

生物名称	学　　名	分类地位	密　　度

制表人：　　　　　　　　制表日期：

表 A.3　生产基地主要农用设备(工具)登记表

农用设备(工具)名称	型号	生产厂家	数量	购买日期	现况	保管人	备注

制表人：　　　　　　　　制表日期：

表 A.4　生产基地人员登记表

姓名	性 别	出生日期	学 历	职称/职务	参加工作时间	家庭住址	电 话	证书及编号	培训记录

制表人：　　　　　　　　　　制表日期：

表 A.5　生产基地投入品出、入库记录表

日期	入　库						出　库			库存
	投入品名称	数量	规格	生产企业	产品来源	检测报告编号	数量	领用单位	领用人	

制表人：　　　　　　　　　　　　制表日期：

表 A.6 生产基地农药质量检测结果表

农药名称		剂型含量	
生产厂家		登记证号	
农药批号		采购单位	
发票号码		检测日期	
检测单位			
检测执行标准		检测报告编号	
检测结果			
检测项目	标 准 值	检测值	结 论
备 注			

制表人： 制表日期：

表 A.7 剩余农药或清洗废液处理记录表

操作人		电话	
剩余农药或清洗废液名称		数量	
处理地点		处理日期	
处理方式			
备 注			

制表人： 制表日期：

表 A.8　产品采收及流向记录表

批次号	地块/大棚编号	产品名称	采收日期	数/重量	农残检测	供货对象	备注

制表人：　　　　　　　　制表日期：

表 A.9 产品农药残留等有害物质检测结果表

产品名称		地块/大棚编号	
检测单位			
样品采集时间		报告日期	
检测执行标准		检测报告编号	
检 测 结 果			
检 测 项 目	标 准 值	检 测 值	结 论
备 注			

制表人： 制表日期：

表 A.10 生产基地有害生物防治记录表

作物名称			种植地块/大棚		
田间调查					
日期	害虫名称	平均数 头/袋或头/面积单位	病害名称	发病率 %	调查人

化学防治措施								
日期	防治对象	用药方案	兼治	是否符合 标准方案	更改标准方案理 由及新方案可行性	防治人员	植保员	备注

制表人：　　　　　　　制表日期：

表 A.11　生产基地田间农事活动记录表

地块/大棚编号								
日期	活动内容	面积	田间农事活动时使用农药化肥					技术负责人
			农药/肥料名称	使用量	使用设备	天气状况	操作人	
注：农事操作包括：耕田、起垄、种植、移栽、施肥、浇水、除草、间苗、培土、划锄、收获等；天气状况主要记载温度、湿度、风力、降水等。								

制表人：　　　　　　　　制表日期：

附 录 B
（规范性附录）
香菇主要有害生物防治方案

表 B.1 香菇主要有害生物防治方案

防治对象	用药方案
青霉	5%～10%氢氧化钙水涂刷
眼蕈蚊、跳虫	90%晶体敌百虫 600 倍液，喷雾
	80%敌敌畏乳油喷雾，或原液熏蒸 5 g/m^3
蜗牛、蛞蝓	氯化钠 20 倍液，喷雾
	茶籽饼(粕)100 倍液喷洒
霉菌类	50%多菌灵可湿性粉剂 500 倍液喷雾
	25%咪鲜胺乳油 1 500 倍液，喷雾或涂抹
	0.1%高锰酸钾水溶液洗涤消毒，熏蒸，表面消毒
	0.5%～1%硫酸铜水溶液喷洒、浸泡
螨类	73%炔螨特乳油 2 000 倍液喷雾
	氨水 17 ℃熏蒸菇房或加 50 倍水拌料
线虫	73%炔螨特乳油 600 倍喷雾
注：表中所用的化学农药仅适用于菌棒和生产环境，不得在出菇期间向菇体喷洒任何药剂。	

ICS 65.020.01
B 05

中华人民共和国国家标准化指导性技术文件

GB/Z 26588—2011

小菘菜生产技术规范

Production technical practice for komatsuna (Japanese mustard spinach)

2011-06-16 发布　　2011-11-15 实施

中华人民共和国国家质量监督检验检疫总局
中国国家标准化管理委员会　发布

前　言

本指导性技术文件的附录 A、附录 B 为规范性附录。

本指导性技术文件由国家质量监督检验检疫总局提出。

本指导性技术文件由中国标准化研究院归口。

本指导性技术文件起草单位：浙江省标准化研究院、国家质量监督检验检疫总局国际检验检疫标准与技术法规研究中心、浙江省农业科学院、浙江省植物保护检疫局。

本指导性技术文件主要起草人：陈自力、李建军、孙彩霞、骆立刚、高春先、郑永利、姚晗珺、应珊婷。

小菘菜生产技术规范

1 范围

本指导性技术文件规定了小菘菜生产的基本要求，主要包括生产基地的选择和管理、投入品管理、栽培管理、有害生物防治、劳动保护、批次管理、档案记录等方面。

本指导性技术文件适用于小菘菜的种植生产。

2 规范性引用文件

下列文件中的条款通过本指导性技术文件的引用而成为本指导性技术文件的条款。凡是注日期的引用文件，其随后所有的修改单(不包括勘误的内容)或修订版均不适用于本指导性技术文件，然而，鼓励根据本指导性技术文件达成协议的各方研究是否可使用这些文件的最新版本。凡是不注日期的引用文件，其最新版本适用于本指导性技术文件。

GB 4285 农药安全使用标准

GB/T 8321(所有部分) 农药合理使用准则

GB 16715.2 瓜菜作物种子 第2部分：白菜类

GB/T 18407.1 农产品安全质量 无公害蔬菜产地环境要求

3 生产基地选择和管理

3.1 生产基地选择

3.1.1 生产基地环境条件应符合 GB/T 18407.1 的要求。应远离污染源。连片面积宜在 3 hm^2 以上。

3.1.2 填写《生产基地基本情况记载表》(见表 A.1)和《生产基地现存生物种类调查记录表》(见表 A.2)。

3.2 设施栽培

设施栽培可采用塑料大棚、小拱棚、日光温室及夏季遮阳网栽培。

3.3 基地管理

3.3.1 工作室

基地应建有工作室。室内配备桌椅、资料橱等，放置有关生产管理记录表册，张贴生产技术规范、有害生物防治安全用药标准一览表、基地管理、投入品管理等有关规章制度。

3.3.2 基地仓库

基地应建有专用仓库，单独存放种子、农药、肥料和施药器械等。仓库应安全、卫生、通风、避光，内设货架，配备必要的农药配制量具、防护服、急救箱等，并填写《生产基地主要农用设备(工具)登记表》(见表 A.3)。

3.3.3 盥洗室

基地应设有盥洗室，并保持盥洗室的清洁卫生。

3.3.4 废物与污染物收集设施

生产基地应设分别设有收集粪便、垃圾和农药空包装等废物与污染物的设施。

3.3.5 灌溉系统

生产基地应建有灌溉系统，如储水池、雨水收集、供水管道、灌溉设备维护等，应排灌分渠。有条件的，可建立滴灌或喷灌等灌溉设施。

3.3.6 植保员

3.3.6.1 生产基地应配备植保员,负责病虫害的防治、农药使用管理指导与记录等。植保员配备数量应能满足每个基地生产的需要,并填写《生产基地基本情况记载表》(见表A.1)和《生产基地人员登记表》(见表A.4)。

3.3.6.2 植保员应获得国家农作物植保员职业资格证书,并经过病虫害综合治理(IPM)培训。

3.3.7 肥料员

有条件的生产基地宜配备肥料技术人员,负责肥料的施用管理指导与记录等。填写《生产基地人员登记表》(见表A.4)。

3.3.8 环境条件监测

3.3.8.1 新建基地应进行环境条件监测。每2年~3年,或环境条件发生变化有可能影响产品质量安全时,应由有资质的监测单位及时进行相关指标的检测,以确定是否继续使用该基地。

3.3.8.2 填写《生产基地基本情况记载表》(见表A.1)。

3.3.9 标志标示

基地有关的位置、场所,应设置醒目的平面图、标志、标示。

3.3.10 隔离防护

基地周围应建立隔离网、隔离带或者有天然隔离等有效隔离措施,以防止外源污染。

4 投入品管理

4.1 农药

4.1.1 农药的采购

4.1.1.1 应从正规渠道采购合格的农药。不应采购下列农药:非法销售点销售的农药、无农药登记证或农药临时登记证的农药、无农药生产许可证或者农药生产批准文件的农药、无产品质量标准及合格证明的农药、无标签或标签内容不完整的农药、超过保质期的农药和国家禁止使用的农药。

4.1.1.2 采购的农药应索取农药质量证明,必要时进行检验,并填写《生产基地投入品出、入库记录表》(见表A.5)和《生产基地农药质量检测结果记录表》(见表A.6)。

4.1.2 农药的储藏

农药应储藏于厂区专用仓库。由专人负责保管。不应与农产品存放在一起。仓库应符合防火、卫生、防腐、避光、通风等安全条件要求,并配有农药配制量具、急救药箱,入口处应贴有警示标志。

4.1.3 剩余农药的处理

4.1.3.1 未用完农药制剂

应保存在其原包装中,并密封贮存于上锁的地方,不得用其他容器盛装,不应用空饮料瓶分装剩余农药。并填写《剩余农药或清洗废液处理记录表》(见表A.6)。

4.1.3.2 未施用完药液(粉)

应按照需要准确配制,少量剩余药液(粉)进行无害化处理,或喷洒到法规允许的休耕地中,并填写《剩余农药或清洗废液处理记录表》(见表A.6)。

4.1.4 农药包装物处理

农药包装物不应重复使用、乱扔。农药空包装物应清洗3次以上,将其压坏或刺破,防止重复使用,必要时应贴上标签,以便回收处理。空的农药包装物在处置前应安全存放。

4.2 肥料

4.2.1 肥料采购

肥料应从正规渠道采购合格肥料。不应采购下列肥料:非法销售点销售的肥料、超过保质期的肥料。

4.2.2 肥料的储存

肥料应妥善储存。将其存放于清洁、干燥、没有水源污染的地方,与农药隔开存放。不应与种子、农产品存放在一起。

4.3　基地投入品记录

填写《生产基地投入品出、入库记录表》(见表 A.5)。

5　栽培管理

5.1　保护设施

包括日光温室、塑料棚、连栋温室、小拱棚、改良阳畦、温床等。

5.2　多层保温

棚室内外增设的两层以上覆盖保温措施。

5.3　品种选择

选用抗病、优质丰产、抗逆性强、适应性广、商品性好的品种。宜选择杂交一代良种。种子质量应符合 GB 16715.2 的要求。并填写《生产基地种子/种苗处理记载表》(见表 A.8)。

5.4　施肥

5.4.1　施肥原则

根据小菘菜施肥规律、土壤养分状况和肥料效应,通过土壤测试,确定相应的施肥量和施肥方法,按照有机与无机结合、基肥与追肥相结合的原则,实行平衡施肥。

5.4.2　基肥

施基肥前应彻底清除前茬残留物质。每 667 m^2 优质有机肥施用量不低于 3 000 kg。有机肥料应充分腐熟,氮肥总用量的 30%～50%、大部分磷、钾肥料可基施,结合耕翻整地与耕层充分混匀。宜合理种植绿肥、秸秆还田、氮肥深施和磷肥分层施用。适当补充钙、铁等中、微量元素。

5.4.3　追肥

追肥以速效氮肥为主,应根据土壤肥力和生长状况施用。

5.5　播种

5.5.1　适时播种

根据气象条件和品种特性选择适宜的播期。播种时应掌握墒情,在墒情适宜时进行抢播。

5.5.2　播种方法

小菘菜因种子粒小,播前要精细整地,做成 3.5 m 宽畦,浇足底墒水,然后均匀撒播,每 667 m^2 用种 0.5 kg～0.8 kg,为使发芽整齐,播后稍加镇压。

5.6　大田管理

5.6.1　间苗定苗

第一片真叶展开时,将密集部分苗间去,第三片真叶时定苗,间距 10 cm×10 cm。

5.6.2　除草松土

3 叶期间应及时除草松土,透气促根。

5.6.3　追肥

如发现菜苗生长缓慢,叶色发黄,应及时补施氮肥,宜结合雨天进行施肥。

5.6.4　灌溉

在 2 片～3 片真叶时开始浇水,要轻浇勤浇,不要大水漫灌,具体时间根据土壤和天气情况而定,一般 7 d～10 d 浇一次水。

5.7　采收

当植株有 6 片～7 片真叶,株高 30 cm 左右时即可采收,去掉子叶、黄叶及根部。采收前,应对产品农药残留、重金属、硝酸盐等有害物质进行检验,保证产品符合相关质量安全要求,并填写《产品采收及流向记录表》(见表 A.9)和《产品农药残留等有害物质检测结果表》(见表 A.10)。

6 有害生物防治

6.1 防治原则

遵循“预防为主，综合防治”植保方针，以农业防治、物理防治和生物防治为基础，优先采用生物防治，辅之以化学防治。

6.2 主要防治对象

田间主要病虫害有霜霉病、软腐病、炭疽病、黑斑病、菜青虫、斜纹夜蛾、小菜蛾、蚜虫、黄曲条跳甲、大猿叶虫和小猿叶虫等。

6.3 农业防治

6.3.1 因地制宜选用抗(耐)病优良品种，并填写《生产基地种子/种苗处理记载表》(见表 A.8)。

6.3.2 合理布局，实行轮作倒茬，加强中耕除草，清洁田园，降低病虫源数量。

6.3.3 培育无病虫害壮苗，播种前种子应进行消毒处理。

6.4 生物防治

保护和利用当地主要的有益生物及优势种群。

6.5 物理防治

6.5.1 灯光诱杀

利用害虫的趋光性，在其成虫发生期，田间点灯诱杀，减轻其发生量。有条件的地区每 2 hm^2～4 hm^2 范围内设置一台频振式杀虫灯，可有效诱杀鳞翅目为主的害虫。

6.5.2 色板诱杀

设施内悬挂涂抹机油等黏着剂的黄板诱杀蚜虫等害虫。黄板规格 23 cm×29 cm，根据虫害的危害程度，每 667 m^2 悬挂 45 块～90 块。

6.5.3 人工捕杀

对发生较轻、危害中心明显及有假死性的害虫，宜采用人工捕杀，减轻危害。

6.5.4 除草

宜采用机械或人工方法防除杂草。

6.6 化学防治

6.6.1 化学防治应符合 GB 4285 和 GB/T 8321(所有部分)的要求。同时加强病虫害的测报，及时掌握病虫害的发生动态。应掌握防治适期施药、安全间隔期和施药次数，降低农药用量。改进施药技术，提倡低容量喷雾。

6.6.2 小菘菜有害生物防治用药方案见附录 B。

6.6.3 填写《生产基地有害生物防治记录表》(见表 A.11)。

6.6.4 为避免或减缓有害生物抗药性的产生，可轮换使用农药品种。

7 劳动保护

7.1 施药人员

施药时，操作者应穿着防护服。

7.2 警示

施药后，现场应立即设立警示标志。其他工作现场和危险场所附近亦应设立警示标志。潜在危险区的警示标志应设于入口处。

8 批次管理

同一地块或同一大棚采用同一种植管理模式在同一天采收的同一品种为 1 个生产批。以 1 年为 1 个流水周期编号，共 3 位数。产品批次号为采收日期(yymmdd)＋流水号＋产品名称拼音首字母＋基地所在省(市、区)行政区划代码(6 位)＋基地名称拼音首字母。填写《产品采收及流向记录表》(见表 A.9)。

9 档案记录

每个生产地块(棚室)应建立独立、完整的生产记录档案,保留生产过程中各个环节的有效记录,以证实所有的农事操作遵循本指导性技术文件规定。记录应保留两年以上。填写《生产基地田间农事活动记录》(见表 A.12)。

附　录　A
（规范性附录）
生产记录表格

表 A.1　生产基地基本情况记载表

<table>
<tr><td>基地名称</td><td colspan="6"></td></tr>
<tr><td>基地地址</td><td colspan="2"></td><td>基地面积</td><td colspan="3"></td></tr>
<tr><td>基地负责人</td><td></td><td>电话</td><td></td><td colspan="2">基地建成时间</td><td></td></tr>
<tr><td rowspan="3">植保员姓名</td><td colspan="2"></td><td rowspan="3">资格证书号</td><td colspan="3"></td></tr>
<tr><td colspan="2"></td><td colspan="3"></td></tr>
<tr><td colspan="2"></td><td colspan="3"></td></tr>
<tr><td>灌溉水源</td><td colspan="6"></td></tr>
<tr><td>周围环境情况</td><td colspan="6"></td></tr>
<tr><td>前茬栽培主要作物</td><td colspan="6"></td></tr>
<tr><td>拟种植的主要品种</td><td colspan="6"></td></tr>
<tr><td>土壤检测报告编号</td><td colspan="3"></td><td colspan="2">评定</td><td colspan="2"></td></tr>
<tr><td>水质检测报告编号</td><td colspan="3"></td><td colspan="2">评定</td><td colspan="2"></td></tr>
<tr><td>空气检测报告编号</td><td colspan="3"></td><td colspan="2">评定</td><td colspan="2"></td></tr>
<tr><td>备　注</td><td colspan="6"></td></tr>
</table>

制表人：　　　　　　　　制表日期：

表 A.2　生产基地现存生物种类调查记录表

调查单位：　　　　　　　　　调查负责人：　　　　　调查时间：

生物名称	学　　名	分类地位	密　　度

制表人：　　　　　　　　制表日期：

表 A.3 生产基地主要农用设备(工具)登记表

农用设备 (工具)名称	型号	生产厂家	数量	购买 日期	现况	保管人	备注

制表人： 制表日期：

表 A.4 生产基地人员登记表

姓名	性 别	出生日期	学 历	职称/职务	参加工作时间	家庭住址	电 话	证书及编号	培训记录

制表人：　　　　　制表日期：

表 A.5 生产基地投入品出、入库记录表

日期	入库						出库			库存
	投入品名称	数量	规格	生产企业	产品来源	检测报告编号	数量	领用单位	领用人	

制表人： 制表日期：

表 A.6 生产基地农药质量检测结果记录表

农药名称		剂型含量	
生产厂家		登记证号	
农药批号		采购单位	
发票号码		检测日期	
检测单位			
检测执行标准		检测报告编号	
检测结果			
检测项目	标　准　值	检测值	结　论
备　注			

制表人：　　　　　　　制表日期：

表 A.7 剩余农药或清洗废液处理记录表

操作人		电话	
剩余农药或清洗废液名称		数量	
处理地点		处理日期	
处理方式			
备　注			

制表人：　　　　　　制表日期：

表 A.8　生产基地种子/种苗处理记载表

基地名称		基地编号	
基地负责人		电　　话	
作物品种		操作人	
防治对象			
药剂处理情况记录			
药剂名称与剂型			
生产厂家			
处理方式		处理剂量	
处理日期		操作人	
温水浸种			
水　温		浸种时间	
备　注			

制表人：　　　　　　　制表日期：

表 A.9 产品采收及流向记录表

批次号	地块/大棚编号	产品名称	采收日期	数/重量	农残检测	供货对象	备注

制表人：　　　　　　　制表日期：

表 A.10　产品农药残留等有害物质检测结果表

产品名称		地块/大棚编号	
检测单位			
样品采集时间		报告日期	
检测执行标准		检测报告编号	
检 测 结 果			
检 测 项 目	标 准 值	检 测 值	结　论
备　注			

制表人：　　　　　　　　制表日期：

表 A.11 生产基地有害生物防治记录表

作物名称		种植地块/大棚	

田间调查

日期	害虫名称	平均数 头/株或头/叶	病害名称	发病率 %	调查人

化学防治措施

日期	防治对象	用药方案	兼治	是否符合标准方案	更改标准方案理由及新方案可行性	防治人员	植保员	备注

制表人：　　　　　　　制表日期：

表 A.12 生产基地田间农事活动记录表

<table>
<tr><td>地块/大棚编号</td><td>前 茬 作 物</td><td>种 植 作 物</td><td colspan="3">播种时间</td><td colspan="2">播种量
kg/667m²</td><td colspan="2">株行距
cm</td><td>预计收获时间/
数量</td></tr>
<tr><td></td><td></td><td></td><td colspan="3"></td><td colspan="2"></td><td colspan="2"></td><td></td></tr>
<tr><td rowspan="2">日期</td><td rowspan="2">活动内容</td><td rowspan="2">面积</td><td colspan="7">田间农事活动时使用农药化肥</td><td rowspan="2">技术负责人</td></tr>
<tr><td>农药/肥料名称</td><td>使用量</td><td colspan="2">使用设备</td><td colspan="2">天气状况</td><td>操作人</td></tr>
<tr><td></td><td></td><td></td><td></td><td></td><td colspan="2"></td><td colspan="2"></td><td></td><td></td></tr>
<tr><td></td><td></td><td></td><td></td><td></td><td colspan="2"></td><td colspan="2"></td><td></td><td></td></tr>
<tr><td></td><td></td><td></td><td></td><td></td><td colspan="2"></td><td colspan="2"></td><td></td><td></td></tr>
<tr><td></td><td></td><td></td><td></td><td></td><td colspan="2"></td><td colspan="2"></td><td></td><td></td></tr>
<tr><td colspan="11">注：农事操作包括：耕田、起垄、种植、移栽、施肥、浇水、除草、间苗、培土、划锄、收获等；天气状况主要记载温度、湿度、风力、降水等。</td></tr>
</table>

制表人：　　　　　　制表日期：

附　录　B
（规范性附录）
小菘菜主要有害生物防治方案

表 B.1　小菘菜主要有害生物防治方案

防治对象	防治适期	用药方案	兼治	安全间隔期及每茬最多使用次数
霜霉病	发病初期	50%烯酰吗啉可湿性粉剂 2 000 倍液～2 500 倍液喷雾	—	烯酰吗啉:7 d,2 次 代森锰锌:21 d,1 次 代森联:15 d,1 次 络氨铜:21 d,1 次 代森铵:15 d,1 次 氟虫脲:28 d,1 次 除虫脲:7 d,1 次 多杀霉素:3 d,2 次 高效氯氰菊酯:3 d,2 次 茚虫威:14 d,1 次 噻虫嗪:30 d,1 次 啶虫脒:7 d,2 次 吡虫啉:7 d,2 次 敌百虫:7 d,2 次
		80%代森锰锌可湿性粉剂 600 倍液喷雾	炭疽病、白斑病、黑斑病	
		70%代森联干悬浮剂 600 倍液～800 倍液喷雾	炭疽病	
软腐病	发病初期	14%络氨铜水剂 350 倍液淋喷或灌根,重点喷洒病株基部及近地表处	—	
		50%代森铵水剂 1 000 倍液淋喷或灌根,重点喷洒病株基部及近地表处	—	
菜青虫、小菜蛾	卵孵高峰期	5%氟虫脲乳油 1 500 倍液喷雾	菜螟	
	低龄幼虫高峰期	2.5%多杀霉素乳油 1 000 倍液～1 500 倍液喷雾	菜螟	
		20%除虫脲悬浮剂 2 000 倍液喷雾	菜螟、甜菜夜蛾	
斜纹夜蛾	卵孵高峰期	5%氟虫脲乳油 1 500 倍液喷雾	甜菜夜蛾	
	低龄幼虫始盛期	10%高效氯氰菊酯 1 500 倍液～2 000 倍液喷雾	—	
		15%茚虫威悬浮剂 3 000 倍液～3 500 倍液喷雾	甜菜夜蛾	
蚜虫	点片发生阶段（宜尽早防治）	25%噻虫嗪水分散粒剂 8 000 倍液喷雾	烟粉虱	
		3%啶虫脒乳油 1 000 倍液～2 000 倍液喷雾	—	
		10%吡虫啉可湿性粉剂 2 000 倍液～4 000 倍液喷雾	烟粉虱	
黄曲条跳甲、大猿叶虫、小猿叶虫	成虫阶段	5%高效氯氰菊酯乳油 1 500 倍液喷雾	—	
		90%晶体敌百虫 1 000 倍液喷雾,防治成虫;灌根防治幼虫	—	

ICS 65.020.01
B 05

中华人民共和国国家标准化指导性技术文件

GB/Z 26589—2011

洋葱生产技术规范

Production technical practice for onion

2011-06-16 发布　　2011-11-15 实施

中华人民共和国国家质量监督检验检疫总局
中国国家标准化管理委员会　发布

前　言

本指导性技术文件的附录A及附录B为规范性附录。

本指导性技术文件由国家质量监督检验检疫总局提出。

本指导性技术文件由中国标准化研究院归口。

本指导性技术文件起草单位：山东省植物保护总站、国家质量监督检验检疫总局进出口食品安全局、潍坊市植保站、高密市植保站、安丘市植保站、成武县植保站。

本指导性技术文件主要起草人：李明立、唐光江、李洪奎、王民庆、潘云平、刘金智、张福远。

洋葱生产技术规范

1 范围

本指导性技术文件规定了洋葱生产的基本要求，主要包括生产基地的选择和管理、生产投入品管理、栽培管理、有害生物防治、劳动保护、批次管理、档案记录等方面。

本指导性技术文件适用于洋葱的生产。

2 规范性引用文件

下列文件中的条款通过本指导性技术文件的引用而成为本指导性技术文件的条款。凡是注日期的引用文件，其随后所有的修改单(不包括勘误的内容)或修订版均不适用于本指导性技术文件，然而，鼓励根据本指导性技术文件达成协议的各方研究是否可使用这些文件的最新版本。凡是不注日期的引用文件，其最新版本适用于本指导性技术文件。

GB/T 8321(所有部分)　农药合理使用准则

GB/T 18407.1　农产品安全质量　无公害蔬菜产地环境要求

3 生产基地选择和管理

3.1 生产基地选择

生产基地环境条件应符合GB/T 18407.1的要求，并填写《生产基地基本情况记载表》(见表A.1)和《生产基地现存生物种类调查记录表》(见表A.2)。宜选择地势平坦、排灌方便、土层深厚、土壤疏松肥沃、理化性状良好，前2年～3年未种植大蒜、洋葱等百合科作物的壤土地块。

生产基地应远离污染源。连片面积宜在3 hm^2 以上。

3.2 生产基地管理

3.2.1 工作室

生产基地应建有工作室。室内配备桌椅、资料橱等，放置有关生产管理记录表册，张贴生产技术规范、病虫害防治安全用药标准一览表、基地管理、投入品管理等有关规章制度。

3.2.2 基地仓库

生产基地应建有专用仓库，单独存放施药器械和未用完的种子(苗)、农药、化肥等。仓库应安全、卫生、通风、避光，内设货架，配备必要的农药配制量具、防护服、急救箱等，并填写《生产基地主要农用设备(工具)登记表》(见表A.3)。

3.2.3 盥洗室

生产基地应设有盥洗室，室内卫生清洁。

3.2.4 废物与污染物收集设施

生产基地应设有收集垃圾和农药空包装等废物与污染物的设施。

3.2.5 灌溉系统

生产基地应建立排灌分开的管理系统，如储水池、供水渠道、灌溉设备等。

井灌区水井井口应高出地面30 cm以上，并配有防护设施，防止雨水倒灌和弃入污染物等。

3.2.6 植保员

生产基地应配备植保员，负责病虫害的防治、农药使用管理与记录等。植保员配备数量应能满足每个基地生产的需要，并填写《生产基地基本情况记载表》(见表A.1)和《生产基地人员登记表》(见表A.4)。

植保员应获得国家植保员职业资格证书，并经过有害生物综合治理(IPM)培训。

3.2.7 肥料员

有条件的生产基地宜配备肥料技术人员，负责肥料的施用管理与记录等。填写《生产基地人员登记表》(见表 A.4)。

3.2.8 环境条件监测

新建生产基地应进行环境条件监测。每 2 年～3 年，或环境条件发生变化有可能影响产品质量安全时，应由有资质的监测单位及时进行相关指标的检测，以确定是否继续使用该生产基地。保留检测报告，并填写《生产基地基本情况记载表》(见表 A.1)。

3.2.9 平面图

生产基地应制作平面分布图，用来制定种植规划和田间管理方案等。

3.2.10 标志标示

生产基地有关的位置、场所，应设置醒目的标志、标示。

3.2.11 隔离防护

基地周围应建立隔离网、隔离带等，或具有天然隔离屏障，防止外源污染。

4 生产投入品管理

4.1 农药的采购与贮藏

4.1.1 农药的采购

应从正规渠道采购合格的农药，并索取购药凭证或发票。不应采购下列农药：非法销售点销售的农药、无农药登记证或农药临时登记证的农药、无农药生产许可证或者农药生产批准文件的农药、无产品质量标准及合格证明的农药、无标签或标签内容不完整的农药、超过保质期的农药以及国家禁止使用的农药。

采购的农药应索取农药质量证明资料，必要时进行检验，填写《生产基地投入品出、入库记录表》(见表 A.5)和《生产基地农药质量检测结果记录表》(见表 A.6)。

4.1.2 农药的贮藏

农药应贮藏于厂区专用仓库，由专人负责保管。仓库应符合防火、卫生、防腐、避光、通风等安全条件要求，并配有农药配制量具、急救药箱，出入口处贴有警示标志。

4.1.3 农药包装物处理

农药包装物不应重复使用、乱扔。农药空包装物应清洗 3 次以上，清洗水妥善处理，将清洗后的包装物压坏或刺破，防止重复使用，必要时应贴上标签，以便回收处理。空的农药包装物在处置前应安全存放。

4.2 肥料的采购与贮藏

4.2.1 肥料的采购

应从正规渠道采购合格肥料，并索取购肥凭证或发票。不得采购下列肥料：非法销售点销售的肥料、超过保质期的肥料。

采购的肥料应填写《生产基地投入品出、入库记录表》(见表 A.5)。

4.2.2 肥料的贮藏

肥料应妥善保存，单独放置于清洁、干燥的仓库，由专人负责保管。不得与苗木、农产品存放在一起。

5 栽培管理

5.1 整地施肥

5.1.1 清洁田园

清除前茬作物的残留枝叶，带出田外集中处理。

5.1.2 整地

深翻土壤 25 cm～30 cm，耙实。宜使用机械耕翻，以维持土壤结构。

5.1.3 基肥

施腐熟有机肥 5 000 kg/667m² ～10 000 kg/667m²，均匀混入适量生物菌肥，同时撒施复合肥 50 kg/667m² ～100 kg/667m²，耕地时翻入土中。禁止施用生活垃圾、工业废渣、污泥及污泥肥等。

施肥后填写《生产基地田间农事活动记录表》(见表 A.7)。

5.2 播种

5.2.1 品种选择

根据不同的栽培类型，宜选用抗病、优质丰产、抗逆性强的品种。

应选用当年新种子。种子质量要求纯度≥95%，净度≥98%，发芽率≥94%，水分≤100%。植物检疫合格。

5.2.2 种子处理

将种子在清水中浸泡搅拌 10 min，捞出秕粒杂质，再将种子放入 55 ℃左右温水中浸泡 20 min～30 min，并不断搅动，捞出稍晾后播种。处理后填写《生产基地种子/种苗处理记录表》(见表 A.8)。

5.2.3 播种方法与播种量

苗床宜选用土壤疏松，有机质丰富，地势平坦，灌溉方便，近 3 年未种植百合科类作物的砂壤土。播种前，每定植 667 m² 的洋葱需备 60 m² 的苗床。每 60 m² 均匀撒施腐熟农家肥 300 kg，翻入土壤 20 cm 土层，整平，做成平畦，畦宽 1.2 m。灌足底水待用。

将种子掺入细干土中均匀撒播。然后覆盖过筛细土 1 cm 左右，搭小拱棚覆膜保湿、保温，出苗后注意通风，使苗床温度保持在 25 ℃以下。

苗床用种量 75 g/60m² ～100 g/60m²。

播种后填写《生产基地田间农事活动记录表》(见表 A.7)。

5.3 苗床肥水管理

苗床宜浇小水，不宜大水漫灌，出现第二片真叶时，撒施尿素 1 kg/60m² ～1.5 kg/60m²。定植前 10 d 左右停止浇水，以促根壮苗。填写《生产基地田间农事活动记录表》(见表 A.7)。

5.4 定植密度与方法

5.4.1 定植密度

根据不同品种的特性进行合理密植。一般株行距：(15 cm～20 cm)×(15 cm～20 cm)。

5.4.2 定植方法

栽植时先浇足底水，待水渗入地表后立即喷除草剂，然后覆膜。用打孔工具均匀扎孔，孔深 2 cm～3 cm。每孔栽入一株葱苗，并用手指压实土壤。

5.5 适时定植

当叶片 3 片～4 片，株高 20 cm 左右，叶鞘横径 0.6 cm～0.7 cm 时，即可移栽定植。定植后填写《生产基地田间农事活动记录表》(见表 A.7)。

5.6 田间管理

5.6.1 冬前定植洋葱的管理

5.6.1.1 越冬期管理

洋葱苗定植缓苗后(20 d 左右)，根据墒情适当浇水。封冻前浇一次透水，以使其安全越冬。同时，注意压牢地膜，防止大风掀飞地膜拔出葱苗。浇水后填写《生产基地田间农事活动记录表》(见表 A.7)。

5.6.1.2 叶片生长期管理

洋葱返青后浇水 2 次～3 次。每次结合浇水追肥，撒施尿素 10 kg/667m² ～15 kg/667m²、硫酸钾 8 kg/667m² ～10 kg/667m²。填写《生产基地田间农事活动记录表》(见表 A.7)。

5.6.1.3 鳞茎膨大期管理

鳞茎开始膨大后追肥 2 次～3 次，每次撒施尿素 8 kg/667m² ～10 kg/667m²、硫酸钾 5 kg/667m² ～10 kg/667m²，同时浇水。施肥间隔 10 d～15 d。以后每 3 d～4 d 浇一次水，保持土壤湿润，每 7 d～

10 d，喷1次0.5%磷酸二氢钾溶液。收获前10 d停止浇水、施肥。

浇水、施肥后填写《生产基地田间农事活动记录表》(见表A.7)。

5.6.2 早春定植洋葱的管理

5.6.2.1 叶片生长期管理

定植后灌1次水，5 d～6 d灌1次缓苗水，及时中耕除草。缓苗后植株进入叶片旺盛生长期，宜加大浇水量，并顺水追肥1次～2次，施尿素10 kg/667m^2～15 kg/667m^2、硫酸钾8 kg/667m^2～10 kg/667m^2。施肥后填写《生产基地田间农事活动记录表》(见表A.7)。

5.6.2.2 鳞茎膨大期管理

鳞茎开始膨大后追肥2次～3次，每次撒施尿素8 kg/667m^2～10 kg/667m^2、硫酸钾10 kg/667m^2～15 kg/667m^2，同时浇水。施肥间隔10 d～15 d。以后每3 d～4 d浇一次水，保持土壤湿润，每7 d～10 d，喷施叶面肥。收获前10 d停止浇水、施肥。

浇水、施肥后填写《生产基地田间农事活动记录表》(见表A.7)。

5.7 收获及收获后处理

5.7.1 收获

宜当植株基部第一、二片叶枯黄，第三、四片叶尚带绿色，假鳞茎失水松软，地上部倒伏，外层鳞片呈革质时收获。

采收前，应对产品农药残留、重金属、硝酸盐等有害物质进行检验，保证产品符合相关质量安全要求，并填写《产品农药残留等有害物质检测结果记录表》(见表A.9)；采收后，填写《产品采收及流向记录表》(见表A.10)。

5.7.2 包装物

包装物应洁净无污染，并妥善存放。再利用的包装物品，应清洗干净，防止有害物质污染。

6 有害生物防治

6.1 防治原则

坚持“预防为主，综合防治”的植保方针，以农业和物理防治为基础，优先采用生物防治技术，辅之化学防治应急控害措施。

6.2 主要防治对象

主要防治对象为：猝倒病、霜霉病、锈病、软腐病、蓟马、潜叶蝇、地下害虫、杂草等。

6.3 防治措施

6.3.1 农业防治

选用抗病品种，清洁田园，加强肥水管理，合理密植，提高植株抗病力。

每2年～3年与非百合科类作物进行一次轮作。

6.3.2 物理防治

6.3.2.1 黄板

棚室内设置涂有粘着剂的黄板诱杀蚜虫和潜叶蝇等。黄板规格30 cm×20 cm为宜，悬挂于植株上方10 cm～15 cm处，30块/667 m^2～40块/667 m^2。

6.3.2.2 蓝板

田间设置涂有粘着剂的蓝板诱杀蓟马等害虫。蓝板规格30 cm×20 cm为宜，悬挂于植株上方10 cm～15 cm处，20块/667 m^2～25块/667 m^2。

6.3.2.3 电子杀虫灯

诱杀甜菜夜蛾、地老虎、金龟子、蝼蛄等害虫，每2 hm^2～3 hm^2悬挂1盏电子杀虫灯(220 V，15 W)，离地高度 1.2 m～1.5 m。

6.3.3 化学防治

6.3.3.1 一般要求

应符合 GB/T 8321(所有部分)的要求。

6.3.3.2 防治方案

见附录 B，防治后填写《生产基地有害生物防治记录表》(见表 A.11)。

6.3.3.3 施药器械

施药前应确保施药器械洁净并校准。施药器械使用后应清洗干净放置。

6.3.3.4 轮换用药

为避免或减缓有害生物抗药性的产生，宜轮换使用化学防治农药。

6.3.3.5 剩余药液处理

应按照需要准确配制，少量剩余药液(粉)进行无害化处理，或喷洒到法规允许的休耕地中，并填写《剩余药液或清洗废液处理记录表》(见表 A.12)。

7 劳动保护

7.1 培训

凡使用、处理农药、化肥的人员，以及所有操作危险或复杂设备的人员都应经过培训，并填写《生产基地人员登记表》(见表 A.4)。

7.2 施药保护

施药时，操作者应穿着防护服，不得吸烟、吃东西，施药后应立即用肥皂清洗皮肤裸露部位，换洗衣服。

7.3 警示

施药后，现场应立即设置警示标志。其他工作现场和危险场所附近亦应设置警示标志。潜在危险区的警示标志设于入口处。

8 批次管理

同一地块或同一大棚采用同一种植管理模式在同一天采收的同一品种为 1 个生产批。以 1 年为 1 个流水周期编号，共 3 位数。产品批次号为采收日期(yymmdd)＋流水号＋产品名称拼音首字母＋基地所在省(市、区)行政区划代码(6 位)＋基地名称拼音首字母。填写《产品采收及流向记录表》(见表 A.10)。

9 档案记录

每个生产地块(棚室)应建立独立、完整的生产记录档案(见附录 A)，保留生产过程中各个环节的有效记录，以证实所有的农事操作遵循本指导性技术文件规定。记录应当保留两年以上。

附 录 A
（规范性附录）
生产记录表格

表 A.1 生产基地基本情况记录表

基地名称					
基地地址			基地面积		
基地负责人		电话		基地建成时间	
植保员姓名			资格证书号		
灌溉水源					
周围环境情况					
前茬栽培主要作物					
拟种植的主要作物					
土壤检测报告编号		报告日期		评定结论	
水质检测报告编号		报告日期		评定结论	
空气检测报告编号		报告日期		评定结论	
备　注					

制表人：　　　　　　　　制表日期：

表 A.2　生产基地现存生物种类调查记录表

调查单位：　　　　　　调查负责人：　　　　　　调查时间：

生物名称	学　　名	分类地位	密度

制表人：　　　　　　制表日期：

表 A.3　生产基地主要农用设备(工具)登记表

农用设备(工具)名称	型号	生产厂家	数量	购买日期	现况	保管人	备注

制表人：　　　　　　　　制表日期：

表 A.4 生产基地人员登记表

姓名	性别	出生日期	学历	职称/职务	参加工作时间	家庭住址	电话	证书及编号	培训记录

制表人： 制表日期：

表 A.5　生产基地投入品出、入库记录表

日期	入库						出库			库存
	投入品名称	数量	规格	生产企业	产品来源	检测报告编号	数量	领用单位	领用人	

仓库保管：

表 A.6 生产基地农药质量检测结果记录表

农药名称		剂型含量	
生产厂家		登记证号	
农药批号		采购单位	
发票号码		检测日期	
检测单位			
检测执行标准		检测报告编号	
检测结果			
检测项目	标 准 值	检测值	结 论
备 注			

制表人：　　　　　　　　制表日期：

表 A.7 生产基地田间农事活动记录表

地块/大棚编号	前茬作物	种植作物	播种时间	播种量 kg/667 m^2	株行距 cm	预计收获时间/数量

田间农事活动记录							
日期	活动内容	肥料名称	使用量	使用设备	天气状况	操作人	技术负责人

注：农事操作包括：耕田、起垄、种植、移栽、施肥、浇水、除草、间苗、培土、划锄、收获等；天气状况主要记载温度、湿度、风力、降水等。

制表人：　　　　　　制表日期：

表 A.8 生产基地种子/种苗处理记录表

操作人		电　话	
种子/种苗品种		地块/大棚编号	
种子/种苗来源			
防治对象			
药剂处理情况记录			
药剂名称与剂型			
生产厂家			
处理方式			
处理剂量			
处理日期			
温水浸种			
水　温		浸种时间	
备　注			
注：每地块/大棚一卡。			

制表人：　　　　　　　　　制表日期：

表 A.9　产品农药残留等有害物质检测结果记录表

产品名称		地块/大棚编号	
检测单位			
样品采集时间		报告日期	
检测执行标准		检测报告编号	
检测结果			
检 测 项 目	标　准　值	检　测　值	结　论
备　注			

制表人：　　　　　　　　　　制表日期：

表 A.10　产品采收及流向记录表

批次号	地块/大棚编号	产品名称	采收日期	数/重量	农残检测	供货对象	备注

制表人：　　　　　　　　　　制表日期：

表 A.11 生产基地有害生物防治记录表

作物名称						地块/大棚编号			
防治措施									
日期	防治对象	农药名称	使用量	使用设备	是否符合标准方案	更改标准方案理由及新方案可行性	天气状况	防治人员	植保员
注：天气状况主要记载温度、湿度、风力、降水等。									

制表人：　　　　　　制表日期：

表 A.12　剩余药液或清洗废液处理记录表

操作人		电　话	
剩余农药或清洗废液名称		数　量	
处理地点		处理日期	
处理方式			
备　注			

制表人：　　　　　　　　制表日期：

附 录 B
（规范性附录）
洋葱主要有害生物防治方案

表 B.1 洋葱主要有害生物防治方案

生育期	防治对象	化学防治			安全间隔期
		防治适期	防治方法	兼治对象	
幼苗期（定植前）	猝倒病	病株率 1%	方案一：25%腈嘧菌酯 SC 30 g/667 m^2～34 g/667 m^2兑水 30 kg～50 kg 喷雾。视病情防治 2 次～3 次，施药间隔 6 d～7 d。 方案二：50%烯酰吗啉 WP 50 60 g/667 m^2～100 g/667 m^2 兑水 30 kg～50 kg 喷雾。视病情防治 2 次～3 次，施药间隔 6 d～7 d	霜霉病、白色疫病	二甲戊乐灵：85 d 腈嘧菌酯：40 d 烯酰吗啉：35 d 百菌清：35 d 灭蝇胺：35 d 吡虫啉：30 d 噻虫嗪：27 d 敌百虫：30 d 亚胺菌：30 d 氢氧化铜：7 d
	蓟马	虫株率 5%	方案一：20%灭蝇胺 SPX 30 g/667 m^2—[a]10%吡虫啉 WP 10 g/667 m^2 兑水 30 kg～50 kg 喷雾。视虫情连防 1 次～2 次，施药间隔 6 d～7 d。 方案二：10%吡虫啉 WP 10 g/667 m^2—25%噻虫嗪 WG 3 g/667 m^2～4 g/667 m^2 兑水 30 kg～50 kg 喷雾。视虫情连防 1 次～2 次，施药间隔 6 d～7 d	斑潜蝇	
	地下害虫	—	用 90%敌百虫 SP 0.15 kg 拌豆饼 5 kg，做成毒饵，1.5 kg/667 m^2～2.5 kg/667 m^2	—	
定植期	杂草	—	定植后，用 33%二甲戊乐灵 EC 80 mL/667 m^2～100 mL/667 m^2，兑水 30 kg～50 kg 喷洒	—	
磷茎膨大期	霜霉病	初见病株	方案一：25%腈嘧菌酯 SC 34 g/667 m^2，兑水 30 kg～50 kg 喷雾。视病情连喷 2 次～3 次，施药间隔 6 d～7 d。 方案二：75%百菌清 WP 80 g/667m^2～100 g/667m^2，兑水喷雾。视病情连喷 2 次～3 次，施药间隔 6 d～7 d	灰霉病、紫斑病、白色疫病	
	锈病	初见病叶	方案一：50%亚胺菌 DF 15 g/667m^2～17 g/667m^2，兑水 30 kg～50 kg 喷雾。视病情连喷 2 次～3 次，施药间隔 6 d～7 d。 方案二：75%百菌清 WP 80 g/667m^2～100 g/667m^2，兑水 30 kg～50 kg 喷雾。视病情连喷 2 次～3 次，施药间隔 6 d～7 d	灰霉病、紫斑病	
	软腐病	初见病株	77%氢氧化铜 WP 40 g/667 m^2～50 g/667 m^2，兑水 30 kg～50 kg 喷雾。视病情连防 2 次～3 次，施药间隔 7 d～10 d	白色疫病	

a “—”表示药剂轮换使用。